JN052020

数値シミュレーションで読み解く 統計のしくみ

Rでためしてわかる心理統計

小杉考司、紀ノ定保礼、清水裕士 著

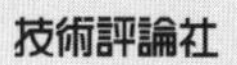

■ **免責**

● **記載内容について**

本書に記載された内容は、情報の提供だけを目的としています。したがって、本書を用いた運用は、必ずお客様自身の責任と判断によって行ってください。これらの情報の運用の結果について、技術評論社および著者はいかなる責任も負いません。

本書に記載がない限り、2023年8月現在の情報ですので、ご利用時には変更されている場合もあります。以上の注意事項をご承諾いただいた上で、本書をご利用願います。これらの注意事項をお読みいただかずにお問い合わせいただいても、技術評論社および著者は対処しかねます。あらかじめ、ご承知おきください。

● **商標、登録商標について**

本書に登場する製品名などは、一般に各社の登録商標または商標です。なお、本文中に™、® などのマークは省略しているものもあります。

はじめに

統計パッケージによって、実践そのものは比較的誰にでもできるようになりましたが、振る舞いだけ身につけても本質的な理解が難しいのが統計です。特に心理学者の中には、発展的な統計的手法の理論的展開に追いつくのが難しいと感じている方が多いのではないでしょうか。しかしデータサイエンス業界だけでなく、心理学の研究の最前線でも非常に高度な数理統計モデルが日々活用されています。そして、統計の誤用・悪用が引き起こす「再現性問題」については2000年頃から大きな議論が交わされ、研究慣習を見直す必要性が叫ばれています。さらに現代社会では、データを活用する力、データサイエンスのスキルがどの職業においても必須となってきています。ビジネスパーソン、データサイエンティスト、心理学をはじめとする人文社会科学の教員や学生にとって、統計モデルを理解し、適切に活用できる能力が求められています。そうした能力は、数学的基盤なしには身につかないものであり、数学のトレーニングを受けていない人にとっては、そもそも数学的な仮定や理論が難しく、抽象的な議論や倫理的な指摘が理解しにくいということもあるかもしれません。そんなときは、数値シミュレーションの力を借りてみませんか？

数値シミュレーションは、抽象的な理論を「具体的な」「目に見える」形に変えてくれます。データさえあればある程度分析ができる、という人にとっては、「こういうデータがあったとしたら」という仮想的なシミュレーションデータを分析することで、確率分布や統計モデルの性質が実感として体験できます。さらに、仮想データが作れるのであれば、自らの研究に必要なデータの量やモデルの推定精度などを、事前に検証することができます。本書を読むことで、みなさんはデータに振り回されるのではなく、自らが使いこなしていると感じられるようになります。

そうなるために必要なのは、プログラミング言語の基礎知識だけです。本書はその中でも、「R」に注目しました。言語の選択がRである理由は、心理学者にとって最も身近な言語であること、そしてR言語が統計に特化した言語であり、統計モデルを使う準備が最初から整っているからです。R言語を用いたシミュレーションの入門書として、心理学者だけでなく、統計モデルを活用したいすべての方々へ向けて書かれています。本書で扱ったコードや練習問題の解答例は、以下のURLにあります。

https://github.com/ghmagazine/simulation_stats_book

もちろんご自由にご覧いただければと思いますが、コードをコピー＆ペーストすることではプログラミング技術は身につきません。プログラミング技術を磨くためには、まず教本の写経からはじめ、次いでコードの一部を自分で改変しどこがどう変わったか確認する、という段階に進むのがよいでしょう。常にコードを「読み」、結果に「触れる」ことで自らが体験すること、自分なりの感覚を把握することが肝要です。続く、より高次の目標は、統計のテキストに書かれている数式からプログラムのコードに落とすことであり、自らの研究テーマを数式やコードで表現することです。そこに向けた理解の途中段階に、プログラミングによる実装を含めることは、実践と理論のグラデーションの中間ステップを埋めることであり、より理解が進むことが期待できます。統計に振り回されるのではなく、ツールとして使いこなすという本質的な目標のために、ぜひ本書をご活用ください。

本書の執筆にあたり、草稿を平川真さん（広島大学）、武藤拓之さん（大阪公立大学）にご一読いただき、非常に有用なコメントをいただきました。おかげさまで内容を大幅にブラッシュアップすることができました。また企画段階からさまざまな助言、ご助力をくださり、また構成や校正にもご尽力いただきました、技術評論社の高屋卓也さんにも大変お世話になりました。ここに記して感謝申し上げます。ありがとうございました。

目次

第1章 本書のねらい

本書のターゲットは、統計を学び始めたまったくの初心者ではありません。高校や大学で教わったり、必要にせまられて入門書は読んでみたけれど、よくわからなかったという人に対して、新しい切り口から統計の世界へ案内するための本です。

新しい切り口のキーワードは「シミュレーション」です。シミュレーションとは何なのか、そしてそれを用いることで（これまで理解しづらかった）統計がどのように理解しやすくなるのか、という疑問を抱く方もいらっしゃるでしょう。そこでまず、本書の目指すところや構成について、シミュレーションの具体的な例とともに説明します。

1.1 なぜ確率・統計はわかりにくいのか

データサイエンスはもちろん、心理学や実験経済学（実証分析）など、人を対象にしたデータ収集・解析は、さまざまな領域で広がっています。物理学や工学などのハードサイエンスと比べると[※1]、人間の動きは個人差や偶然に大きく左右されます。必然的に、個々のデータが予測値の通りになることはほとんどなく、ある程度の散らばりやゆらぎ、不確実さを扱う必要があります。

こうした個々の不確実さを表すために確率があるのですが、確率の考え方は抽象的で理解が難しいものです。目の前のスプレッドシートには数字が並んでおり、これこそ「確かな事実」だと考えたくなる人も少なくないでしょう。しかし、それらのデータは確率的に変動するものがゆらぎを持って具現化した値にすぎません。統計分析を行ううえでは、これらが元々は確率的に変動する値であること、すなわち**確率変数**であることを理解する必要があります。統計分析は、母集団やサンプルといった眼前の数字を超えた抽象的な実体を扱っていることをイメージできないと、解釈を間違えることになりかねません。特に小サンプルの場合は、ヒストグラムを書いても分布の全体像がわかりにくいことも

※1　もちろん量子力学が対象とする微粒子の世界や、それを応用した量子コンピュータなど、確率的ゆらぎが中心的なテーマになる物理学もあります。人文社会科学と意外なところでつながる日が来るかもしれません。

あり、目の前の数字を無視して確率分布のことを考えるのはいっそう難しいことかもしれません。また、指数関数や積分記号などを用いて表される確率分布は、数学が得意でなければ近寄り難いオーラをまとっており、苦手意識を持つ人も少なくないでしょう。

本書はそうした苦手意識を持っている人に対して、具体的な数字を多用して確率や統計の原理を理解するルートを拓くことを目的にしています。本書が対象とするのは、統計を学び始めたまったくの初心者ではありません。一通り統計学を学んだはずなのに自信がない人、実践に際して不安のある人、頭ではわかっているけれども実感を持てないでいる人が本書のターゲットです。そしてそうした抽象性の高い数学を、具体的にわかりやすく考えさせてくれるためのキーワードが**シミュレーション**です。

1.2 シミュレーションとは

シミュレーションとは、仮想場面・仮想空間でのデモンストレーションを意味します。実際に物を作って確かめる前に設計図の段階で理論的に計算して検証したり、フライトシミュレーター、気候のシミュレーターのように現実世界を模倣した仮装空間をコンピュータ上で作り上げて、本番前の練習や将来の予測に活用するなど、ハードサイエンスではよく用いられる手法です。

人文社会科学や人を対象にしたデータサイエンスなどソフトサイエンスの領域においても、データを収集してモデルを検証する前にシミュレーションを活用できます。人の動きはデータを取得してみないとわからない不確実性がつきものですが、とりうるデータの範囲やサンプルサイズなど、実験者が設定できることも少なくありません。分析や検定においては理論的な仮定によって、理想的な状況下での検証が分析の理解に役立ちます。また自分たちが決めた状況下において、どのような結果が出てきそうなのかを事前に見ておくことも有用です。これが本書で扱う、データ分析におけるシミュレーションの用法です。

統計分析に使う数式を確率モデルと呼ぶことがありますが、この**モデル**とは理論的な形式、抽象化されたパターンという意味です。統計的検定ではあまり強調されることがありませんが、実はその背後にもモデルを仮定するという考え方が使われています。帰無仮説というモデルと、対立仮説というモデルのどちらを選択するか判定するというのが、帰無仮説検定のやっていることだからです。そのほかのデータ分析の実践においても、データを取得してから分析や検定をするという「データが先、分析が後」という形式をとることが多いですが、そこにもモデルの考え方があります。データを生み出すメカニズムについて理論的な仮定があり（データ生成モデル）、それに基づいてデータが生まれたと考えて、分析モデルをデータに当てはめていくのです。データを生み出すメカニズムに数式的構造を仮定することを**モデリング**と呼び、回帰分析や平均値差の検定などはデータ生成モデルの数式的構造として、ごく単純な線形モデルを想定していることになります。

そのような前提があるわけですから、データ生成過程からデータが生み出され、そのデータから分析するという一連の流れを仮想空間上で行うことも可能です。これをデータを取得する前に行いましょう、というのが本書で提案するシミュレーションの考え方です。分析モデルを事前に定めていれば、仮想データを使ってあらかじめ分析結果がどのように振る舞うのかが確認できます。データ生成モデルと分析モデルが合致していれば、あるいは少なくとも理論的に許容できる程度に仮定が満たされていれば、統計モデルは適切に機能します。データ生成モデルのことを考えずに取得されたデータは、ともすれば適用できる分析モデルが見つからない、といったことにもなりえます。そうならないためにも、まず仮想空間上で試してから実践しようというのが、本書が提案する新しい実践スタイルです。

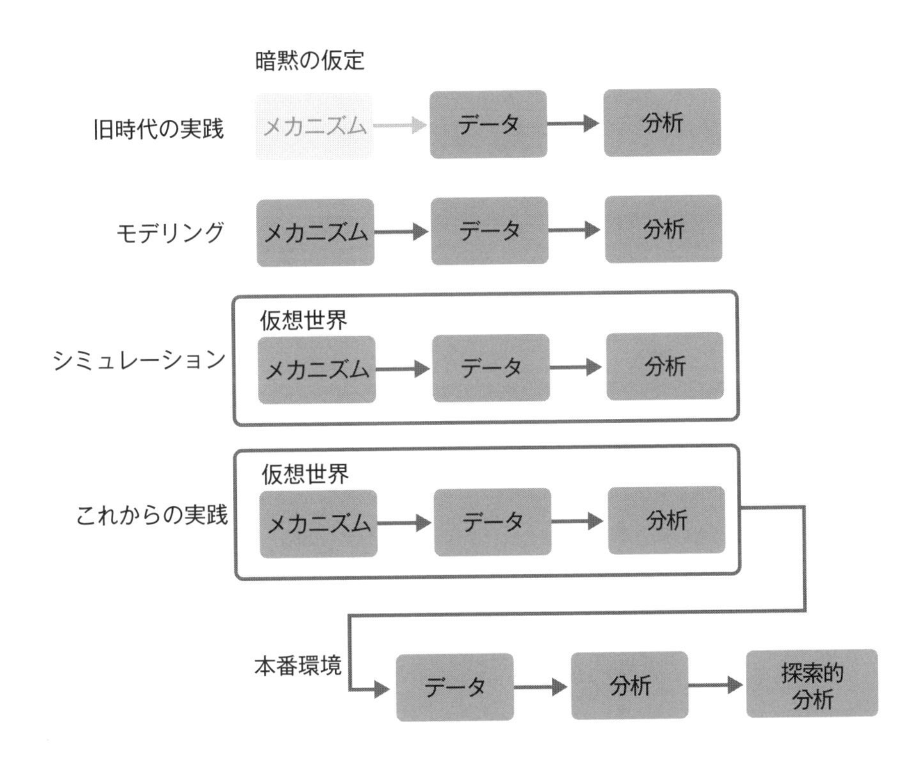

図 1.1 シミュレーションの位置付け

新しいと述べましたが、この発想自体が新しいわけではありません。統計の理論家たちは主に、理論的振る舞いの下に方法論を開発してきたわけです。一方、統計のユーザは完成された分析手法を、取得したデータにただ適用すればよい、というのがこれまでの慣わしでした。しかし近年は、サンプルサイズ設計のように事前に研究実践計画を組み立ててから（研究領域では研究の事前登録制度が広まっています）データを取得することが増えています。ぶっつけ本番で失敗もやむなし、というのではなく、正しく計画して実践するためにも、事前に十分な検証を行うのはむしろ当然の流れといえるでしょう。

1.3 シミュレーションでわかること

統計モデルを学ぶにあたって、シミュレーションがどのように役立つのかを、デモンストレーションしてみましょう。例として、母集団の相関係数が0.5（$\rho=0.5$）のとき、実際にデータから得られる標本相関係数がどれくらい変動するのかを可視化してみます。イメージをつかむのが目的なので、コードの詳細についてここでは解説しません。概略だけ説明すると、母相関係数を設定し、サンプルサイズを指定して、この母相関係数を持つところから1,000回サンプリングを繰り返して、標本相関係数を計算して記録しています。最後に全体のヒストグラムを描いています。

```
## 設定と準備
rho <- 0.5    # 母相関の設定
n <- 25       # サンプルサイズ
iter <- 1000  # 反復回数

# 結果を格納するオブジェクト
r <- rep(0, iter)

## シミュレーション
set.seed(123)
for (i in 1:iter) {
  Y1 <- rnorm(n, 0, 1)
  Y2 <- Y1 * rho + rnorm(n, 0, (1 - rho^2)^0.5)
  r[i] <- cor(Y1, Y2)
}
```

```
## 結果
r |> hist(xlim = c(-0.2, 1))
```

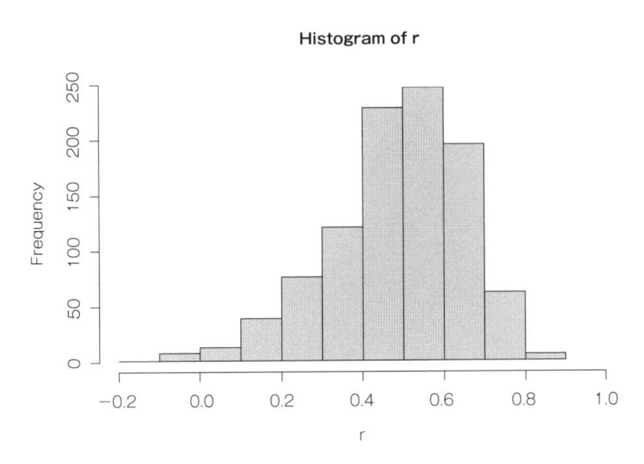

図 1.2 サンプルサイズ25のときの相関係数の分布

サンプルサイズ25とした場合、標本相関係数がかなり散らばることを確認できると思います。現実には、1,000回のデータを得て確認、検証することはめったにないでしょうが、この例では正の0.5の相関がある母集団からのサンプルにもかかわらず、たまたま行った1回の調査で負の相関が出る可能性があるということを示しています。このことからも、得られたデータを固定的な値とみなしてしまうことの問題がわかるのではないでしょうか。

続いて、サンプルサイズを100に変えてシミュレーションしてみましょう。

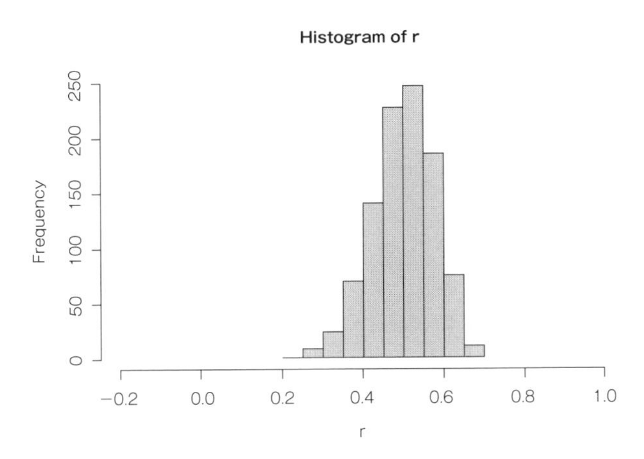

図 1.3 サンプルサイズ100のときの相関係数の分布

かなり散らばりが狭くなりましたが、それでも0.2～0.7ぐらいの幅があるのがわかります。このように、シミュレーションをすることで、どれくらいのサンプルサイズで、どれくらい統計量が変動するのかが肌感覚で得られるようになります。

さらに検定についても、シミュレーションを行ってみましょう。無相関検定（帰無仮説が$\rho=0$の検定）において、実際に帰無仮説が採択される、すなわち$\rho=0$のときに、有意になる確率が本当に有意水準$\alpha=0.05$以下になるのかを確認してみます。先ほどのコードに、無相関検定を行なってそのp値を記録する（p[i] <- cor.test(Y1,Y2)$p.value）変更を加えました。最後に、シミュレーション全体のうち、p値が0.05を下回った割合を計算しています。

```
## 設定と準備
rho <- 0
n <- 2500
iter <- 10000
# 結果を格納するオブジェクト
p <- rep(0, iter)

## シミュレーション
set.seed(123)
for (i in 1:iter) {
  Y1 <- rnorm(n, 0, 1)
  Y2 <- Y1 * rho + rnorm(n, 0, (1 - rho^2)^0.5)
  p[i] <- cor.test(Y1, Y2)$p.value
}

## 結果
ifelse(p < 0.05, 1, 0) |> mean()
```

出力
```
[1] 0.0488
```

設定として、サンプルサイズ25の標本相関係数を用いて、10,000回検定を繰り返しました。10,000回のうち有意になった回数の割合を計算すると、およそ4.9%の確率で有意になっていることがわかります。また、この確率は（当然ではありますが）サンプルサイズを大きくしても同様で、5%近くになります。サンプルサイズを2,500にして10,000回シミュレーションした結果は次の通りです。

出力
```
[1] 0.0486
```

このように、適切に検定が行われれば、サンプルサイズによらず有意になる確率は設定した有意水準に一致するようになります。仮想空間なので、サンプルサイズを自由に変えて統計分析の性能を評価することができます。

最後に、誤った統計分析の実践が実際にどのような問題を生じるのかを確認する例を挙げておきましょう。検定において、データの検定結果を見てから、「もう少しで有意になるからサンプルサイズをもう少し大きくしよう」とデータを足すことは、**n増し問題**と呼ばれ、誤った実践であることが知られています。この問題もシミュレーションで確認することができます。以下のコードで、有意でなかった場合にだけサンプルサイズを大きくすることを繰り返したとき、有意になる確率がどのように変化するかを調べてみます。

```
## 設定と準備
rho <- 0
n <- 25
iter <- 10000
alpha <- 0.05
# 結果を格納するオブジェクト
p <- rep(0, iter)

## シミュレーション
set.seed(123)
for (i in 1:iter) {
  # 最初のデータ
  Y1 <- rnorm(n, 0, 1)
  Y2 <- Y1 * rho + rnorm(n, 0, (1 - rho^2)^0.5)
  p[i] <- cor.test(Y1, Y2)$p.value
  # データ追加
  count <- 0
  ## p値が5%を下回るか、データが当初の倍になるまで増やし続ける
  while (p[i] >= alpha && count < n * 2) {
    # 有意ではなかったとき、それぞれの変数に1つデータを追加
    Y1_add <- rnorm(1, 0, 1)
    Y1 <- c(Y1, Y1_add)
    Y2 <- c(Y2, Y1_add * rho + rnorm(1, 0, (1 - rho^2)^0.5))
    p[i] <- cor.test(Y1, Y2)$p.value
    count <- count + 1
  }
}
```

```
## 結果
ifelse(p < 0.05, 1, 0) |> mean()
```

```
[1] 0.1791
```
出力

有意になるかデータが倍になるまで追加し続けるという手続きを繰り返した場合、有意と判断される割合は17.91%になりました。これは、有意水準α=0.05を大幅に上回っており、正しい検定が行われていないことがわかると思います。

これらの事実は、これまで授業や教科書などで学んでいる知識だと思います。しかし、それをこのように自分で確かめたことのある人は少ないのではないでしょうか。シミュレーションを使うことで、数学的な導出はできなくても、統計学で重要とされるさまざまな知識を自分の手で確認していくことはできるのです。

1.4 プログラミングをはじめよう

このようなシミュレーションを行うためには、プログラミングの知識が不可欠です。上のコードを読んでも、今は何を書いているのかわからない人もいるでしょう。そこで本書ではまず、統計学を視覚的に理解するための最低限のプログラミング知識を提供します。本書の目標は、プログラミングの意味がわかったうえで、統計のさまざまな特徴を読者のみなさんに実際に体験してもらうことです。

本書の解説には、統計ソフトウェアとしてもプログラミング言語としても使えるRを用います。Rは他のプログラミング言語よりも導入が容易で、一般性が高く、環境構築に個別の問題が生じにくいため、プログラミング初心者に優しい言語です。また本書ではRStudioと呼ばれる統合開発環境（プログラミングを補助するツール）を利用することをおすすめします。RStudioはRプログラミングの記述、実行を容易にし、可視化や入力補助など便利な機能を多数持っているからです。

プログラミングを学ぶといっても、専門的なプログラマを目指す必要はありません。あくまでも統計を理解するために、本書に記述されたプログラミングコードを活用するという「プログラムのユーザ」レベルで十分です。プログラミングの解説は、あくまでも本書の目的にそって、ミニマムなエッセンスの導入にとどめます。具体的には、代入、反復、条件分岐を基本とし、これに乱数発生と一連の手続きをまとめた関数の作成だけを扱います。いくつかのR専用パッケージを使う箇所もありますが、極力R

言語の持つ基本関数を使うように心がけて書いています。すでに他の言語でプログラミングを習得している人は、この入門箇所（2章）は読み飛ばし、本書のコードをご自身の得意な言語に書き換えて実践してください。

1.5 本書の構成

本書の解説の肝となるシミュレーションは、ご自身で体験していただかないと意味がありません。しかし、プログラミングは機械に計算をさせる指令書ですから、一言一句間違わずに伝えなければなりません。本書のコードはその意味で「読む」のではなく、実際にご自身で手を動かして書き写すことをおすすめします。**すべてのコードを一度は自分の環境に写し、実行してみてください。**本書はプログラムを実際に書き写す、写経を前提とした教本です。

本書では、続く2章でプログラミングの基礎を導入します。プログラミングのエッセンスを丁寧に解説しますので、本章で学んだ内容はRだけでなく、PythonやJuliaのような他言語にも応用可能です。もちろん言語ごとに多少の違いはありますが、アルゴリズムを組み上げるというノウハウは一般化可能性の高いスキルです。R独自の関数についてはコラムにまとめましたので、Rが初めてという方はそちらも参考にしてください。

3章では、乱数発生を用いたシミュレーションの基本を学びます。乱数によって実行するたびに異なる値を生成し、架空のデータセットを作り出してみます。確率分布関数の複雑な数式を覚えていなくても、それに従った実現値たちを手に入れることができます。確率分布に従った乱数ですから、個々のデータの振る舞いが見せる統計的な性質を、具体的な数値を使って体験しながら学びます。

4章では統計的推測の性質を、5章では統計的検定の特徴をシミュレーションします。不偏分散は標本分散とどう計算が違うのか、母分散がわからないときの推定量がどういう分布をしているのかなど、数式ではわかりにくかったところを具体的なデータセットを用いて紐解いていきます。統計的検定については、サンプルサイズ、効果量、有意水準を変えたら何が生じるのか、という観点から統計の理解を深めます。ここでのデータは与えられるものではなく、仮想空間の中で自ら作り出すものです。データを積極的に操作、制御するものとしてとらえることができると、これまでとは違った視点が得られるでしょう。

6章では前章をうけて、サンプルサイズ設計に取り組みます。自分の研究で見込める効果量や、その効果量に応じて必要なサンプルサイズはどれぐらいかを自在に設計できるようになります。7章では回帰分析をテーマにします。回帰分析は線形モデルの基礎であり、データ生成モデルの観点としてイメージしやすいモデルでしょう。一方で、意外と知られていない仮定や使用上の注意点も少なくありません。回帰分析の例数設計に加えて、モデルの仮定に違反したらどうなるか、注意すべき点はどういった根拠をもとにしているのかを体験します。

1.6 本書のねらいと使い方

これから本書で解説していくように、仮想データを作って周到な計画を立ててから実践に臨めば、目の前の具体的なデータが突然出てきて分析に困る、となることはありません。さらにいえば、これまで得られたデータの値そのものに目が行きがちだったところから、その背後にある確率的なゆらぎも意識して、実現値（データ）はその表れに過ぎないのだととらえられるようになります。ただし、これは目の前のデータを大事にしなくなることを意味するものではありません。むしろ大局的な観点を持ちつつ具体的な自分のデータをみることで、より個別性、具体性の意味を強く感じることができるようになるはずです。

冒頭に述べた通り、本書は一度は統計について学んだことがある人を対象にしています。学んだことを理解しきれていない人、数式の理解をあきらめてしまった人、それでも学び直したいという人のための本です。各章にはひととおりの正統な考え方や解説は短くまとめてありますが、そうした理屈よりも、実際にデータを作って使ってみようという体験をもとにした理解に重点をおいています。まだ（心理）統計、すなわち小さいサンプルから母数を推定する方法や帰無仮説検定などについて、ふれたことがないという人は、山田・村井（2004）[※2]や清水（2021）[※3]、南風原（2002）[※4]など、基本をわかりやすく書いる書籍を通読してみてください。これらの入門書はわかりやすく書いてくれていますが、言葉の端々や背後に通底する概念など、実は深く理解するべき要素が多く含まれており、一読して完全に理解できたといえる人は多くないでしょう。そんなときが本書の出番です。2冊目の発展的な教科書として、活用していただければと思います。

※2　山田剛史・村井潤一郎（2004）. よくわかる心理統計 ミネルヴァ書房

※3　清水裕士（2021）. 心理学統計法（放送大学教材 1638）放送大学教育振興会

※4　南風原朝和（2002）. 心理統計学の基礎 有斐閣アルマ

第2章 プログラミングの基礎

まずは本章で、プログラミングの基礎を学びましょう。Rはいろいろな統計分析をするためのアプリケーションとして広く利用されています。一方で、初心者が学ぶプログラミング言語としても、非常に良い特徴を多く持っています。本章ではプログラミング言語に必要な、変数の種類についての解説、関数の作り方、アルゴリズムの基礎を学びます。

2.1 言語の基礎

プログラミング言語は、機械に計算を依頼するための言語です。この言語を使った一連の「言葉」を**スクリプト**と呼んだり、複数のスクリプトをまとめて**プログラム**や**コード**と呼んだりします。機械に計算を依頼すると書きましたが、スクリプトは計算内容を指示した司令書・命令文のようなものです。機械はこちらの気持ちを推察し、配慮して根回しや下準備を済ませておくようなことは一切してくれません。命令されたことしか行わないので、時にはこちらの思いが通じないことがあります。プログラミングを始める前に、最初に覚えておいてほしい格言があります。それは「機械は思った通りに動かない。書いた通りに動く」ということです。

なお、本章はRに習熟している人、プログラムを実際書いている、書いたことがあるという人は読み飛ばしてかまいません。他言語を使っているけどRは不慣れだという人は、必要なところだけ確認していただければ結構です。

2.1.1 最初の計算

さっそくRとの会話をはじめてみましょう[※1]。Rはこちらの命令文をひとつひとつ

※1 Rのインストールは、Webサイト（https://www.jaysong.net/RBook/installation.html）などを検索するとよいでしょう。RStudioの基本的な使い方は松村・湯谷・紀ノ定・前田（2021）を参考にしてください。松村優哉・湯谷啓明・紀ノ定保礼・前田和寛（2021）. 改訂2版Rユーザのための RStudio［実践］入門 技術評論社

順にこなします（インタプリタ型言語と呼ばれます）ので、こちらの指示がどのように伝わったかの確認がすぐにできる特長もあります。

まずはRStudio のメニューバーから「File > New File」と進み、「R Script」を選びましょう。真っ白な画面が出てくるはずです。ここに1行ずつコードを書いていきましょう。簡単な計算をさせてみます。

```
1 + 2
```

```
[1] 3
```
出力

このコードを実行するときは、実行したい行にカーソルを置いて、右上の「Run」というボタンを押すか、Ctrl+Enter を入力します。複数行まとめて実行することもできますが、最初のうちは1行ずつ確認しながら進めるようにしてください。

計算結果はコンソールウィンドウに出力されます。[1] 3という出力は、計算結果が3であることを示しています。では[1]とはなんでしょうか。これは、Rの計算の基本がベクトル（複数の要素のまとまり）を処理することに由来し、3という数字はベクトルの1番目の要素という意味です※2。Rは統計計算に特化した言語であり、統計処理はベクトルや行列の演算を使った方が効率的だからです。

このように、数字の扱い方やその表現の背後に、言語の特徴が表れることがあります。ただの足し算の例なのに大袈裟な、と思うかもしれませんが、より楽しく会話を続けるために、Rという言語がどのようになっているかを考えていきましょう。

2.2 オブジェクトと変数の種類

2.2.1 オブジェクト

Rが扱う数値、計算結果、関数などあらゆるものには、名前を付けて扱うことができます。名前を付けられた対象のことを一般に、**オブジェクト**と呼びます。オブジェクトにはなんでも保存しておけます。例えば次のコードを実行してみましょう。

※2　Rではベクトルの最初の要素が1からはじまります。C言語やPythonなど、言語によっては0から数えはじめるものもあります。

```
a <- 1
b <- 2
a + b
```

```
[1] 3
```
出力

最初の2行はそれぞれaに1、bに2という数字を入れておく、という操作を意味します。このa、bがオブジェクトであり、<-の記号は左を向いた矢印を表しています。この矢印のような記号を使ってオブジェクトに数字や結果を入れることを、**代入**と呼びます※3。3行目はオブジェクトを使った足し算をしています。aもbも数字が入っていますから、計算できたのです。オブジェクトには数字だけでなく、文字や計算結果一覧などなんでも入れておけますから、ものによっては足し算が意味をなさないことがあります。オブジェクトに何が入っているかわからなくなったときは、オブジェクト名をそのままコンソールに入力すると、保存されている内容が表示されます。

次のコードは、文字列をmsgオブジェクトに代入し、その中身を確認しています。文字列は、ダブルクオーテーションでくくって表現します。

```
msg <- "Hello World!"
msg
```

```
[1] "Hello World!"
```
出力

オブジェクト名は大文字小文字も区別されるので注意してください。次のコードを見てみましょう。

```
a <- 2
b <- 2
A <- 5
a + b
```

```
[1] 4
```
出力

※3 Rの代入記号には = を使うことも可能で、a <- 1もa = 1もオブジェクトaに1を代入する操作です。しかし後ほど説明するカウントアップの表現による混乱を避けるため、本書では代入を<-で統一しています。

```
A + b
```

```
[1] 7
```
出力

　小文字のaオブジェクトに2を、大文字のAオブジェクトに5を代入しています。bは先ほどの2が入っていますから、a + bの結果は4、A + bの結果は7になります。1文字のオブジェクトはわかりにくいので、一般にsampleとかresultといった名前を付けておくことがあります。ただし、Sampleとsampleでは違うオブジェクトとして扱われますから注意してください。命名規則を自分で決めておくというのも1つの対策です。また、コード規約（本章末のコラムを参照）に従うことも心がけるとよいでしょう。

　また、オブジェクトは上書きされるものであることにも注意してください。次のコードを実行してみましょう。

```
a <- 2
a + b
```

```
[1] 4
```
出力

```
a <- 6
a + b
```

```
[1] 8
```
出力

　ここではまずaに2を代入し、a + bを計算しました。続いて同じaに6を代入すると、a + bの計算結果は8になります。これは2回目の計算のときにはaが6になっているから当然です。注意したいのは、同じa + bでも中身が違うので結果が変わること、オブジェクトの中身は上書きされていくことです。aに2を入れているつもりでプログラムを書いていても、途中でaの中身が入れ替わってしまうと、同じ式でも結果が変わってしまいます。

　またこの上書きされるという性質を使って、次のような表現をすることがあります。

```
a <- a + 1
```

Rでは=も代入を表す記号として使えますが、数学的には $a = a + 1$ という表記は成り立ちません。ここでは、現在のオブジェクトaに1を加えたものを、新たなオブジェクトaに代入（上書き）する、という意味です。この操作を繰り返すことで、aは何回この操作が行われたかを数えるカウンタとして機能します。何かを数え上げたり、順序を追跡したりするためのオブジェクトとして利用するプログラミング上のテクニックの1つです。

いずれにせよ、Rでのオブジェクトの代入は上書きが基本で、あとから代入されたものに書き換えられることを忘れないでください。プログラムが長くなると、同じオブジェクト名を何度か上書きすることも出てくるかもしれません。そこで使いたいオブジェクトに、今どういう値が入っているのかで悩むのは避けたいところです。そのためには、オブジェクトの名前の付け方や実行順序に注意するのはもちろんですが、加えて「初期化」を心がけましょう。すなわちオブジェクトを使う前に空にするか0にするような処置をしてからオブジェクト名を再利用するとよいでしょう。

すべてのオブジェクトを一旦破棄し、環境を初期化するには次の一行を実行します。

```
rm(list = ls())
```

これを実行すると、aやbと書いても何も出てきません。環境の初期化は、いつもプログラムの最初の一行に書いておくとよいでしょう。

プログラミングによって受けられるメリットは、同じコードからは必ず同じ結果が生まれることです。分析の結果が再現可能であることは、科学的な観点からも非常に重要です。何か結果が得られたとき、その計算過程をプログラムに残しておくことで、同じデータを同じ手順で処理すれば、同じ結果に到達するはずです。この計算過程が公開され、共有されることは、非常に望ましいことです。だからこそ、Rのプログラミング環境では、計算結果を保存するよりも手続きを保存するべきなのです[※4]。

Rプログラミング環境では、作業内容を終了時に保存できますが、上記の観点から、むしろ保存しない方がよいこともあります。プログラムが保存された作業内容に依存している場合、作業環境が変わると同じ手順でも（参照する作業履歴が違うことで）結果が異なる可能性があるからです。自分のプログラムがそうした環境依存性を持たないようにするために、積極的に作業環境を保存しない設定にすることができます。RStudioの設定では、終了時に作業環境を保存するかどうか聞かれます。これはメニューバーの「Tools > Global Options…」から、「General」（一般）の「Basic」（基本設定）にある「Workspace」内の、「Save Workspace to .RData on exit:」を「ask」

※4　データと計算手続きが同じでも、パッケージに含まれる関数内部の細かな設定が変わることで結果が変わる可能性があります。そのため、パッケージも含めた分析環境ごと保管し公開するDockerのようなしくみも利用が広がっています。

から「never」に変えることで、聞かずに保存しない設定になります。必要に応じて設定しておいてください。

2.2.2 変数の種類

Rで利用するオブジェクトや変数は、**数値型**、**文字型**、**論理型**の3つのタイプに分けられます。以下の例では、オブジェクトaに数字を、bに文字を、cに論理型の値を保存しています。

```
a <- 2
b <- "Fizz"
c <- TRUE
```

数値型はその名の通り、整数、実数、虚数などの数値を扱います。加えて、数値でないものも存在します。欠損値NAや、数字を0で割ってしまったときなどに現れるNaN（非数値；Not a Number）、無限大Infなどです。これらの値が含まれると、計算や関数がうまく機能しないことがあります。そのような場合は、計算式の中で欠損値や非数値を除去するna.rmオプションを使ったり、関数na.omit()で欠損値や非数値を除去したりといった対応が必要です。

文字型は文字列を扱います。この例では"Fizz"というアルファベットをオブジェクトbに保存しています。文字型はダブルクオーテーション（"）やシングルクオーテーション（'）でくくることで表現します。前後のクオーテーションの間にあるものを文字列と判断します（クオーテーションは開いたら閉じることを忘れないでください）。

また、文字型のオブジェクトは文字ですので、加減乗除など計算の対象にはなりません。例えば、次のコードはエラーになります。オブジェクトdに代入されたものが、文字としての「3」であって、数字ではないからです。

```
d <- "3"
d + 1
```

出力

```
Error in d + 1 : non-numeric argument to binary operator
```

論理型は真偽の値を扱います。とりうる値はTRUE（真）とFALSE（偽）の2つしかありません。「スイッチオン・オフ」のように、条件が成立している（TRUE）か、成立していない（FALSE）かという判断を表すための型です。このTRUE、FALSEは、すべて大文字で書く特殊な用語で、TとFのように一文字で表現することもできます。TRUEやFALSEをオブジェクト名として上書きすることもできますが、そうした利用は避けるべきです。また、論理型は数字として扱われることもあります。例えば、次のコードはTRUEに1を足しています。

```
c + 1
```

出力
```
[1] 2
```

結果が2になることからわかるように、TRUEは数字の1に対応しています。同様に、FALSEは0に対応していると考えられます。とはいえもちろん、数字の代わりに使うべきではありません。

2.2.3 オブジェクトの型

プログラミングにおける「オブジェクト」は、データだけでなく関数や計算手順などを意味することがあります。一方、「変数」とは、あるデータに名前を付けたものを指します。Rではすべてがオブジェクトとして扱われるため、その意味ではオブジェクトと変数は同じものを指すことが多いでしょう。

Rのオブジェクト（あるいは変数）は基本的に、数値、文字、論理値のいずれかをとりますが、あるオブジェクトが1つの値だけを持つとは限りません。複数の値をまとめて持つことも可能で、これはベクトルという形で管理されます。Rの特徴は、データを基本的にベクトルとして扱うことです。つまり、1つの値だけを持つオブジェクトでも、ベクトルの第1要素として位置付けられています。

変数はベクトルだけでなく、ベクトルを並べ替えた行列（matrix）として扱うこともできます。次のコードを実行してみてください。

```
x <- c(1, 2, 3, 4, 5, 6)
y <- 1:6
z <- c("Fizz", "Buzz")
A <- matrix(x, nrow = 2, ncol = 3)
B <- matrix(x, nrow = 3, ncol = 2)
```

この例では、オブジェクトxは6つの数値を要素に持つベクトルです。ここでの

c()は結合させる（combine）という関数であり、関数に与えたものをひとまとめにしています。オブジェクトyは、オブジェクトxと同じ内容です。1:6という書き方は、Rでは1から6までの連続した整数を意味しています。オブジェクトzは文字列を関数c()でまとめた文字のベクトルです。オブジェクトAは、オブジェクトxを2行3列の行列の形に並べ替えています。matrix()は、nrowで行（row）の数を、ncolで列（column）の数を指定し、行列の形にまとめる関数です。オブジェクトBはAと同じくxを3列2行の行列に並べ替えています。それぞれの違いを確認してください。

matrix型は行と列の2次元でデータを持つのでイメージしやすいのですが、数学的には何次元でも必要に応じて拡張することができます。Rでは3次元以上のデータセットを**配列**と呼び、array()という関数で表現します。配列の次元数はdimで設定します。行列は配列の特別な形で、2次元に限定されたものともいえます。

```
p <- array(1:24, dim = c(4, 3, 2))
p
```

出力

```
, , 1

     [,1] [,2] [,3]
[1,]    0    0    0
[2,]    0    0    0
[3,]    0    0    0
[4,]    0    0    0

, , 2

     [,1] [,2] [,3]
[1,]    0    0    0
[2,]    0    0    0
[3,]    0    0    0
[4,]    0    0    0
```

オブジェクトの要素へのアクセス

行列型のオブジェクトが持つ要素を参照する方法について説明します。前項で記述したオブジェクトAは2行3列の行列です。この行列の要素を表示するには、大括弧[]を使って、行と列を数字で指定して参照します。

```
A[1, 2]
```

出力
```
[1] 3
```

行、あるいは列のみを指定すれば、その行・列の要素すべてを参照します。

```
A[1, ]
```

出力
```
[1] 1 3 5
```

```
A[, 2]
```

出力
```
[1] 3 4
```

リスト型

リスト型はいろいろなオブジェクトを詰め込める袋のようなオブジェクトです。次のコードを見てください。

```
obj <- list(x, y, A)
```

このようにして作られたオブジェクトobjは、長さ6のベクトルxと、長さ6のベクトルyと、行列Aをまとめて保持しています。このリストの要素にアクセスするためには、リストの何番目の要素にアクセスしたいかを、二重の大括弧[[]]で括って指定します。

```
obj[[3]]
```

出力
```
     [,1] [,2] [,3]
[1,]    1    3    5
[2,]    2    4    6
```

この方法では要素の番号を数えなければなりませんが、代入するときに名前を付けておくともう少し便利になります。次のコードでは、代入するときに次のように名前を付けています。そうすると、$記号でその名前を使ってリストの要素にアクセスできます。

```
obj <- list(x = x, vec = y, mat = A)
obj$mat
```

```
     [,1] [,2] [,3]
[1,]    1    3    5
[2,]    2    4    6
```
出力

データフレーム型

一般的な統計処理には、行にケース、列に変数が入った矩形のデータを扱いますので、行列型のような箱を使えるオブジェクトがあるとよいかもしれません。Rには変数名を扱えるデータ処理に向いたオブジェクト型があります。これはリスト型の特殊形で**データフレーム**と呼ばれます。

```
x <- 1:3
y <- c(160, 170, 180)
z <- c(50, 70, 80)
N <- c("Kosugi", "Simizu", "Kinosada")
Lst <- list(ID = x, height = y, weight = z, name = N)
df <- data.frame(Lst)
```

このコードでは、リストをdata.frame関数でデータフレーム型にしましたが、直接df <- data.frame(ID = x, height = y, weight = z, name = N)のように指定してもかまいません。あるいは、matrix型やarray型など他の型で作られているオブジェクトであっても、as.data.frame関数を使うことで、データフレーム型に変換できます。このときは変数名が自動的にV1、V2などと割り振られますので、必要に応じて変数名を追加するようにしましょう。

```
# 行列型でAを構成
A <- matrix(1:6, nrow = 3, ncol = 2)
# データフレーム型に変換
dfA <- as.data.frame(A)
dfA
```

```
  V1 V2
1  1  4
2  2  5
3  3  6
```
出力

```
# 名前の変更
colnames(dfA) <- c("VarName1", "VarName2")
dfA
```

出力
```
  VarName1 VarName2
1        1        4
2        2        5
3        3        6
```

データフレーム型にしておくと、矩形（長方形）の列ごとに変数が入ったデータセットのまとまり、ということが明白です。表計算ソフトなどのいわゆるスプレッドシートにおいて、1行に1ケース分のデータを、1列に1つの変数を入れている形でデータを保存することが一般的ですが、それをRで表現しているのがこのデータフレーム型だといえます。

ここまで、数値やオブジェクトの種類について説明してきました。これらはR言語特有の決まりであり、言語によっては違う種類や扱い方がされるものもあります。

2.2.4 オブジェクトの型を確認する

オブジェクトや変数はいろいろな型や値を持つことができます。自分でオブジェクトを作るのであれば、それらの中身については明らかかもしれませんが、実践上は関数からの戻り値をオブジェクトとして扱うことが多いでしょう。そのため、あるパッケージの関数が返すオブジェクトが何か、中に何が入っているのかを知る必要があるかもしれません。

Rで回帰分析を実行する例を用いて解説します。次のコードで回帰分析が実行できます。これは関数lm()によって、先ほど作ったdfオブジェクトをデータとし、height変数を目的変数、weight変数を説明変数とした回帰分析をしています。関数の返す結果は、resultオブジェクトに代入します。

```
result <- lm(height ~ weight, data = df)
result
```

出力
```
Call:
lm(formula = height ~ weight, data = df)
```

```
Coefficients:
(Intercept)       weight
   127.1429       0.6429
```

分析結果には、体重で身長を回帰した場合の切片と傾きが表示されています。このオブジェクトにsummary関数を用いると、さらに詳しく中身を見ることができます。

```
summary(result)
```

出力

```
Call:
lm(formula = height ~ weight, data = df)

Residuals:
      1       2       3 
 0.7143 -2.1429  1.4286 

Coefficients:
            Estimate Std. Error t value Pr(>|t|)  
(Intercept) 127.1429     8.3910  15.152    0.042 *
weight        0.6429     0.1237   5.196    0.121  
---
Signif. codes:  0 '***' 0.001 '**' 0.01 '*' 0.05 '.' 0.1 ' ' 1

Residual standard error: 2.673 on 1 degrees of freedom
Multiple R-squared:  0.9643,	Adjusted R-squared:  0.9286 
F-statistic:    27 on 1 and 1 DF,  p-value: 0.121
```

切片や傾きなどの回帰係数だけでなく、残差やモデル適合度、検定結果なども表示されました。これらの結果はresultオブジェクトに含まれており、それを関数summary()が見やすいように表現を整えて表示しています。関数lm()が返すオブジェクトには、これ以外にも分析に関するさまざまな情報を保持していますが、そのすべてを一度に表示すると混乱するため、あえて表示していないものがあります。

このように、オブジェクトの型や中身は一瞥(べつ)しただけではわかりません。それを確認するには、関数str()を使います。以下のコードでは、先ほど作ったオブジェクトdfの構造を表示します。

```
str(df)
```

出力

```
'data.frame':   3 obs. of  4 variables:
 $ ID    : int  1 2 3
 $ height: num  160 170 180
 $ weight: num  50 70 80
 $ name  : chr  "Kosugi" "Simizu" "Kinosada"
```

これを実行すると、dfオブジェクトがデータフレーム型であること、4変数3件分[※5]のサイズであること、変数としてID、height、weight、nameを持っていること、それぞれが整数、数値[※6]、文字型であることなどがわかります。ちなみにRStudioでは、デフォルトで右下にある窓（ペイン）の「Environment」タブに、現在の環境で保持されているオブジェクト名やその内容、つまり関数str()で示されるものが示されています。

回帰係数のみが関心の対象であり、そのほかの指標は特に必要がないこともあります。毎回画面に表示された係数を転記するわけにはいきませんから、resultオブジェクトの中身を掘り下げて、格納されている数値を探し当ててこなければなりません。少し長くなりますが、resultオブジェクトの構造を見てみましょう。

```
str(result)
```

出力

```
List of 12
 $ coefficients : Named num [1:2] 127.143 0.643
  ..- attr(*, "names")= chr [1:2] "(Intercept)" "weight"
 $ residuals    : Named num [1:3] 0.714 -2.143 1.429
  ..- attr(*, "names")= chr [1:3] "1" "2" "3"
 $ effects      : Named num [1:3] -294.45 -13.89 2.67
  ..- attr(*, "names")= chr [1:3] "(Intercept)" "weight" ""
 $ rank         : int 2
 $ fitted.values: Named num [1:3] 159 172 179
  ..- attr(*, "names")= chr [1:3] "1" "2" "3"
 $ assign       : int [1:2] 0 1
 $ qr           :List of 5
  ..$ qr    : num [1:3, 1:2] -1.732 0.577 0.577 -115.47 -21.602 ...
```

※5　3 obs.は3 observationsの意味で、observationは観測（数）と訳されます。個々人を単位にデータを取得する心理学の場合は、観測件数は人数に対応することが多いので、4変数3人分と考えればよいでしょう。しかし、データによっては1つの事例、1つの会社、組織、学校など単位が異なりますので、一般にobservationと表現されています。

※6　numは数値型という意味で、整数型（int）と実数型（double）の両方を含みます。

```
 .. ..- attr(*, "dimnames")=List of 2
 .. .. ..$ : chr [1:3] "1" "2" "3"
 .. .. ..$ : chr [1:2] "(Intercept)" "weight"
 .. ..- attr(*, "assign")= int [1:2] 0 1
 ..$ qraux: num [1:2] 1.58 1.44
 ..$ pivot: int [1:2] 1 2
 ..$ tol  : num 1e-07
 ..$ rank : int 2
 ..- attr(*, "class")= chr "qr"
$ df.residual  : int 1
$ xlevels      : Named list()
$ call         : language lm(formula = height ~ weight, data = df)
$ terms        :Classes 'terms', 'formula'  language height ~ weight
 .. ..- attr(*, "variables")= language list(height, weight)
 .. ..- attr(*, "factors")= int [1:2, 1] 0 1
 .. .. ..- attr(*, "dimnames")=List of 2
 .. .. .. ..$ : chr [1:2] "height" "weight"
 .. .. .. ..$ : chr "weight"
 .. ..- attr(*, "term.labels")= chr "weight"
 .. ..- attr(*, "order")= int 1
 .. ..- attr(*, "intercept")= int 1
 .. ..- attr(*, "response")= int 1
 .. ..- attr(*, ".Environment")=<environment: R_GlobalEnv>
 .. ..- attr(*, "predvars")= language list(height, weight)
 .. ..- attr(*, "dataClasses")= Named chr [1:2] "numeric" "numeric"
 .. .. ..- attr(*, "names")= chr [1:2] "height" "weight"
$ model        :'data.frame':  3 obs. of  2 variables:
 ..$ height: num [1:3] 160 170 180
 ..$ weight: num [1:3] 50 70 80
 ..- attr(*, "terms")=Classes 'terms', 'formula'  language height ~ weight
 .. .. ..- attr(*, "variables")= language list(height, weight)
 .. .. ..- attr(*, "factors")= int [1:2, 1] 0 1
 .. .. .. ..- attr(*, "dimnames")=List of 2
 .. .. .. .. ..$ : chr [1:2] "height" "weight"
 .. .. .. .. ..$ : chr "weight"
 .. .. ..- attr(*, "term.labels")= chr "weight"
 .. .. ..- attr(*, "order")= int 1
 .. .. ..- attr(*, "intercept")= int 1
 .. .. ..- attr(*, "response")= int 1
 .. .. ..- attr(*, ".Environment")=<environment: R_GlobalEnv>
 .. .. ..- attr(*, "predvars")= language list(height, weight)
```

```
  .. .. ..- attr(*, "dataClasses")= Named chr [1:2] "numeric" "numeric"
  .. .. .. ..- attr(*, "names")= chr [1:2] "height" "weight"
 - attr(*, "class")= chr "lm"
```

さらに多くの内容が表示されました。関数lm()が返すオブジェクトはリスト型だったことがわかります。また、行頭に$マークがあるものは、その名前を使って参照できるということです。RStudioでは、オブジェクト名の背後に$を書くだけで候補が表示されますので、そこから選択することもできます。この内部構造を参考にして、係数をベクトルとして抜き出すことができます※7。

```
result$coefficients
```

出力

```
(Intercept)      weight
127.1428571   0.6428571
```

リストがさらにリストをまとめていて、階層的な構造になっている場合、$をつなげて内容を掘り下げることができます。次に示すのは、結果のオブジェクトから元データを取り出す例です。

```
result$model$height
```

出力

```
[1] 160 170 180
```

関数summary()に表示されるような値を得るためには、結果のオブジェクトが持つ情報を加工する必要がある場合もあります。それらについては、本書の中で必要に応じて解説していきます。

※7　coef()という関数を使うことで、係数だけ取り出すこともできます。

COLUMN

パイプ演算子の活用

Rコードを効果的に書くための**パイプ演算子**について紹介します。パイプ演算子は、R 4.2から実装された機能で、|>という記号で表されます※8。右に向いている矢印にも見えますね。これをA |> B()のように使うことで、AのオブジェクトをBの関数の第1引数として適用するという操作になります。

パイプ演算子の表現方法とメリットについて例示します。あるデータの一部を取り出し、それに対して回帰分析を行い、その結果を表示させるという一連の流れは、以下のコードで実現できます。

出力

```
# irisデータのsetosa種だけ抜き出す
df <- subset(iris, Species == "setosa")
# 回帰分析を実行
result <- lm(Sepal.Length ~ Sepal.Width, data = df)
# 結果の表示
summary(result)
```

データの加工→分析→表示という流れのシンプルなコードですが、加工されたデータ←加工操作、表示←分析と矢印の向きは逆になっています。つまり頭の中の計算の流れと、プログラムの書き方の流れが逆になっているわけです。

このコードを実行すると、Rのメモリ空間にはdfとresultというオブジェクトが保存されることになります。小さなサイズのデータであれば、メモリが足りなくなるということはありませんが、それにしても分析ごとに細々とオブジェクトが作られるのは避けたいと思うかもしれません。それを避けるためにオブジェクトに保存せず、次のように書くこともできます。

出力

```
summary(lm(Sepal.Length ~ Sepal.Width,
  data = subset(iris, Species = "setosa")
))
```

※8 R 4.2以前はmagritterパッケージにパイプ演算子が用意されていました。こちらのパイプ演算子は%>%と表記します。tidyverseと呼ばれるデータハンドリングを一手に扱うパッケージに含まれていたため、こちらのパイプ演算子を使った記述をしているテキストやWebサイトも少なくありません。これと区別するために|>の記号をネイティブパイプと呼ぶことがあります。

しかし、この書き方では何をしているのか、一目でわかりにくくなります。この例では、関数summary()の中に関数lm()が、関数lm()の中には関数subset()が入っています。プログラムのコードとしては小括弧の中から優先されて処理されるため、このコードを解釈するときはより内側の括弧から外側に向かっていくことになります。ここでも頭の中とコードの流れが逆転することは避けられません。

この「思考の逆流」と「オブジェクトの量産」を避けるのがパイプ演算子の機能です。この例と同等の働きをするコードをパイプ演算子を使って書いてみると、次のようになります。

出力

```
iris |>
  subset(Species == "setosa") |>
  lm(Sepal.Length ~ Sepal.Width, data = _) |>
  summary()
```

ここでは、データ→subset()→lm()→summary()と処理が受け渡され、最後に結果が表示されます。受け渡しの操作がパイプ演算子|>であり、受け渡したものが第1引数になるので、subset(iris,Species=="setosa")とiris |> subset(Species=="setosa")は同じ意味です。

次の行では、部分抽出された（setosa種に限定された）データを使って回帰分析を行いますが、回帰分析の第1引数は式でなければなりません。パイプ演算子で渡したものを第1引数ではなく所定の場所におきたい場合は、アンダースコア(_)で場所を指定します※9。data = _となっているのは、data引数がパイプ演算子の前から渡されるものであることを意味しています。

このように|>をつなげることで、思考の流れにそって手続きをを流し込んでいくことができるのです。長くつなげるときは、h(g(f(x)))と書くより、x |> f() |> g() |> h()とする方がわかりやすいでしょう。また途中でオブジェクトに書き出すこともないので、計算途中の残骸（不必要なオブジェクト）が環境に残り続けることもありません。

※9　パイプ演算子の前から受け取ったものの場所のことを、プレイスホルダーと呼びます。magritterパッケージのパイプ演算子、%>%のプレイスホルダーはピリオド（.）です。このほかにもネイティブパイプとmagritterパッケージのパイプ演算子の扱いはいくつか違うところがあります。

2.3 関数をつくる

本節では、Rのプログラミング言語としての用法を解説します。

Rを統計ソフトウェアだととらえている人にとって、適切な関数は「見つけ出して使うもの」というイメージを持っているのではないでしょうか。一般的には、統計モデルにそったパッケージを探し出し、インストールして、パッケージを呼び出して、そのパッケージに含まれる関数で分析することがほとんどでしょう。

しかしこのような関数も同じ言語で書かれている言葉なのです。これを自分で読み書きできるようになることが、シミュレーションへの第一歩になります。関数は作れるのです。

2.3.1 関数とは

関数とは、何かを与えたら、それに応じて返事が返ってくるものといえます。数式では一般に $Y = f(X)$ と書きますが、これは X を与えたら $f(X)$ という変換を受けて Y になる、という表現です。X を与えれば Y という返事をするものとも理解できるでしょう。

プログラミング言語では、この与えるものを**引数**(ひきすう)と呼び、返ってくる返事のことを**戻り値**（返り値）と呼びます。Rで関数のヘルプを見ると、引数はargument、戻り値はvalueのセクションで説明されています。引数が複数あるときは、カンマ（,）で区切って入力します。戻り値が複数になることもあり、その場合はリスト型になって（袋にまとめて）返ってくることが一般的です。次のコードを実行してみましょう。

```
sqrt(16)
```

出力
```
[1] 4
```

sqrt(16)は、16が引数で、sqrt()が関数名です。この関数は正の平方根を返し、戻り値は1つの数字です。16を与えると4という返事が返ってきます。

続いて、次のコードを実行してみましょう。

```
lm(Sepal.Length ~ Petal.Length, data = iris)
```

出力

```
Call:
lm(formula = Sepal.Length ~ Petal.Length, data = iris)

Coefficients:
 (Intercept)  Petal.Length
      4.3066        0.4089
```

関数lm()は線形モデルlinear modelを当てはめるものです。第1引数にはモデル式（後述）を、第2引数にデータセットを指定します。

Rでは統計モデルの式の書き方として、目的変数と説明変数をチルダ（~）でつなげるのが一般的です。この書式をformulaオブジェクトと呼び、いろいろな構文があります。例えばY ~ .のようにすれば、データセットに含まれる（y以外の）すべての変数でYを説明する、ということになりますし、特に目的変数を持たない分析（因子分析など）では、. ~ X + Yのような書き方もします。また、複数の説明変数は+でつなげることができ、主効果だけでなく交互作用も含める場合は、Y ~ X1 * X2のように表記します。このようなモデル式表現について、より詳しい説明は船尾(2020)※10などを参考にしてください。

関数とは、何かを与えると何かが返ってくるものであり、関数のやりとりを用いて計算することで「計算のひとまとまり」がわかりやすくなるという利点があります。ではこの関数を自分たちでも作ってみましょう。

2.3.2 自作関数を作ってみよう

関数を作るには、関数を作る関数function()を使います。次のコードを実行すると、R環境に新しい関数add2()ができあがります。

```
add2 <- function(x) {
  tmp <- x + 2
  return(tmp)
}
```

このコードはadd2というオブジェクトに代入するところからはじまっています。ここでのadd2がこれから作る関数の名前です。関数を作る関数function()は、続く()

※10 舟尾暢男（2020）. The R Tips 第3版：データ解析環境Rの基本技・グラフィックス活用集 オーム社

に引数を、{}の中に一連の処理を記述します。ここでは与えられた数字に2を加えて返すという、ごく簡単な足し算をさせています。

この関数はxという引数をとります。一連の処理の中では、このxを使った計算を記述します。まず2行目で、tmpという新しいオブジェクトにx + 2を代入しています。ここでのxは引数として与えられたものであり、それに2を加えてtmpに代入しています。tmpは一時的な（temporary）もので、この関数内だけで使われるオブジェクトです。

次の行ではreturn()という関数が書かれており、計算したtmpを与えています。これはこの関数が返す内容、戻り値を記述する関数です。

そして最後の}で、この関数の一連の処理を閉じています。このように、一連の処理が複数行にわたって記述されています。開いた括弧を最後に閉じることに注意してください。

さてこの4行をRで実行しても、（入力ミスがなければ）コンソール上に何も表示されません。しかし、R環境にはadd2()という新しい関数が保存され、この関数を利用できるようになっています。次のコードを実行してみましょう。

```
add2(x = 4)
```

出力
```
[1] 6
```

ここで作った関数の引数xに数字4を与えました。関数内部では引数に2を加えて返してきますから、答えの6が表示されます。与えられた数値に2を足す関数、add2()の完成です。

ところで、関数内で作られたtmpはその関数の中だけで使われるオブジェクト、ということでした。実際に、関数の外でtmpと入力すると、次のような「オブジェクトtmpが見つかりません」というエラーが出ます。

出力
```
> tmp
Error: object ‘tmp’ not found
```

関数は関数の中だけで世界ができあがっており、関数の中で作られた要素を関数の外から取り出したければ、関数return()を使って戻り値にする必要があるのです。また、関数return()で返すことができるのは1つのオブジェクトだけと決まっており、いくつかの要素を戻り値としたい場合はまとめてlist型オブジェクトなどにする必要があります。

関数の中で使われた変数は、関数の外から参照できないということでしたが、ここで次のコードを見てみましょう。

```
tmp2 <- 3
addX <- function(x) {
  tmp <- x + 2 + tmp2
  tmp2 <- tmp2 + 7
  return(tmp)
}
```

この関数addX()はどういう振る舞いをするでしょうか。実行する前にコードを読んでみてください。関数の中では、引数xに2とtmp2を加えています。tmp2は関数の前に用意されており、関数の中でtmp2 + 7と計算されて上書きされます。関数が返す値はtmpだけになっています。

では振る舞いの確認です。このコード実行した後で、addX(1)として関数を実行した結果は次の通り6です。

```
addX(1)
```

```
[1] 6
```
出力

次に、オブジェクトtmp2を確認すると、これの中身は3のままであることが示されます。

```
tmp2
```

```
[1] 3
```
出力

これは少し奇妙な振る舞いだと感じる人もいるかもしれません。関数の中で新たに作られたオブジェクトは、関数の外から参照できないので、tmpを参照するとエラーになるのでした。では関数の中だけで世界が閉じているのかというとそうではなく、関数の前で定義したtmp2が関数の中でx + 2 + tmp2のように利用されています。この計算がエラーにならず、返ってきた値が6なのですから、1 + 2 + 3のように計算されていたことがわかります。また、関数の中でtmp2は元のtmp2に7を加えるという操作がなされていますが、この操作は関数の中だけで完結しており、tmp2を関数の外で確認すると、3のままになっています。

Rでは、関数内で未定義の変数がある場合、その変数は関数の外部環境（つまり関数が定義される前の環境）で探されます※11。つまり、汎用的な名前の変数を関数内で使うと、意図していない値が勝手に使われる危険性があります。関数を作るときは、関数の外部にある変数は引数に指定し、内部で使う変数は初期化したり引数以外の値を利用したりしないようにしましょう。そうすることで意図しない動作を防ぎ、コードの読みやすさと再利用性を向上させることができます。

2.3.3 デフォルトの値

関数function()の引数の数を増やすことで任意の数字を足す関数を作ることができます。function(x, y)として、x + yの答えを返すようにすればよいのです。もちろん、足し算は+の記号1つでできるのですから、このような関数を作るのは無意味かもしれませんが。

ここで解説したいのは、引数を複数持つことができることと、引数にはデフォルトで値を持たせることができるという点です。2つの引数x、yが与えられたときは両者を足し、引数xしか与えられないときはxと2を足す、という関数を考えましょう。これは「yについての指定がなければ（デフォルトでは）y = 2だよ」ということです。デフォルト値の設定は、関数の定義のときに=を使ってその値を書きます。

```
addX2 <- function(x, y = 2) {
  tmp <- x + y
  return(tmp)
}

addX2(2, 4)
```

```
[1] 6
```
出力

```
addX2(2)
```

```
[1] 4
```
出力

※11 関数の中だけで有効なオブジェクト（ここではtmp）といった、オブジェクトの有効範囲についての考え方は、一般的に**スコープ**という名称で呼ばれます。プログラミング言語によっては、完全に関数の中だけでしかスコープが有効でないものもありますし、関数の中かプログラム全域かのようにスコープの範囲を規定できる言語もあります。

この例にあるように、この関数をaddX2(2, 4)のように呼び出せば2 + 4が返ってきます。またaddX2(2)のように引数を1つしか指定しないときは、関数の定義にあるy = 2が利用され、2 + 2の答えが返ってきます。必要な引数を指定するだけで、簡単に関数を使えるようにしたいのであれば、デフォルト値を設定するとよいでしょう※12。逆に、これまで私たちが使ってきた関数もなんらかのデフォルト値を持っていたかもしれない、ということも想像できますね。デフォルト値や選択可能なオプションはヘルプに書かれていますので、みなさんもよく使う関数のヘルプは一度見てみるといいでしょう※13。

2.3.4 複数の戻り値

関数の戻り値は複数になることがあります。例えば回帰分析を実行するときは、回帰係数の算出が主たる目的ですが、回帰係数だけでなく、予測値や残差、適合度指標なども同時にチェックしたいと考えるはずです。前述した関数lm()は、これらの数字をまとめて返してくれています。戻り値をオブジェクトとして保管し、そのオブジェクトの中身を見てみると、いろいろな情報が格納されていることがわかりました。

このように複数の戻り値を持たせたいことは少なくありませんが、Rの関数return()で返せるオブジェクトは1つだけです。オブジェクトが1つだけですので、戻り値を複数持たせたい場合はリスト型オブジェクトを関数return()の戻り値にすればよいでしょう。次のコードは、2つの引数を持ち、加減乗除の4つの答えを返す関数の例です。

```
calcs <- function(x, y) {
  tmp1 <- x + y
  tmp2 <- x - y
  tmp3 <- x * y
  tmp4 <- x / y
  return(list(plus = tmp1, minus = tmp2, multiply = tmp3, divide = tmp4))
}
```

※12 一般に統計関数を使うときには、いろいろ指定すべきことがありますが、ユーザにそのすべてを期待すると使い勝手を悪くします。関数を作る側としては、デフォルトの値を決めておいてあげたくなることもあるでしょう。しかしユーザとして、その優しさに甘えているだけではいけないこともあります。おおげさにいえば、自分の預かり知らぬところで設定されている値が利用されているわけですから、すみずみまで理解して利用するためにはすべての引数とそのデフォルト値を知っておくことも必要です。

※13 ヘルプはコンソールでhelp(関数名)あるいは?関数名と書くと表示されます。RStudioではヘルプペインから検索することもできます。

この新しい関数calcs()は、加減乗除の4つの値をまとめて返してくれています。関数の戻り値をresultオブジェクトで受け取ることで、$の記号で要素を参照し、必要なところだけ取り出すことができます。

```
## 結果全体をオブジェクトで受け取る
result <- calcs(2, 4)
## 掛け算の結果だけ表示
result$multiply
```

出力
```
[1] 8
```

COLUMN

Rによるプロット

データサイエンスの基本はどこに有意味な情報が潜んでいるかを見つけ出すことですし、百聞は一見にしかずというように、表やグラフによる表現が必須です。

Rは可視化についても簡単な関数で実行できます。関数plot()は、引数にx座標とy座標を与えることで、散布図を描画します。以下の例を実行してみましょう。

```
x <- c(1, 3, 6, 2, 4, 3, 7)
y <- x * 2
plot(x, y)
```

ここでy座標の情報を与えなければ、x軸の要素の順番（インデックス）を横軸に、値を縦軸にとった図が描かれます。

```
plot(x)
```

オプションtypeを指定することで図の種類を変えることができます。オプションは1文字で指定します。デフォルトでは"p"の点による描画が指定されていますが、"l"で折れ線、"b"で点と折れ線の両方、"c"で"b"の点がないもの、"h"でヒストグラムのようなもの、"s"で階段関数のようなものを描画します。

```
plot(x, type = "p")
plot(x, type = "l")
plot(x, type = "b")
plot(x, type = "c")
plot(x, type = "h")
plot(x, type = "s")
```

pchオプションで点の形を変えたり、colオプションで色を付けることも可能です。色の指定はカラーコード、色番号、英語名のいずれかを指定します。

出力

```
plot(x, y, pch = 1:5)
plot(x, y, col = c("red", 2, "#58FAD0"))
```

線を引くプロットの場合、ltyオプションで線の種類（Line Type）を、lwdオプションで線の太さ（Line Width）を指定します。

```
plot(x, y, type = "b", lty = 2, lwd = 3)
```

プロットに直線などを書き足したいときは関数abline()を使います。この関数は先に描かれたプロットに線を追記します。a、bはそれぞれ追加する直線の切片と傾きを表し、hで水平線を、vで垂直線を引くこともできます。また線の色や種類を示すオプションcol、lty、lwdなども利用できます。

```
plot(x, y)
abline(a = 1, b = 2, col = "red")
abline(h = 3, lwd = 2)
abline(v = 4, lty = 3)
```

曲線を描きたい場合は、関数curve()を使います。これは第1引数として一変数関数を与え、第2、第3引数にx軸上の範囲を指定します。

```
### 三角関数
curve(sin, -4, 4)

### 自作関数
myFunc <- function(x) {
  x^2 + 3 * x + 4
}
curve(myFunc, -4, 4)
```

関数hist()を紹介します。これはデータのヒストグラムを描く関数です。

データセットとして、Rがデフォルトで持っているirisデータを使ってみます。

```
iris$Petal.Length |> hist()
```

plot()やcurve()、hist()といった関数は、描画エリアを自ら用意してプロットしてくれます。そのときのオプションとして、グラフのタイトルやx軸ラベル、y軸ラベルなどを指定することもできます。グラフのメインタイトルはmain、サブタイトルはsub、x軸ラベルはxlab、y軸ラベルはylabオプションで指定します。以下のコードで指定したオプションがどこに描画されているか確認してください[※14]。

出力

```
iris$Petal.Length |> hist(
  main = "ヒストグラム",
  sub = "アイリスデータ",
  xlab = "花弁の長さ",
  ylab = "度数"
)
```

これらの関数やオプションを使うことで、すぐにデータの全体像や関数の特徴を可視化できるでしょう。可視化の重要性やテクニックについて、さらに詳しくは松村・湯谷・紀ノ定・前田（2021）[※15]やヒーリー（2021）[※16]を参考にしてみてください。またこれらの参考書では、ggplot2と呼ばれる可視化の文法（grammar of graphics）を重視したパッケージを使って、美しい描画がなされています。ぜひ参考にしてみてください[※17]。

※14 macOSでRを使っているとき、plot()で日本語文字を表示させるときに文字化けが生じて、四角い箱が並ぶことがあります。これはフォントと文字コードの問題で、par(family="HiraKakuProN-W3")とすることで対応できます（familyの中にはフォント名を記入します）。

※15 松村 優哉・湯谷 啓明・紀ノ定 保礼・前田 和寛（2021）．改訂2版 Rユーザのための RStudio実践入門 技術評論社

※16 キーラン・ヒーリー（著），瓜生 真也・江口 哲史・三村 喬生（翻訳）（2021）．実践Data Scienceシリーズ データ分析のためのデータ可視化入門 講談社

※17 本書ではなるべくRの基本パッケージだけで記述すること、パッケージに依存しない情報の提供を目標としているため、サンプルコードではこのパッケージを活用していません。概念的に参考にしてもらいたい図版にはggplot2パッケージを使ったものもありますが、そのコードは本書のサポートサイト（https://github.com/ghmagazine/psychologicalstatisticsbook）で提供していますので、参考にしてください。

2.4 プログラミングの基礎

本章ではまず、Rのオブジェクトの型を見てきました。これはいわば、レゴのピースの種類を説明したようなものです。関数はこのピースをまとめて、作りたい作品の部品を作る手続きを書いたものです。プログラミング全体は、そうした部品や手続きを何重にも組み合わせて、さらに大きなものを作ることです。目標に向かってどのように設計していくかを考えるのは、とてもクリエイティブで楽しいことです。

一般に**アルゴリズム**とも呼ばるこの部品の「組み合わせ」には、他の言語にも共通するものがいくつかあります。代表的なものが**代入**、**反復**、**条件分岐**です。これらを使って、さまざまなプログラムが作られているのです。

代入についてはすでに説明した通りです。a <- 3という何気ないコードも、aというオブジェクトに3という値を代入する、という大事な手続きの1つです。もちろんこの後は、もっと多くの情報を、あちこちに何度も代入して組み立てていきますが、「一旦どこかに預けておく」ということが重要なのです。

以下では、残る2つの技術、反復と条件分岐を解説します。

2.4.1 反復

コンピュータは電子計算機ともいうように、すべての挙動は計算によって行われます。また「機械のように正確だ」とたとえられるように、プログラミング上で行われる計算には間違いが含まれません。人間は同じ計算であっても何度も繰り返していれば途中で集中力が途切れて計算間違いをしてしまいますが、コンピュータはそういったことがないのです。ここで解説する**反復**とは繰り返し計算のことです。計算機はプログラムに決められた期間、何度も何度も計算を繰り返すことができ、その途中で一部だけ間違えるといったことが生じません。この反復機能をうまく活用することで、さまざまなことを成し遂げることができるようになります。

for文による反復の基礎

繰り返しはプログラム上で決められた期間中、ずっと続きます。この期間を指定する最も基本的な方法が、開始と終了の期間を明示するfor文による計算です。

例えば、3回繰り返すことを決めたとしましょう。3回という回数を指折り数えるように、あるオブジェクトiを用意し、これを1、2、3と数えて、その間はある命令を反復せよ、という形で表現します。for文による命令は、次のように書きます。

```
for (i in 1:3) {
  print(i)
}
```

出力
```
[1] 1
[1] 2
[1] 3
```

for(i in 1:3)の箇所で繰り返し期間を設定しています。iというオブジェクトでカウントをはじめます。1:3は1 2 3というベクトルを意味するのでした。このベクトルにそってi <- 1、i <- 2、i <- 3と順に代入されていきます。そのあと、中括弧{ }で囲まれているコードがありますが、この中括弧の中の命令を繰り返して実行します[※18]。ここではprint(i)という命令を与えており「iを表示せよ」という意味です。これを実行すると順に1、2、3という数字が出てくることになります。

ここでiが1から3までのように開始から終点まで変わることを表しますが、これは数学における総和の記号、$\sum$ の用法に似ていますね。総和記号は、

$$\sum_{i=1}^{3} x_i = x_1 + x_2 + x_3$$

のように使いますが、総和記号の下にある i が変化するオブジェクトであり、総和記号の上にある3が終点で、この添え字が1から3まで変わるということを表しているのでした。

ですから $x_1 = 3$ 、 $x_2 = 5$ 、 $x_3 = 1$ のとき

$$\sum_{i=1}^{3} = 3 + 5 + 1 = 9$$

であり、これをRで表現するなら次のようになります。

```
x <- c(3, 5, 1)
y <- 0
for (i in 1:3) {
  y <- y + x[i]
```

※18　RやPythonでは{ }で囲った範囲ということになりますが、例えばBASIC言語などではforではじめてnextと書いてあるところまで、という形で反復範囲を区切ったりします。

```
}
print(y)
```

```
[1] 9
```
出力

ここでyは計算結果が入るオブジェクトですので、最初に0を代入し、数値として初期化しています。続いて、for文でiが1から3まで変わることを利用して、yに順番にベクトルxのi番目の要素を加えています。

このfor文で繰り返したオブジェクトiは連続した数字でしたが、必ずしも連続である必要はありません。あるベクトルの系列に沿って変えることも可能です。次のコードは反復する区間が1:6という連続したベクトルではなく、独自のベクトルで与えられています。

```
y <- 0
for (i in c(1, 3, 5, 3, 6, 2)) {
  print(i)
  y <- y + i
}
```

```
[1] 1
[1] 3
[1] 5
[1] 3
[1] 6
[1] 2
```
出力

```
print(y)
```

```
[1] 20
```
出力

この設定では、オブジェクトiが1 3 5 3 6 2の順に変わっていきます。反復回数は与えられたベクトルの長さ（6回）です。このような離散的なベクトルにそって操作することは滅多にありませんが、偶数だけにしたい、n 飛ばしで数字を変えていきたいといった場合も、for文の中で反復に使うベクトルに設定を加えて対応します。なお、Rには数列を作る関数seq()があります。次のようにして、始点、終点、ステップ間隔を指定してベクトルを生成できます。

```
# 1から20まで4ずつ間隔を空けた数列を作る
seq(from = 1, to = 20, by = 4)
```

```
[1]  1  5  9 13 17
```
出力

ところでこの例では、for文の中でprintという関数とy <- y + iという代入計算の2つの命令を反復させました。このように反復する内容は複数行にわたるものであってもかまいません。

注意してもらいたいのは、iという指折り数えているオブジェクトをも、反復操作の中で変更できてしまうということです。例えば、**次のコードは決して実行しないでほしいのですが、**このコードを実行すると何が起こるでしょうか。

```
## 決して実行しないでください
for (i in 1:5) {
  print(i)
  i <- 3
}
```

このコードを実行してしまうと、Rはいつまで経っても計算を終えることができませんので、計算を強制終了させるしかありません[※19]。というのも、Rの中では次のように計算が進むからです。

1. i = 1 としてprint(i)を実行する。つまり画面に1を表示する
2. i = 3 にする
3. i = 3 としてprint(i)を実行する。つまり画面に3を表示する
4. i = 3 にする
5. i = 3 としてprint(i)を実行する。つまり画面に3を表示する
6. i = 3 にする
7. i = 3 としてprint(i)を実行する。つまり画面に3を表示する……

哀れなRは、iが5になれば仕事が終わると思って反復を繰り返すのですが、いつまで経ってもiを5に増やすことができず、永久にこのループから逃れることができません。このように数行しかないコードであれば間違いにすぐ気づくかもしれません

※19 もし誤ってこのコードを書き写し、実行してしまった場合は、RStudioで実行していればコンソールの右上に計算中を示す赤いボタンがありますので、これをクリックして中断してください。RStudioを使っていない場合は、Rそのものを強制終了させるしかありません。

が、反復計算が複数行にわたると、大事なカウント用オブジェクトを上書きしかねません。このような問題が生じないように、for文で用いるカウント用のオブジェクト名には単純なもの（i、j、kなど）にして、計算に使うオブジェクト名には単純すぎる命名は避けるということを心がけるといいでしょう。

for文の入れ子

for文の中にfor文を入れることで、入れ子になった計算をすることができます。

次の例を見てください。ここではiが1から5まで繰り返され、その中で入れ子となったjが3から5まで変化します。i + jの計算過程をprintで出力します。どの文字がどの順で変わっていくのか確認してください。

```
for (i in 1:5) {
  for (j in 3:5) {
    # paste関数は文字列をつなげる関数
    print(paste(i, "+", j, "=", i + j))
  }
}
```

出力
```
[1] "1 + 3 = 4"
[1] "1 + 4 = 5"
[1] "1 + 5 = 6"
[1] "2 + 3 = 5"
[1] "2 + 4 = 6"
[1] "2 + 5 = 7"
[1] "3 + 3 = 6"
[1] "3 + 4 = 7"
[1] "3 + 5 = 8"
[1] "4 + 3 = 7"
[1] "4 + 4 = 8"
[1] "4 + 5 = 9"
[1] "5 + 3 = 8"
[1] "5 + 4 = 9"
[1] "5 + 5 = 10"
```

ここで大事なのは、各for文で使うカウント変数名が違う（iとj）ことです。カウント変数名をいずれもiにしてしまうと、最初のfor文でiを変化させ、その計算途中でまたiが変化することになりますから、またRが永遠の計算ループから抜け出せなくなってしまいます。こうした点に注意すれば、「すべての組み合わせについて計算する」といった面倒なことでも、確実に計算できます。

応用例として行列の計算を見てみましょう。行列を線形代数で学び始めるとき、最初に苦労するのが計算のルールを身につけることです。特に行列の積についてはややこしく、計算自体は掛け算と足し算にすぎないのですが、組み合わせを考えつつすべての要素を計算しなくてはなりません。つまり複雑だから難しいのではなく、単純でも煩雑だから難しい、と感じてしまうのです。幸い、計算機は正しく指示すれば繰り返し計算の途中で間違えることはありません。

Rでの行列の計算は、複雑なプログラムを必要としません。行列の積は%*%という記号を使って計算できます。

```
A <- matrix(1:6, nrow = 2)
B <- matrix(1:12, ncol = 4)
A %*% B
```

出力

```
     [,1] [,2] [,3] [,4]
[1,]   22   49   76  103
[2,]   28   64  100  136
```

ここでは行列 $\mathbb{A}$ は1から6の要素を持つ2行（3列）の行列、$\mathbb{B}$ は1から12の要素を持つ（3行）4列の行列です。

$$\mathbb{A} = \begin{pmatrix} 1 & 3 & 5 \\ 2 & 4 & 6 \end{pmatrix}$$

$$\mathbb{B} = \begin{pmatrix} 1 & 4 & 7 & 10 \\ 2 & 5 & 8 & 11 \\ 3 & 6 & 9 & 12 \end{pmatrix}$$

これらの行列の積 $\mathbb{AB}$ によって作られる行列 $\mathbb{C}$ は2行4列の行列であり、その i 行 j 列目の要素 c_{ij} は $\mathbb{A}$ の i 行目の要素と $\mathbb{B}$ の j 列目の要素それぞれを掛けて足し合わせたものになります。つまり、

$$c_{ij} = \sum_{k=1}^{3} a_{ik} b_{kj}$$

という計算をすることになります。行列の添え字は i と j だけですが、組み合わせ計算のときにカウントアップする変数（k）が必要なので、for文としては三重の入

れ子構造になります。実装してみましょう。

```
C <- matrix(0, nrow = 2, ncol = 4)
for (i in 1:nrow(A)) {
  for (j in 1:ncol(B)) {
    for (k in 1:ncol(A)) {
      C[i, j] <- C[i, j] + A[i, k] * B[k, j]
    }
  }
}

print(C)
```

出力

```
     [,1] [,2] [,3] [,4]
[1,]   22   49   76  103
[2,]   28   64  100  136
```

Rの計算結果と一致していることが確認できました。行列の計算はRの演算子を使った方が確実かもしれませんが、計算のしくみからコードを組み立てると一層理解が深まるかと思います。

もう1つの反復法、while

for文を使った反復は、始点と終点の範囲を明確に指定しました。そうではなく「ある条件を満たしている間はこの計算を続ける」という条件を使った反復も、実践上はよく必要になります。このような条件節を使った反復にはwhile文を用います。

例えば、あるオブジェクトaが20未満の間は計算を続ける、というコードは次のように書きます。

```
a <- 0
while (a < 20) {
  a <- a + 3
  print(a)
}
```

出力

```
[1] 3
[1] 6
[1] 9
```

```
[1] 12
[1] 15
[1] 18
[1] 21
```

このwhileに続く小括弧()の中に条件を書きます。ここではa < 20という条件にしました。反復の前に、aというオブジェクトを忘れずに初期化しましょう。反復内容は中括弧{}の中に書きます。

ここでの計算は、次のような順番で進みます。

1. aを0にする
2. whileで条件を判断する。aは0なので条件を満たし、反復計算を続ける
3. a <- a + 3なのでa = 0 + 3 = 3になる
4. aを表示する
5. whileで条件を判断する。aは3なので条件を満たし、反復計算を続ける
6. a <- a + 3なのでa = 3 + 3 = 6になる
7. aを表示する
8. whileで条件を判断する。以下を繰り返して、aが18まできたとする
9. a <- a + 3なのでa = 18 + 3 = 21になる
10. aを表示する
11. whileで条件を判断する。21 < 20で条件を満たさないので、反復計算を終了する

このように、条件が成立するまで反復を続けます。for文と違って、カウントに使うオブジェクトを反復計算の中で直接操作しています。while文の場合はこのように、計算途中で条件が成立したら反復をやめる、という使い方をすることがよくあります。もちろん条件が成立し得ないようなものであれば、反復計算から永遠に抜けられない無限ループになりますから、条件の設定には注意が必要です。

条件をうまく設定し、無限ループにならないことが基本ですが、強制的にループを抜け出すコマンドもあります。それがbreakです。次のようにすると、breakのところに来た時点ですぐにループから脱出します。

```
a <- 0
while (a < 20) {
  a <- a + 3
  print(a)
  break
```

```
}
```

```
[1] 3
```
出力

2.4.2 条件分岐

さてプログラミングの基本技術、最後の砦は**条件分岐**です※20。ある条件が成立しているかどうかを判断するという状況はよくあります。条件の判断は論理計算ともいわれ、TRUE（真）かFALSE（偽）かを判断する一文を**条件節**と呼ぶこともあります。

条件が成立する（TRUE）かどうかで、続く計算手続きを変えるアルゴリズムが条件分岐です。これにはif文を使います。

if文はwhile文と同様、条件節を小括弧()で、条件が成立したときに行う計算を中括弧{}で囲みます。次のコードを実行してみてください。

```
a <- 9
if (a > 10) {
  print("a > 10")
}
```

まずオブジェクトaに9が代入されている状態を作っています。条件節はa > 10です。これは「aが10より大きかったら成立、そうでなかったら不成立」という判断をしています。ここでは不成立ですので続く計算は実行されません。

ある条件を判断して計算を実行するだけではなく、条件に該当しなければ別の計算を実行するにはelseを使います。elseに続けて不成立の場合に行う計算を中括弧{}で書きます。コードを見やすくするために、インデントで位置を揃えていることに注意して、次のコードを実行してみてください。

```
if (a > 10) {
  print("a > 10")
} else {
  print("a <= 10")
}
```

※20　実は先ほどのwhile文でも使われていました。while文は条件分岐＋反復の命令文なのです。

```
[1] "a <= 10"
```
出力

結果として、a <= 10が表示されます。aに9が代入されていることから、a > 10という条件は不成立となり、else内部の計算が行われたのです。

これとは別に、ifelse()という関数もあります。これはifelse(条件, 真の処理, 偽の処理)という書き方をします。

```
ifelse(a > 10, print("a >10"), print("a <=10"))
```

```
[1] "a <=10"
```
出力

例えば帰無仮説検定は、p値が有意水準より小さければ「対立仮説を採択」、さもなくば「判断を保留する」という条件分岐ですので、このように1つの関数で書けると便利ですね※21。

もう少し複雑な判断が必要な場合であれば、elseに「もし条件1が成立していなければ次の判断に委ね、もし条件2なら……」と条件を重ねることもできます。これはelse ifという書き方をします。次のコードを実行してみてください。

```
if (a > 10) {
  print("a > 10")
} else if (a > 8) {
  print("8 < a <= 10")
} else {
  print("a <= 8")
}
```

```
[1] "8 < a <= 10"
```
出力

まず「もしa > 10なら」があり、次にそれが不成立の場合に「さらにa > 8なら」があり、「これも不成立なら」と続くわけです。aには9が入っていますから、最初の条件は不成立で、次の条件は満たします。結果として、中段の「"8 < a <=10"」の表示が実行されているはずです。aの値をいろいろ変えてみて、どのような振る舞いを

※21 p値が有意水準より大きければ「帰無仮説を採択する」という考え方もありますが、本書では帰無仮説が棄却できないときは判断を保留するという、Fisher流の立場で記述しています。

するか確認してみてください。

論理式の書き方

条件節に書かれるa > 10のような論理式は、一見すると違和感なく見えるかもしれません。しかし「aが9に一致したら」という条件をa = 9と書くと、これは「aに9を代入する」という表現になってしまいます。「aが9と一致する」という条件は、a == 9のように書きますので注意してください。逆に一致しない場合、という条件はa != 9のように表記します。

前述したelse if文を使ったり、if文を重ねたりすることで、「条件Aが成立せず、Bが成立する（しない）とき」といった表現ができますが、論理学的には「AかつB」（**論理積**）、「AまたはB」（**論理和**）といった表現を使った方がスマートです。Rでは「AかつB」をA && B、「AまたはB」をA || Bと書きます※22。以下のコードで、振る舞いを確認してください。

```
if (a == 9) {
  print("a は 9 に等しい")
}

if (a != 9) {
  print("a は 9 ではない")
}
```

```
[1] "a は 9 に等しい"
```
出力

```
b <- 10

if (a < 10 && b <= 10) {
  print("a は 10 より小さく、bは 10 以下である")
}
```

```
[1] "a は 10 より小さく、bは 10 以下である"
```
出力

```
if (a > 10 || b < 10) {
```

※22 &や|はベクトルの演算子で、&&や||は1変量の演算子になります。詳しくはKun（2017）を参照してください。
Kun,R.（2017）. Rプログラミング本格入門 共立出版

```
  print("a が 10 より大きいか、b が 10 より小さい")
}else{
  print("a が 10 以下か、b が 10 以上")
}
```

```
[1] "a が 10 以下か、b が 10 以上"
```
出力

論理判断はベクトルに対して行うこともできます。次のコードは、ベクトルの各要素に対して「その値が3と一致するか」という判断をさせています。

```
A <- 1:6
A == 3
```

```
[1] FALSE FALSE  TRUE FALSE FALSE FALSE
```
出力

Aの要素は1 2 3 4 5 6ですから、3番目だけTRUEとなり、あとはFALSEになっています。ただ、こうしたベクトルの条件をif文に入れてしまうとエラーになります。

```
if (A == 3) {
  print("3がありました")
}
```

このときのエラーはcondition has length > 1、つまり条件判断をするものの長さが1以上なので（どの要素を判断基準にしていいかわからないから）エラーだ、ということです。条件が適切に判断できなければ続く計算もできませんし、間違った判断は間違った結果に直結しますから、条件節の記述には細心の注意を払いましょう。

FizzBuzz課題

それではここで練習問題です。FizzBuzz課題と呼ばれるゲームがあるのをご存知でしょうか。ルールは簡単で、複数人のプレイヤーが1から順番に数字を数え上げていくのですが、次のような特殊ルールがあります。

- 3で割り切れるときは数字ではなく「Fizz」という
- 5で割り切れるときは「Buzz」という
- 3でも5でも割り切れるときは「FizzBuzz」という

これでどこまで数字を数え上げていけるか、というゲームです※23。

ここでは1から15までの数字について考えてみましょう。1から15まで順に数字を変えつつ、カウントする数字に対して条件判断を繰り返すということなので、まずはfor文による反復を書けばよさそうです。

```
for (i in 1:15) {
  # ここに反復条件を書く
}
```

判断すべき条件は、3で割り切れるとき、5で割り切れるとき、3でも5でも割り切れるとき、という3つです。ここで「3で割り切れるときはFizzと表示せよ」と「3でも5でも割り切れるときはFizzBuzzと表示せよ」という条件は、一部重複がありますから、条件が厳しい方、すなわち「3でも5でも」の条件を先にチェックすることにします。

割り切れるというのは、言い換えると「余りゼロ」になります。余りの計算は、一般に剰余演算（モジュロ；odulo）と呼ばれ、Rでは%%という記号が対応しています。例えば4を3で割ると余り1ですが、Rでは次のように書くことができます。

```
4 %% 3
```

出力
```
[1] 1
```

これを使って「3でも5でも割り切れる」という条件を書きます。3で割り切れる条件というのは余りが0に合致すること、「3でも5でも」というのは「3で余り0かつ5で余り0」ですから、次のように書けばよさそうです。

```
for (i in 1:15) {
  if (i %% 3 == 0 && i %% 5 == 0) {
    print("FizzBuzz")
  }
}
```

出力
```
[1] "FizzBuzz"
```

※23 一昔前、世界のナベアツ（現桂三度）という芸人さんが「3の倍数と3がつく数字のときだけアホになります」という芸で一世を風靡しましたが、このFizzBuzz課題の亜種といってよいかもしれません。

これで最も厳しい条件が成立するかどうかのチェックが終わりました。続いてそれよりも弱い条件である、3だけで割り切れるかどうか、5だけで割り切れるかどうかを逐一チェックし、もしいずれの条件にも当てはまらない場合は数字そのものを表示する、というように書けばよいでしょう。例えば次のようなコードを書きます。

```
for (i in 1:15) {
  if (i %% 3 == 0 && i %% 5 == 0) {
    print("FizzBuzz")
  } else if (i %% 3 == 0) {
    print("Fizz")
  } else if (i %% 5 == 0) {
    print("Buzz")
  } else {
    print(i)
  }
}
```

出力

```
[1] 1
[1] 2
[1] "Fizz"
[1] 4
[1] "Buzz"
[1] "Fizz"
[1] 7
[1] 8
[1] "Fizz"
[1] "Buzz"
[1] 11
[1] "Fizz"
[1] 13
[1] 14
[1] "FizzBuzz"
```

プログラミングのポイントは、できるだけ小さい問題に分割していくことにあります。ここでは「1から15までの反復」「条件判断」「余りの計算」のように要素を分解して組み立てました。プログラミング思考、アルゴリズムをレゴにたとえましたが、このように自分の知っているピースになるまで細かく分解できるかどうかが肝要です。このとき「余りの計算がわからない」というように、必要なピースを持っていないこともあるかもしれません。その場合は、ネットで検索すれば、たいてい答えを見つけることができます。それで見つからない場合も「商が整数値で得られるかどうかを判定する」など、知っているピースの使い方に書き換えることで対応できないか、考えてみるとよいでしょう。

また、問いに対する答え方は1つではありません。例えば次のコードも、FizzBuzz課題の解答の1つといえるでしょう。

```
for (i in 1:15) {
  msg <- ""
  if (i %% 3 == 0) {
    msg <- "Fizz"
  }
  if (i %% 5 == 0) {
    msg <- paste0(msg, "Buzz")
  }
  print(paste(i, ":", msg))
}
```

出力

```
[1] "1 : "
[1] "2 : "
[1] "3 : Fizz"
[1] "4 : "
[1] "5 : Buzz"
[1] "6 : Fizz"
[1] "7 : "
[1] "8 : "
[1] "9 : Fizz"
[1] "10 : Buzz"
[1] "11 : "
[1] "12 : Fizz"
[1] "13 : "
[1] "14 : "
[1] "15 : FizzBuzz"
```

このコードでは「3でも5でも割り切れるか」という判断をしていません。「3で割り切れるならmsgにFizzという文字列を代入」、さらに「5で割り切れるならmsgにBuzzという文字列を追加」という操作です。最終的に画面にメッセージを出力するわけですから、出力するメッセージを作るところに注目し、まず空のmsgというオブジェクトを作り、後は表示されるメッセージの文字列を操作する、という視点で組み上げています。paste0()やpaste()は先ほども出てきた文字を結合する関数ですが、

FizzBuzzという文字列を2つの条件によってつなぐ言葉の欠片と考えているわけです。
どちらのコードが正しいか、という問題ではありません。どちらのコードも課題に対して正しく答えているのです。本書でもさまざまなコードが出てきますが、写経するのは関数やアルゴリズムの使い方のパターンを身につけていただくためのもので、いずれも唯一無二の正しい書き方ではない、ということは意識しておいてください。プログラムの評価は汎用性の高さで考えるのが1つの基準ですが、機能が同じであれば問題ありませんし、自分にとってわかりやすい解き方、書き方ということを心がけましょう。

2.4.3 記述統計関数を作ってみよう

ここまでの知識を使って、標本分散を計算する関数を作ってみましょう。分散には標本分散と不偏分散という2つの計算式があります。標本分散s^2の計算式は次の通りです。

$$s^2 = \frac{1}{n}\sum_{i=1}^{n}(x_i - \bar{x})^2$$

標本分散は、n 個のデータについて各データ x_i からその平均 $\bar{x}$ を引いた、平均偏差の2乗をとったものの平均、と読むことができます。
ちなみに不偏分散u^2の計算式は次の通りです。

$$u^2 = \frac{1}{n-1}\sum_{i=1}^{n}(x_i - \bar{x})^2$$

2種類の分散の記号の違いや、その意味については4章で詳しくみていきますが、ここでは数式の違いにだけ注目しましょう。これらの違いは総和をサンプルサイズ n で割るか、$n-1$ で割るかだけです。Rにはvar()という関数で不偏分散を求めることができますが、標本分散を求める関数は用意されていません。そこで、この数式を見ながら標本分散を求める関数を作ってみましょう。以下のコードがその一例です。

```
var_p <- function(x) {
  n <- length(x)
  mean_x <- mean(x)
  var_x <- sum((x - mean_x)^2) / n
```

```
  return(var_x)
}
```

数値ベクトルxを引数にとり、関数length()でその長さ、つまりデータのサイズを得ます。あとは平均偏差の2乗和をサイズで割って返す、というものです。

別解を挙げておきます。不偏分散を標本分散に書き換えるために $(n-1)$ で割らずに n で割るわけですから、次のような変換を考えます。

$$s^2 = u^2 \times (n-1)/n$$

不偏分散はRの関数var()で求められます。これを組み込んで次のように書くこともできます。

```
var_p2 <- function(x) {
  n <- length(x)
  var_x <- var(x) * (n - 1) / n
  return(var_x)
}
```

同じ結果を返す関数ですので、どちらが正しいというものではありません。ただ、このように数式を関数に書き換えて自分で書いてみることで、数式の理解や概念の関係について理解が深まります。同じものを何度も発明する「車輪の再発明」は効率的ではないかもしれませんが、逆にいえば既存の関数で答え合わせができるわけですから、勉強のために回帰分析や因子分析の関数を自分で作ってみてもいいかもしれません。

COLUMN

コード規約

代入、反復、条件分岐というアルゴリズムの基礎と、各種演算の組み合わせでプログラムのコードができあがります。プログラムの書き方に正解はなく、自分の思うように組み上げてかまいませんが、それとは別に読んでわかりやすい（可読性が高い）書き方を意識する必要があります。

他人の書いたプログラムは読みにくいものですが、考え方や解き方とは別に、きれいに書いて読みやすくすることも重要です。何をもって「きれい」かについては人によって違うかもしれませんが、「コードを書くときはこのルールで書いたらわかりやすいですよ」という目安となる**コード規約**が存在します。漢字の書き順のようなものですね。

例えば、オブジェクトの名前を付けるルールにCamel CaseとSnake Caseがあります。オブジェクトの命名は基本的には自由に付けてもかまいませんが、iやjのように一文字で表現すると汎用性が高すぎて上書きしてしまう可能性がありますし、ppp やlkjlijuoのような無意味な綴りにしてしまうと、何のオブジェクトを意味しているのかわからなくなります。

多くは英単語で書くことになると思いますが、複数の単語からなるオブジェクトの場合、OBJECTNAMEのように書いてしまうと読みにくいと思います。そこでコード規約が出てくるわけです。Camel Caseはラクダのコブのように、オブジェクト名を英単語で書く際に単語の頭文字を大文字にします。Snake Caseは単語の区切りをアンダースコアでつなげます。半角スペースで区切ってしまうと、1つのオブジェクトとして認識されないため、アンダースコアでここに空間が空いているよということを表しているわけです。例を見てみましょう。

```
ObjectName <- 2
Object_name <- 2
```

このように書くことで、これが何を表しているオブジェクトか、比較的わかりやすくなったと思います。

同様に、読みやすさを表現するためにインデントの活用が推奨されます。次の例を見てください。

```
for(i in 1:5) {for(j in 3:10){print(paste(i, "+", j, "=", i + j))}}
```

これはiとjの2つのfor文が入っているのですが、読みにくいはずです。Rは機械ですので「読みにくくて間違える」ということはありませんが、我々があとでデバッグ（問題箇所の修正）をするときに、このように書いてあったのではどこに間違いが生じているのか気づきにくくなります。

本書では、次のように書いています。

```
for (i in 1:5) {
  for (j in 3:10) {
    print(paste(i, "+", j, "=", i + j))
```

```
  }
}
```

このときの規約は、+や,などの前後に半角スペースを入れる、for文は1行ごとに書く、for文の中は一定数字下げするなどです。字下げはインデントとも呼ばれ、半角スペースを4つあるいは8つ入れるか、TABキーでタブを入れるかのいずれかで統一します。インデントの利点は、どこのブロックがどの反復・条件分岐に対応しているかが明確になることです。反復や条件分岐は、中括弧{}や小括弧()を用いますが、よくあるエラーは左括弧(や{で開いたものの、対応する右括弧)や}を書き忘れてしまうことです。「開いた括弧は閉じる」と呪文のように肝に銘じていてもいいですが、この例のように視覚的に「ブロックの開始」「対応するブロック」「ブロックの終焉」が書いてあると、そうしたケアレスミスは発生しにくくなります[※24]。

RStudioのcodeメニューから、Reindent LinesやReformat Codeを選ぶことで、選択範囲のコードが整形できます。また、RStudioの追加機能（Add-in）には、書いたコードを自動的にコード規約にそって修正してくれるものがあります。stylerパッケージをインストールし、メニューの「Addins」から「Style Active File」を選ぶと、編集中のファイルを整えてくれます。

COLUMN

実行時間

シミュレーションは、全体的な傾向を見るために同じ設定で何度も繰り返し計算したり、長い反復の結果を見たりすることが多いので、時間がかかることも少なくありません。そこで、少しでも時間を短くする工夫をこらすことを考えましょう。ある処理を実現する際に、複数のプログラミングの選択肢があるならば、より実行時間が短いものを採用する方が合理的です。

Rにはプログラムの実行時間を計測するためのさまざまな関数が用意されています。例えば、デフォルトで使用可能な関数`system.time()`は、第1引数に実行時間を計測したい処理を行うオブジェクトを与えることで、コマンドが実行されてから終了するまでの経過時間（1/100秒単位）を返します。出力の詳細については、コンソールで`?proc.time`と入力し、ヘルプを参照してください。

例えば、$x=(1, 2, ..., 10)$の平均を求めるのに必要な時間を計測してみましょう。

※24 Pythonなどではインデントが整っていることがコード実行の条件になっており、インデントが整っていないとエラーになってしまいます。Rはそこまで厳格ではありませんが、読みやすいに越したことはありません。

これは非常に簡単な計算なので、"あっという間に"結果が返されます。

```
x <- 1:10
system.time(
  mean(x)
)
```

しかし、x=(1, 2, ..., 10000000)の平均を求めるなど、計算量が多くなるほど、当然ながら実行時間は長くなります。

```
x <- 1:10^7
system.time(
  mean(x)
)
```

例えば毎回の計算結果を代入するときに、「ベクトルの要素を1つずつ追加していく」書き方と、「事前にゼロベクトルを作成して、各要素を上書きしていく」書き方の実行時間を比較してみましょう。なお以下の例は、「Rコード最適化のコツと実例集（RjpWiki 誕生一周年記念企画）」（http://www.okadajp.org/RWiki/?Rコードの最適化例：混合正規乱数の発生コード）を参考にしています。

まず「ベクトルの要素を1つずつ追加していく」書き方により、数字を1から100,000まで累積的に足していきましょう（結果は実行環境によって変わるため、示しているのは事例の1つにすぎません）。

出力

```
system.time({
  ## 最初は1だけ持っているベクトル
  x <- c(1)
  ## 反復回数
  iter <- 100000
  ## i番目の要素はi-1番目の要素にiを足したもの
  for (i in 2:iter) {
    x[i] <- x[i - 1] + i
  }
})
```

結果は次の通りです。筆者の実行環境で要した時間は0.017msでした。

出力
```
   user  system elapsed 
  0.015   0.002   0.017 
```

次に、反復回数（100,000）をサイズとしたゼロベクトルを事前に用意する方法の実行時間を求めてみます。

```
system.time({
  ## 反復回数
  iter <- 100000
  ## 最初に0が入ったベクトルを用意
  ## repはベクトルやリストの要素を決められた回数だけ複製する関数
  x <- rep(0, iter)
  ## 最初の要素に1を代入
  x[1] <- 1
  for (i in 2:iter) {
    x[i] <- x[i - 1] + 1
  }
})
```

結果は0.007msになりました。わずかとはいえ、事前に「受け皿」を用意する書き方の実行時間が短いことがわかります。先ほどの書き方では、Rにとって全体の作業スペースの広さが見えていませんから、毎回の反復でメモリの空いているスペースを探して確保していく手間があるのです。

事前にサイズがわからないときは「これでもか」というぐらい大きなサイズのスペースを用意しておき、計算が終わったら使わなかったスペースを削除するという方法があります。

以下の例では、`iter <- 10000`はこれまでのコードと共通ですが、事前に数値の入っていない状態を表すNAを入れたベクトルを十分な大きさで確保します。そのサイズは20,000としています。すると最終的に、前半10,000個の要素のみ数値が代入され、後半10,000個の要素はNAのままになります。それらのNAをまとめて`na.omit()`という欠損値を削除する関数で取り除きます。

```
system.time({
  ## 反復回数
  iter <- 100000
  ## 最初にNAが入ったベクトルを用意
```

```
  x <- rep(NA, each = 200000)
  ## 最初の要素に1を代入
  x[1] <- 1
  for (i in 2:iter) {
    x[i] <- x[i - 1] + 1
  }
  ## 不要なNAを削除
  na.omit(x)
})
```

結果は0.008msでした。やはりわずかとはいえ、ベクトルの要素を1つずつ追加していくよりも実行時間が短くなっています。

上記の例では、書き方による違いは無視できるほど小さな差かもしれませんが、実行内容次第では大きな違いが生まれることもあります。もっとも、コードの高速化だけを追求すると、できあがったコードをあとで見直したときに、どういうしくみで作り込んだのかわからなくなることもあります。人生という長期的なスパンでみると、あとあとわかりやすいようにわざと持って回った書き方をしておいた方が、トータルで時間短縮に寄与していることもあります。本書ではあくまでシミュレーションの中身を理解してもらうことが目的であるため、意図的に冗長な書き方や実行時間が遅くなる書き方を採用している場合がありますので、注意してください。

2.5 演習問題

2.5.1 演習問題1

1から100までの偶数の合計を計算するプログラムを作成してください。

2.5.2 演習問題2

演習問題1で作った関数を、任意の整数範囲で指定できる関数にしてください。

2.5.3 演習問題3

ロジスティック関数とは、次の数式で表現されるものです。

$$y = \frac{1}{1 + \exp(-x)}$$

この関数を、Rのコードで書き表してください。可能であれば、この関数を-4から+4の範囲で描画するコードも書いてください。

第3章 乱数生成シミュレーションの基礎

本章では、4章以降に登場する統計的分析や定理を理解するための基礎となる、数学的知識や乱数生成のためのプログラミングを習得することを目指します。

3.1 確率変数と確率分布

本書で解説する統計的分析では、限られたデータを手掛かりに、「仮にもっと多くのデータがあったなら正確にわかったかもしれないこと」を推測しようとします。少ないデータから、より多くのデータを必要とする事柄を推測しようとするのですから、何の仮定もなしにはできません。

そこで、**「どのようなデータが観測されやすいかは、確率的法則に従う」という仮定**を置きます。これは仮定なので、本当にそうであるかどうかはわかりません。しかし確率的法則という数学的な仮定を置くことで、「もしこの仮定が正しければ、次のことが成立する」という数学的定理を利用した推論が可能になります。統計的分析とは、データについてある数学的仮定を置くことで、その仮定を信じたときに可能になる推論を提供してくれる手段なのです。

本書ではプログラミングによって任意の確率的法則に従う乱数を生成することで、ある仮定の下で成立する定理を"実感"し[※1]、理解を深めることを目指します。

3.1.1 確率変数

本書で解説する統計学の体系では、**確率変数**（random variable）が重要となります。確率変数の正確な理解には、事象や集合、写像などの数学的知識が必要となりますの

※1　この"実感"という表現は、類書である林（2020）から引用しています。林 賢一著（著）下平 英寿（編）(2020). Rで学ぶ統計的データ解析 講談社サイエンティフィク

で、詳しくは吉田（2012）[※2]、濱田（2019）[※3]、椎名・姫野・保科（2019）[※4]などを参照してください。本書では、なるべく数式によらずRによるプログラミングを通じた解説を目指すため、厳密性は劣りますが直感的に理解しやすいと思われる表現として、**確率変数とは、ランダムに変化する数値**と定義します。

「公正な6面のサイコロの出目」を X と呼ぶことにしましょう。サイコロを振るたびに出目はランダムに変化するので、この X は確率変数です。本章では、確率変数であることを明示したい場合には、大文字のアルファベット（例：X）で表記します。

確率変数 X のとりうる数値を、小文字のアルファベット（例：x）で表します。公正な6面のサイコロの例では、x は $1, 2, 3, 4, 5, 6$ のいずれかの数値です。確率変数 X は、x のうちいずれの数値もとることができますが、どの数値が観測されやすいかに関して確率的な法則を仮定します。公正なサイコロの例では、「いずれの数値も等しく観測されやすい」という法則を仮定しています。この点は後述します。

サイコロの例では、確率変数 X のとりうる値 x は $1, 2, 3, 4, 5, 6$ のいずれかの数値ですが、実際にサイコロを1回振ると、観測された出目は3だったとします。このように確率変数がとる値が定まったものをその**実現値**と呼び、$X = 3$ のように表します。本書の文脈では、実現値とは実験や調査などデータを得る試みの結果、確定した数値とみなしてかまいません。確率変数 X の実現値が、とりうる値のいずれでもかまわない場合には $X = x$ と小文字を使って表記することがありますが、この表記はわかりにくいので単に x と表します。

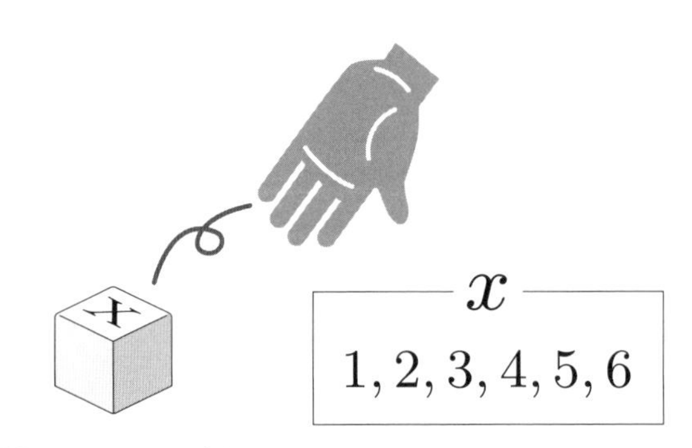

図 3.1 サイコロの出目

Rで上記のサイコロの例を模擬してみましょう。**なお本書のプログラミングのコード内で登場する変数や引数は、可読性を重視して命名するため、大文字や小文字の区別は気にしなくてかまいません。**

※2 吉田 伸生（2012）. 確率の基礎から統計へ 遊星社

※3 濱田 悦生（著）狩野 裕（編）（2019）. データサイエンスの基礎 講談社サイエンティフィク

※4 椎名 洋・姫野 哲人・保科 架風（著）清水 昌平（編）（2019）. データサイエンスのための数学 講談社サイエンティフィク

サイコロを8回振って、そのたびに実現値を表示させることにします。sample()という関数は、第1引数に与えたベクトルの要素を、引数sizeの個数だけランダムに抽出します。以下のコードではsize = 1なので、1から6までの整数のうちいずれか1つが、デフォルトでは等しい確率で抽出されます。また、シミュレーションでは同じ処理を何度も反復することがありますが、この反復のことをiterationと呼び、本書ではiterというオブジェクトで反復回数の上限を表すことにします。

```
# サイコロを振る回数
iter <- 8
# サイコロを表すオブジェクトに1～6の整数を代入している
dice <- 1:6

set.seed(123) # 乱数の種
for (i in 1:iter) {
  # diceからランダムにいずれかの数値を抽出して、xに代入
  x <- sample(dice, size = 1)
  # xに代入された数値（実現値）を表示
  print(x)
}
```

出力

```
[1] 3
[1] 6
[1] 3
[1] 2
[1] 2
[1] 6
[1] 3
[1] 5
```

「ランダムに抽出する」といいながら、本書と読者の実行環境で結果が一致することを不思議に思う人もいるかもしれません※5。その秘密はset.seed()にあります。計算機で「ランダムさ」を表現するとき、内部で**疑似乱数**と呼ばれる「乱数とみなしてもよさそう」な結果を生成させています。set.seed()の引数に任意の整数（乱数の種・シード）を与えると、その整数が乱数生成のための計算に利用されるので、この整数が変わらない限り、同じ乱数列を再現できるのです。本書はテキストとしての性質上、

※5　Rのバージョンの違いなどによって、本書と結果が一致しない読者もいるかもしれませんが、まったく問題ありません。重要なことは、同じ環境で結果が再現されることです。

すべてのコードでset.seed(123)を乱数の種として使用しますが、実践的には任意の整数を指定してかまいません。

もしまったく同じ公正なサイコロを2回振るなら、実現値を格納する確率変数が2つ必要となります。このとき、それぞれの確率変数をX_1、X_2と区別し、実現値を$X_1 = 1$、$X_2 = 3$のように表します（図3.2）。確率変数を変換したり合成したりして作られた数値もまた確率変数です。例えば下図のように、「サイコロを2回振った際の出目の平均を$\bar{X} = (X_1 + X_2)/2$と表すと、サイコロを2回振るたびに平均値はランダムに変化するので、$\bar{X}$もまた確率変数です。

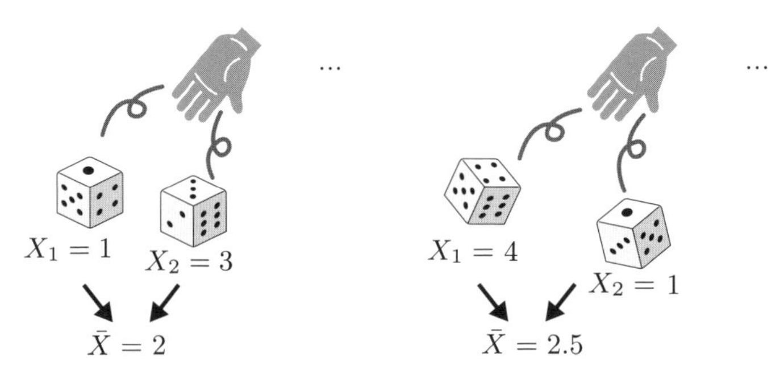

図3.2 確率変数のイメージ

「サイコロを2回振って出た目の平均」という確率変数の実現値を得ることをシミュレートしたコードは、以下の通りです。サイコロを一度振って出目を記録する作業をn回繰り返すとき、一度観測された出目が、何度も観測される可能性があります。このことを表現するために、引数replace = TRUEによって、ベクトルの要素の重複を認めてn個抽出させています。これを**復元抽出**（sampling with replacement）と呼びます。

```
iter <- 8 # 平均値を求める回数
n <- 2 # 復元抽出する個数
dice <- 1:6

set.seed(123)
for (i in 1:iter) {
  # diceからランダムにn個の数値を復元抽出し、それらの平均をxに代入
  x <- sample(dice, size = n, replace = TRUE) |> mean()
  print(x)
}
```

出力
```
[1] 4.5
[1] 2.5
[1] 4
[1] 4
[1] 5
[1] 3.5
[1] 2.5
[1] 4
```

COLUMN

非復元抽出

もし抽出される要素に重複を認めない**非復元抽出**（sampling without replacement）の場合、すべての要素が抽出され終わったら、それ以上新たな抽出が不可能になります。

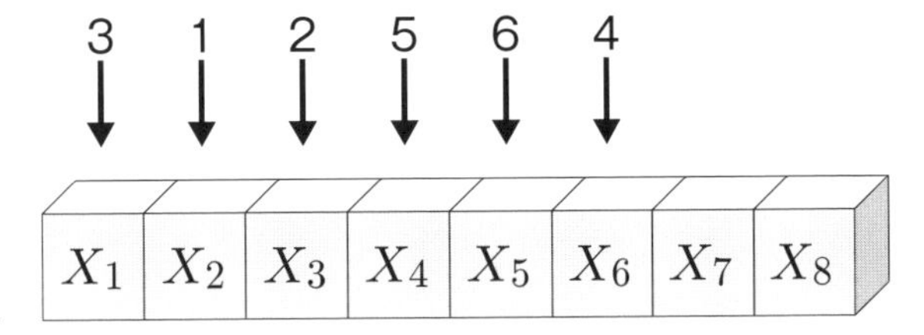

図 3.3 非復元抽出のイメージ

よって以下のようにreplace = FALSEにして非復元抽出しようとすると（デフォルトではこの設定になっています）、非復元抽出したい要素数（n）が、ベクトルの要素数（この例では6）を上回る場合、エラーが出ます（実際に以下のコードを実行して、エラーメッセージを確認してみてください）。しかし非復元抽出の場合も、$X_1 \sim X_6$は（復元抽出とは異なる確率的法則に従って）ランダムに値が変化しうる確率変数であることは違いありません。

```
n <- 8 # 非復元抽出する個数
set.seed(123) # 乱数の種
# diceからランダムにn個の数値を非復元抽出
x <- sample(dice, size = n, replace = FALSE)
print(x)
```

ここまでの例では、確率変数のとりうる値が「いずれも等しく観測されやすい」という確率的法則を仮定しました。しかし「特定の値が観測されやすい」ということもまた確率的法則です。例えば以下のようなイカサマなサイコロがあるとしましょう。

- 1～4の出目：出にくい（それぞれ確率0.1）
- 5～6の出目：出やすい（それぞれ確率0.3）

sample()では、引数probにベクトルの各要素の抽出されやすさを重み付けることができます。このサイコロを1,000回振ってみた結果、それぞれの出目が観測された回数を一覧にすると、たしかに5と6が他の出目と比べて約3倍観測されやすくなっていました。

```
n <- 1000 # サイコロを振る回数
dice <- 1:6 # 観測しうる値

set.seed(123) # 乱数の種
sample(dice, size = n, replace = TRUE,
       prob = c(0.1, 0.1, 0.1, 0.1, 0.3, 0.3)) |>
  table()
```

出力

```
  1   2   3   4   5   6
 92 106  98  97 296 311
```

本書では、このようにランダムに抽出または生成された確率変数の実現値をR上で利用して、統計的分析のしくみや、さまざまな定理を理解することを目指します。

3.1.2 確率分布

前項の例では、サイコロを振るたびに出目がランダムに変化すると述べました。日常的には、ランダムというと「何の法則性もなしに」というニュアンスを感じるかもしれませんが、統計学ではむしろ、積極的に確率的な法則を仮定します。この確率的法則を、**確率分布**（probability distribution）と呼びます。確率分布についても詳しくは、椎名・姫野・保科（2019）など他書を参照してください。ここでは平易に、以下のように定義します。

定 義

確率分布とは、確率変数のとりうる値が、それぞれどれくらい観測されやすいかに関する法則

つまり、公正なサイコロのように「すべての値が等しく観測されやすい」という確率的法則も、イカサマなサイコロのように「5と6が他の値よりも3倍観測されやすい」という確率的法則も、いずれも確率分布です。

確率的法則は、上記のように自然言語（日常的に用いる言葉）で表現できる場合もありますが、多くの場合は煩雑でかえってわかりにくくなるので、一般的に数式で表します。その数式を、**確率質量関数**（probability mass function）や**確率密度関数**（probability density function）と呼びます。

確率分布にはさまざまな種類がありますが、大別すると以下の2種類に分類できます。これら2種類の確率分布の違いは、確率質量関数と確率密度関数のどちらを持つかです。

- 離散型確率分布
  - 例：ベルヌーイ分布、二項分布、ポアソン分布
  - それぞれの離散型確率分布は、それぞれの確率質量関数を持つ
- 連続型確率分布
  - 例：正規分布、t 分布、χ^2 分布
  - それぞれの連続型確率分布は、それぞれの確率密度関数を持つ

確率変数 X に関する確率的法則が、ある確率分布の持つ確率質量関数や確率密度関数でよく表現できるとき、**「確率変数 X は○○分布に従う」**といいます。本書では確率変数がある確率分布に従うことを、$\sim$（チルダ）で表します。例えば次のように表したら、確率変数 X は $\sim$ の右側の名称の確率分布（以下の例では、正規分布）に従うことを意味します。

$$X \sim \mathrm{Normal}(\mu, \sigma)$$

確率質量関数の例（離散一様分布）

3.1.1項で例示した公正なサイコロの出目は、**離散一様分布**（discrete uniform distribution）という離散型確率分布に従う確率変数とみなすことができます。公正なサイコロの出目が従う離散一様分布の確率質量関数は以下の通りです。

$$f(x) = \begin{cases} \frac{1}{6} & (1 \leq x \leq 6) \\ 0 & (\text{otherwise}) \end{cases}$$

左辺 $f(x)$ は、「確率変数 X のとりうる値 x に対して、右辺のような変換を行う」という意味です。

右辺の $\frac{1}{6}\quad(1 \leq x \leq 6)$ は、「X の実現値が1、2、3、4、5、6のいずれかであれば $\frac{1}{6}$ という数値を返す」ことを意味しています。一方、右辺の $0\quad(\text{otherwise})$ は、「それ以外の場合には（例えば $X = 7$）、0という数値を返す」ことを意味しています。

離散型確率分布が持つ確率質量関数は、総和の演算により、ある区間内の確率変数のとる値が観測される確率を返します。もし $1 \leq X \leq 1$ の範囲で $f(x)$ を総和すると、以下の数値が返ってきます。

$$\sum_{i=1}^{1} f(x) = f(1) = \frac{1}{6}$$

もし $0 \leq X \leq 1$ の範囲で $f(x)$ を総和すると、以下の数値が返ってきます。

$$\sum_{i=0}^{1} f(x) = f(0) + f(1) = 0 + \frac{1}{6} = \frac{1}{6}$$

もし $1 \leq X \leq 6$ の範囲で $f(x)$ を総和すると、以下の数値が返ってきます。

$$\sum_{i=1}^{6} f(x) = f(1) + f(2) + ... + f(6) = \frac{1}{6} + \frac{1}{6} + ... + \frac{1}{6} = 1$$

これらの総和の結果が確率です。まさに、「公正なサイコロの出目は、1から6までの整数がいずれも $\frac{1}{6}$ の等しい確率で観測されうる」ことや、「公正なサイコロを振ったら、0以下や7以上の数値は絶対に観測されない」ことを数式で表しています。

ここまで、一般的な6面ダイスを例に説明してきましたが、サイコロの中には、8面ダイスや16面ダイスなどもあります。何面のダイスにも一般化できるよう、以下のように離散一様分布の確率密度関数を定義してみましょう。もし$\alpha = 1$、$\beta = 6$であれば、上記の6面ダイスの例と一致することがわかります。

$$f(x) = \begin{cases} \frac{1}{\beta-\alpha+1} & (\alpha \leq x \leq \beta) \\ 0 & (\text{otherwise}) \end{cases}$$

確率質量関数や確率密度関数は、このように記号を用いて一般化して表記されます。この記号にどのような数値が代入されるかによって、「確率変数のとりうる値が、どのような数値に変換されるか」が変わります。このように変換の仕方を調整する数値を**パラメータ** (parameter) と呼びます。本書ではパラメータをギリシャ文字で表します。

離散一様分布の確率質量関数を自作してみると、以下のようになります。

```
d_unif <- function(x, alpha, beta) {
  if (alpha <= x & x <= beta) {
    probability <- 1 / (beta - alpha + 1)
  } else {
    probability <- 0
  }

  return(probability)
}
```

ただしこのように関数を自作しなくても、Rではデフォルトで、あるいは外部パッケージをインストールすることで、さまざまな確率分布の確率質量関数や確率密度関数を利用できます。

離散一様分布の確率質量関数は、extraDistrパッケージのddunif()という関数に対応します[※6]。試しにこの関数にパラメータ $\alpha = 1$、$\beta = 6$ を指定とすると、たしかにある区間内での総和により、6面ダイスの例と対応する確率が求められました。

```
# install.packages("extraDistr") # 未インストールの場合は最初に一度実行する
library(extraDistr) # パッケージの読み込み
# ddunif()では、αはmin, βはmaxという引数名
extraDistr::ddunif(x = 1:1, min = 1, max = 6) |> sum()
```

出力

```
[1] 0.1666667
```

※6　このように確率質量関数や確率密度関数は、Rでは一般的にdxxxという名称をとります。xxxには確率分布の略称が入ります。

```
extraDistr::ddunif(x = 0:1, min = 1, max = 6) |> sum()
```

```
[1] 0.1666667
```
出力

```
extraDistr::ddunif(x = 1:6, min = 1, max = 6) |> sum()
```

```
[1] 1
```
出力

なお`extraDistr::ddunif()`という記法は、「extraDistrパッケージに含まれている`ddunif()`という関数」を呼び出すことを表しています。Rには、同じ名前の関数が複数存在する場合があります（例えば本書の執筆時点では、MASSパッケージやdplyrパッケージは､機能は異なるものの`select()`という同じ名称の関数を持ちます)。パッケージ名を明示することで、誤って別の関数が呼び出されることを防げます。また他者とスクリプトを共有する場合、ある関数がどの外部パッケージの関数なのかを明示することで、コードの意味を正しく理解してもらうことができます。

確率密度関数の例（正規分布）

連続型確率分布の例は、以下の確率密度関数を持つ**標準正規分布**（standard normal distribution）です。π は円周率でお馴染みの、$\pi = 3.14...$ を表す定数です。$\exp(a)$ は指数関数（exponential）を意味し、ネイピア数 $e \approx 2.718$ の a 乗（2.718^a）です。

$$f(x) = \frac{1}{\sqrt{2\pi}} \exp\left(-\frac{x^2}{2}\right)$$

標準正規分布のとりうる値をX軸に、確率密度関数の戻り値をY軸に可視化すると、図3.4のようになります。なお標準正規分布に従う確率変数 X がとりうる値は $-\infty < X < \infty$ の実数であり、すべてを可視化することはできないため、ここでは十分に広い区間として $-5 \leq X \leq 5$ の範囲を可視化しています。

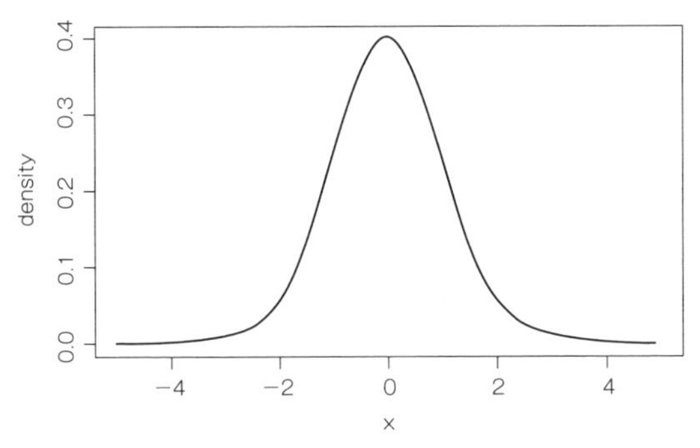

図 3.4 標準正規分布

連続型確率分布が持つ確率密度関数は、ある区間で積分することにより、その区間内の確率変数のとる値が観測される確率を返します。試しに、$-0.5 \leq X \leq 0.5$ の区間で積分してみましょう。これは図3.5の灰色部分の面積を求めることに相当します。

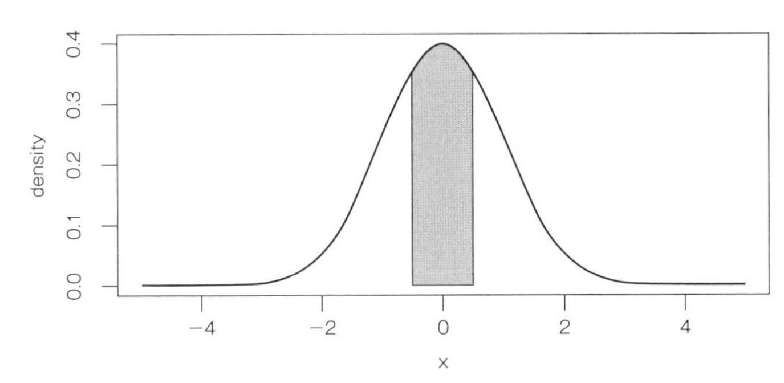

図 3.5 標準正規分布の確率密度関数の積分例 1（$-0.5 \leq X \leq 0.5$ の区間）

Rで積分（数値積分）を計算するには、integrate()という関数を利用します。第1引数fには、どの関数に対して積分を実行するのかを指定します。標準正規分布の確率密度関数はdnorm()です。lowerとupperの引数には、積分を計算する区間の下限と上限をそれぞれ指定します。

すると、約0.38という結果が返ってきました[※7]。すなわち標準正規分布に従う確率変数 X が $-0.5 \leq X \leq 0.5$ の区間内の値をとる確率は約38%ということになります。

```
integrate(f = dnorm, lower = -0.5, upper = 0.5)
```

出力
```
0.3829249 with absolute error < 4.3e-15
```

※7 "absolute error" とは、数学的証明ではなく計算機で積分を実行することにともなう、計算誤差になります。この例ではこの誤差の大きさが "4.3e-15未満" と極めて小さく、実質的に無視してよいと考えられます。

同様に図3.6のように、$1 \leq X \leq 2$ の区間で数値積分して面積を求めてみると、確率は約13.6％となりました。よって標準正規分布に従う確率変数 X は、$1 \leq X \leq 2$ の区間よりも、$-0.5 \leq X \leq 0.5$ の区間内の値をとる確率の方が高いことになります。

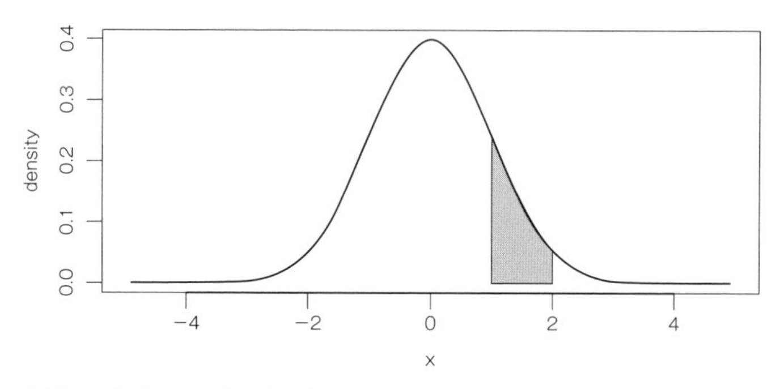

図3.6 標準正規分布の確率密度関数の積分例2（$1 \leq X \leq 2$ の区間）

```
integrate(f = dnorm, lower = 1, upper = 2)
```

```
0.1359051 with absolute error < 1.5e-15
```
出力

確率変数のとる値が、図3.7のように下限（分布の左端）から一定の区間（灰色の領域）に含まれる確率を求めたい場合は、この確率を連続型確率分布の**累積確率**（cumulative probability）と呼びます※8。

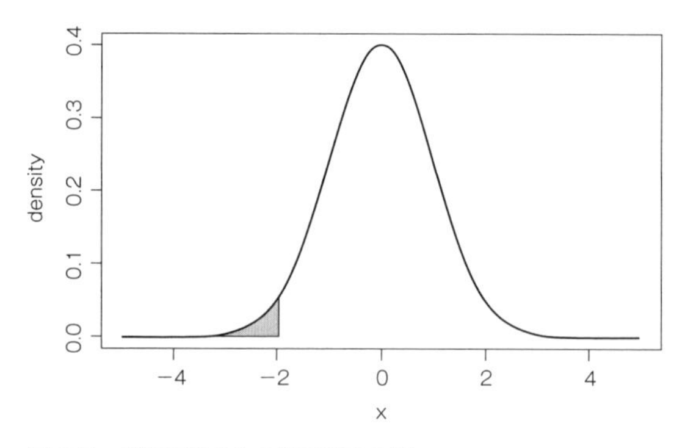

図3.7 標準正規分布の累積確率の例

※8 離散型確率分布でも累積確率を計算できますが、本書では主に連続型確率分布の累積確率を計算します。

正規分布の累積確率は、pnorm()という関数で計算できます[※9]。引数qには、累積確率を求めたい確率変数の値（図3.7の灰色の領域の右端）を指定します。

```
pnorm(q = -1.96)
```

```
[1] 0.0249979
```
出力

先ほどintegrate()を用いて計算した $-0.5 \leq X \leq 0.5$ などの「分布の端を含まない」区間の面積は、累積確率の差として求めることもできます。

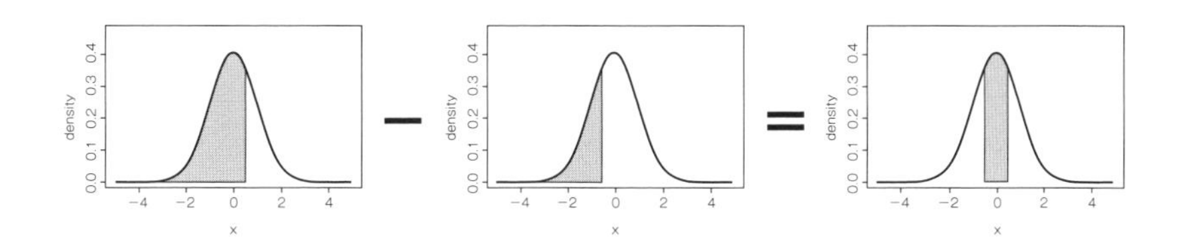

図3.8 累積確率を利用した面積の計算

```
pnorm(0.5) - pnorm(-0.5)
```

```
[1] 0.3829249
```
出力

連続型確率分布は、確率変数のとりうる値の全区間（標準正規分布の場合は $-\infty < X < \infty$ ）で積分して面積を計算すると1になります。

```
pnorm(Inf) # Infは∞を表す
```

```
[1] 1
```
出力

よって図3.9のように、ある値 q から、確率変数のとりうる値の上限（分布の右端）までの確率は、1から q までの累積確率を引くことで求められます。累積確率は、5章で解説する**帰無仮説検定**において計算する p **値**（p **value**）とも密接に関係するため、その意味をしっかりと理解するようにしてください。

※9　このように累積確率を計算する関数（累積分布関数と呼びます）は、Rでは一般的にpxxxという名称をとります。xxxには確率分布の略称が入ります。

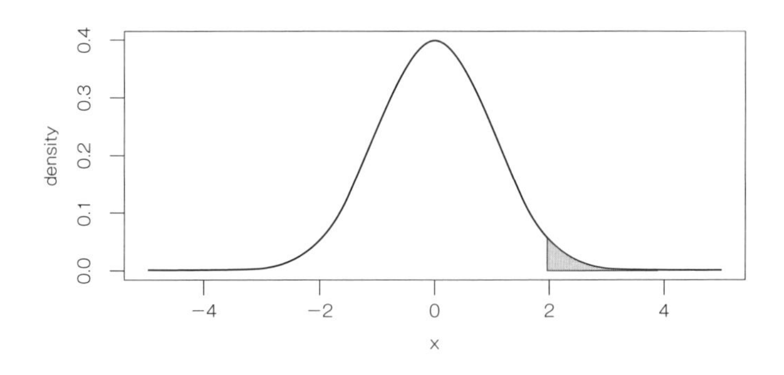

図 3.9 分布の右端の面積（$-1.96 \leq X < \infty$）

```
1 - pnorm(q = 1.96)
```

```
[1] 0.0249979
```
出力

ここで、図3.10のようにある値 q から同じ値 q までの区間で積分してみましょう（図3.10では $q = 1$ ）。以下のコードから明らかなように、この積分結果は必ず0になります。

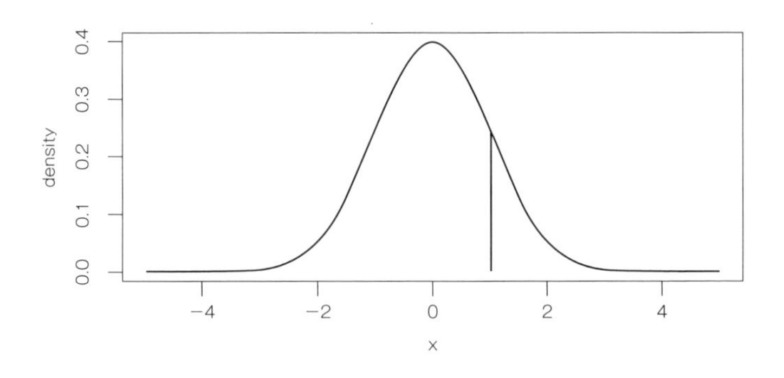

図 3.10 確率変数が特定の値をとる確率

```
pnorm(1) - pnorm(1)
```

```
[1] 0
```
出力

このように連続型確率分布に従う確率変数 X が、ある特定の値 $X=q$ となる確率は、常に0となります。標準正規分布に従う確率変数が1という値をとる確率も、0.5という値をとる確率も、0です。

よって、確率密度関数に確率変数のとりうる値を代入した結果返ってくる数値、すなわち連続型確率分布を可視化した際の図のY軸の値は確率"ではない"ことに注意してください[※10]。

ところで、離散一様分布を紹介した際に、確率質量関数や確率密度関数はパラメータを持つと述べました。しかし標準正規分布の確率密度関数には、パラメータが見当たりません[※11]。どういうことなのでしょうか。

実は標準正規分布は、**正規分布**（normal distribution）のパラメータが $\mu=0, \sigma=1$ のときの特殊形なのです。正規分布の確率密度関数は以下の通りです。2つのパラメータ μ と σ に、それぞれ0と1を代入すると、標準正規分布の確率密度関数に一致することがわかります。

$$f(x)=\frac{1}{\sqrt{2\pi\sigma^2}}\exp\left(-\frac{(x-\mu)^2}{2\sigma^2}\right)$$

パラメータ μ や σ を変えると、図3.11のように分布の視覚的な形状も変化します。μ は分布の中心の位置を、σ は分布の広がりを制御していたパラメータであることがわかります。

```
curve(dnorm(x), xlim = c(-5, 5), xlab = "", ylab = "")
x <- seq(-5, 5, length = 200)
lines(x = x, y = dnorm(x, mean = 0, sd = 2), lty = 2)
lines(x = x, y = dnorm(x, mean = 2, sd = 1), lty = 3)

title(
  xlab = "x",
  ylab = "density"
)
legend("topleft",
       legend = c("μ = 0, σ = 1", "μ = 0, σ = 2", "μ = 2, σ = 1"),
       lty = 1:3)
```

※10 確率密度（probability density）と呼ばれる別の量です。

※11 πは3.14...という定数を簡潔に表記しただけなので、パラメータではありません。

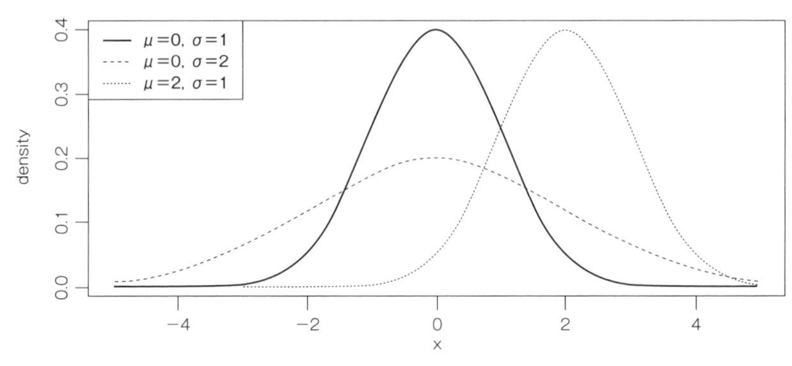

図 3.11 さまざまなパラメータの正規分布

パラメータを変えることで、確率密度関数をある区間で積分して面積を求めた結果、すなわちある区間内の値が観測される確率も変化します。例えば $-\infty < X \leq -1.96$ の累積確率をそれぞれの正規分布において求めた結果は以下の通りです。

```
pnorm(q = -1.96) # 標準正規分布
```

```
[1] 0.0249979
```

```
pnorm(q = -1.96, mean = 0, sd = 2) # μ = 0, σ = 2の正規分布
```

```
[1] 0.1635431
```

```
pnorm(q = -1.96, mean = 2, sd = 1) # μ = 2, σ = 1の正規分布
```

```
[1] 3.747488e-05
```

反対に、qnorm() という関数により、累積確率が p になるような確率変数の値を求めることもできます。この関数の戻り値を、ある累積確率の**分位点**（quantile）や、$p \times 100$ **パーセンタイル値**（percentile point）と呼びます。例えば標準正規分布における2.5パーセンタイル値は約 − 1.96です※12。

※12 このようにRでは一般的に、分位点（またはパーセンタイル値）を求める関数はqxxxという名称をとります。xxxには確率分布の略称が入ります。

```
qnorm(p = 0.025) # 標準正規分布における2.5パーセンタイル値
```

出力
```
[1] -1.959964
```

```
# μ = 0, σ = 2の正規分布における16.35475パーセンタイル値
qnorm(p = 0.1635475, mean = 0, sd = 2)
```

出力
```
[1] -1.959964
```

```
# μ = 2, σ = 1の正規分布における0.003748053パーセンタイル値
qnorm(p = 3.748053e-05, mean = 2, sd = 1)
```

出力
```
[1] -1.959964
```

3.1.3 独立同分布の仮定

本書では図3.3のように、複数の確率変数（ $X_1, ..., X_n$ ）を扱うことがあります。本書では特に断りがない限り、同じアルファベットの確率変数は**独立同分布に従う**（**i.i.d.**；independently and identically distributed）ことを仮定します（i.i.d.ではない例を7章で紹介します）。

独立とは、2つの確率変数の同時確率（密度）が、それぞれの確率（密度）の積に一致することです。しかし本書では同時確率について説明していないので、詳しくは浜田・石田・清水（2019）[※13]などを参照してください。ここでは、独立とは「確率変数 X_1 の実現値が何であるかによって、他の確率変数 $X_2, X_3, ..., X_n$ の値が何であるかはわからない」ことだと考えてかまいません。

公正なサイコロを2回振った際の出目を X_1, X_2 とすると、これらの確率変数は独立であると期待されます。一方、今日の体重を X_1 、明日の体重を X_2 とすると、 X_2 は X_1 に一定の重さ W が増減したもの（ $X_2 = X_1 + W$ ）と考えられるため、これらを独立な確率変数とみなすのは適切ではありません。

※13　浜田 宏・石田 淳・清水 裕士（2019）. 社会科学のためのベイズ統計モデリング 朝倉出版

同分布に従うとは、複数の確率変数（ $X_1, ..., X_n$ ）が同じパラメータの同じ確率分布に従うことを指します。例えば「標準正規分布と標準正規分布」は同分布ですが、「標準正規分布と $\mu = 1$ 、 $\sigma = 1$ の正規分布」は同分布ではありません。

i.i.d.の確率変数 $X_1, ..., X_n$ それぞれが、とりうる値 x のうちどのような数値になるかは、同じパラメータの同じ確率分布に従い決定され、ある確率変数（例： X_1 ）に特定の数値が入ったからといって、別の確率変数（例： X_2 ）に入る数値はわからない、と理解すればよいでしょう。

3.1.4 さまざまな確率分布に従う乱数の生成

Rではデフォルトで、あるいは外部パッケージをインストールすることで、さまざまな確率分布に従う乱数を生成するための関数を利用できます。本書ではこれ以降、乱数生成シミュレーションによって数学的定理や統計的分析のしくみを理解することを目指すため、しっかりと乱数生成の方法を習得してください。

Rでは任意の確率分布に従う乱数を生成するための関数は、rxxxという名称をとることが一般的です（xxxには確率分布の略称が入ります）。

例えば3.1.2項で紹介した離散一様分布の仲間である、(連続）一様分布（continuous uniform distribution）は、以下の確率密度関数を持つ連続型確率分布です。この確率密度関数は、「 $\alpha \leq X \leq \beta$ の範囲のあらゆる実数は等しく観測される。この範囲外の実数は絶対に観測されない」ことを意味しています。

$$f(x) = \begin{cases} \frac{1}{\beta - \alpha} & (\alpha \leq x \leq \beta) \\ 0 & (\text{otherwise}) \end{cases}$$

一様分布に従う乱数を生成するための関数はrunif()です。引数nに生成する乱数の個数を、引数minに確率密度関数の α に対応する下限を、引数maxに確率密度関数の β に対応する上限を指定すると、そのパラメータの一様分布に従う乱数を任意の個数で生成できます。試しに、 $\alpha = 1$、 $\beta = 6$ の一様分布に従う乱数を5つ生成してみた結果は以下の通りです。

```
set.seed(123)
runif(n = 5, min = 1, max = 6)
```

```
[1] 2.437888 4.941526 3.044885 5.415087 5.702336
```
出力

このようにさまざまな確率分布に従う乱数を利用することで、さまざまなシミュレーションが可能になります。まずはシミュレーションの一例として、モンテカルロ法（Monte Carlo method）によるシミュレーションを実行してみます。モンテカルロ法とは、ある確率的法則に従って大量の乱数を生成することで、計算の近似解を求める手法です。

すでに読者のみなさんは、integrate()やpnorm()によって、標準正規分布における $-1.96 \leq X \leq 1.96$ の区間の面積（図3.12の灰色の領域）が約0.95であることを確かめることができます。

```
integrate(dnorm, lower = -1.96, upper = 1.96)
```

```
0.9500042 with absolute error < 1e-11
```
出力

```
pnorm(q = 1.96) - pnorm(q = -1.96)
```

```
[1] 0.9500042
```
出力

```
# 描画する関数の準備
mc_demo <- function() {
  curve(dnorm(x), xlim = c(-5, 5), xlab = "", ylab = "")
  fill_x <- seq(from = -1.96, to = 1.96, length = 100)
  polygon(
    x = c(-1.96, fill_x, 1.96),
    y = c(0, dnorm(fill_x, mean = 0, sd = 1), 0),
    col = "grey"
  )

  title(xlab = "x", ylab = "density")
}

mc_demo() # 描画
```

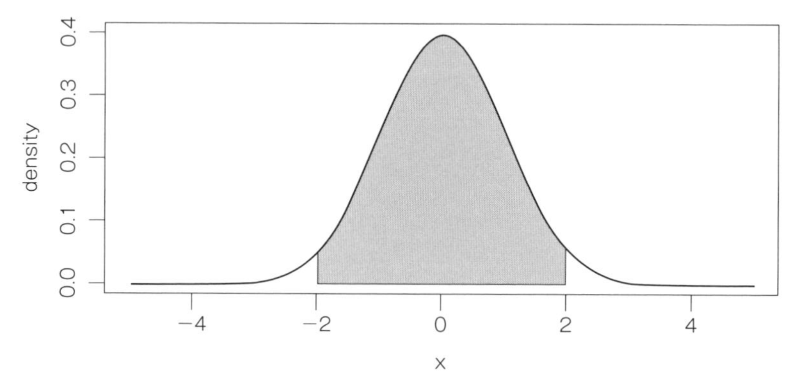

図 3.12 標準正規分布における $-1.96 < X < 1.96$ の区間

では、もし integrate() や pnorm() という関数を知らなかったとき、どのように工夫すれば面積を求めることができるでしょうか。ここで灰色の領域をすっぽり包むように $-4 \leq X \leq 4$ の区間に高さ0.4の長方形を描画してみます（最もY軸の値が大きくなる、$X = 0$ のときの確率密度が0.3989423であることを知ったうえで、高さを0.4に設定しています）。

この長方形の面積は容易に求められるので、もしこの長方形に占める灰色の領域の割合がわかれば、おのずと灰色の領域の面積も判明します。これから実施するシミュレーションでは、長方形内にまんべんなく大量の乱数を発生させ、そのうち灰色の領域内に落ちた乱数の割合を求めることで、面積を近似的に計算します。

```
MC_demo()
rect(xleft = -4, ybottom = 0, xright = 4, ytop = 0.4, lwd = 2)
```

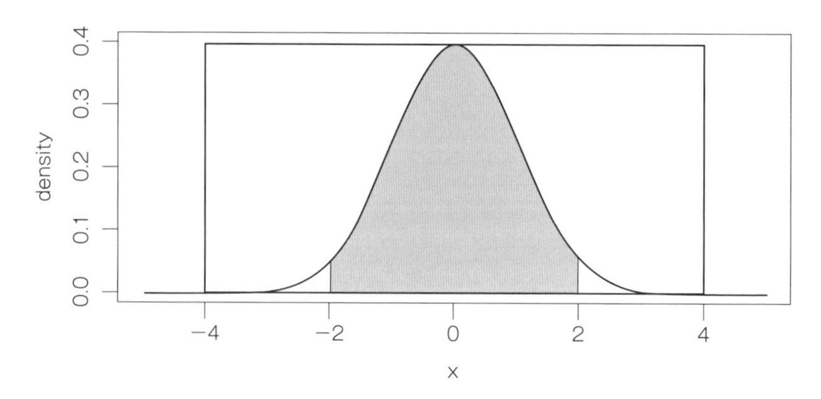

図 3.13 $-4 < X < 4$ の区間に高さ 0.4 の長方形を描画

これから、この長方形の中に、一様分布に従いX軸とY軸の座標が決定される乱数をプロットしていきます。これは､長方形の中に大量の砂を流し込むようなものです。

試しに20点だけ描画してみましょう。灰色の領域内に落ちた点もあれば、それ以外の領域に落ちた点もあります。もし大量の点をプロットすると、それらの点は長方形内にまんべんなく散らばります（見た目が気持ち悪く感じる読者もいるかもしれないので結果は載せませんが、問題ない読者は上のコードで`iter <- 1000`のように設定してみてください)。

```
iter <- 20 # 生成する乱数の個数

set.seed(123)
# プロットする乱数のX軸上の座標
dots_x <- runif(n = iter, min = -4, max = 4)
# プロットする乱数のY軸上の座標
dots_y <- runif(n = iter, min = 0, max = 0.4)

mc_demo() # 自作関数を使用
rect(xleft = -4, ybottom = 0, xright = 4, ytop = 0.4, lwd = 2)
points(x = dots_x, y = dots_y, col = "black") # 点を描画
```

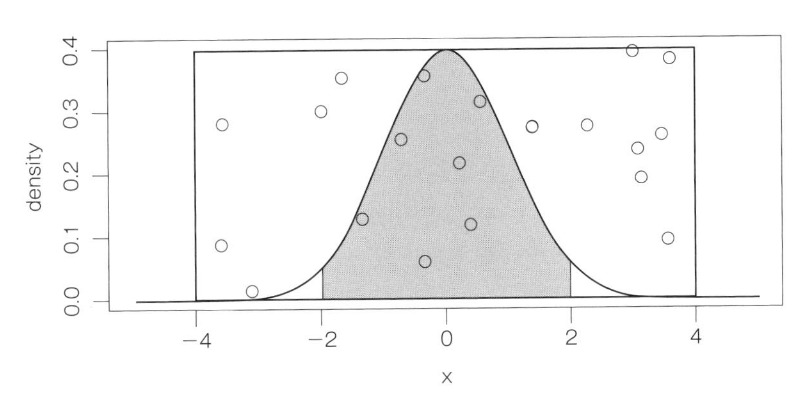

図3.14 一様分布に従う乱数を描画

大量に点を描画したとき（500,000個)、灰色の領域内に点が落ちた割合を求めてみると、以下の通りでした。

```
iter <- 500000 # 生成する乱数の個数

set.seed(123)
dots <- data.frame(
  x = runif(n = iter, min = -4, max = 4), # プロットする乱数のX軸上の座標
  y = runif(n = iter, min = 0, max = 0.4) # プロットする乱数のY軸上の座標
)

# subset()で灰色の領域内に落ちた乱数のみを抽出して、
# nrow()で行数（乱数の個数に相当）を計上
inner <- subset(
  dots,
  (dots$x > -1.96) & (dots$x < 1.96) & (dots$y < dnorm(dots$x))
) |>
  nrow()

inner / iter # 全乱数のうち、灰色の領域内に落ちた乱数の割合
```

出力
```
[1] 0.29679
```

底辺の長さ $4-(-4)=8$ 、高さ0.4の長方形は、面積が $8 \times 0.4 = 3.2$ です。このうち、29.679%の面積が灰色の領域に相当すると考えられるので、灰色の領域の面積は以下の通り、たしかに約0.95となりました。

```
8 * 0.4 * 0.29679
```

出力
```
[1] 0.949728
```

現実的なデータ分析では、累積確率を求める関数を利用すればよいので、わざわざ上記のようなモンテカルロ・シミュレーションを行う必要はありません。しかしこのように大量に乱数を生成することで、複雑な数式が示す事柄を直感的に理解することができるので、学習の補助になります。

3.2 確率変数の期待値と分散

本節では、確率変数の期待値や分散について理解を深めましょう。本書ではさまざまな確率変数や確率分布が登場しますが、これらの関係を学習するうえで、期待値や分散について理解しておくことが有用です。

3.2.1 期待値

統計学では「平均」という言葉が頻出します。平均には算術平均・移動平均・調和平均などさまざまな種類がありますが、確率変数のとりうる値に確率的法則が仮定できるとき、それらの値の「観測されやすさ」を考慮した加重平均（weighted mean）を**期待値**（expected value）と呼びます。

ある離散型確率分布に従う確率変数を X 、その確率変数のとりうる値が観測される確率を $P(X)$ で表したとき、確率変数 X の期待値 $E[X]$ は以下の通りです。

$$E[X] = \sum_{i=1}^{n} P(x_i)x_i = P(x_1)x_1 + ... + P(x_n)x_n$$

3.1.1項で例示した「5と6が、他の出目よりも3倍観測されやすい」イカサマなサイコロの期待値は、以下の通りです。

```
(0.1 * 1) + (0.1 * 2) + (0.1 * 3) + (0.1 * 4) + (0.3 * 5) + (0.3 * 6)
```

出力
```
[1] 4.3
```

もし離散型確率分布の確率質量関数 $f(x)$ が判明している場合には、その確率分布に従う確率変数の期待値は以下の通り定義されます。

$$E[X] = \sum_{i=1}^{n} f(x_i)x_i = f(x_1)x_1 + ... + f(x_n)x_n$$

例えば、公正なサイコロのような、$\alpha = 1$、$\beta = 6$ の離散一様分布に従う確率変数 X の期待値は3.5です。

```
# 3.1.2項でインストールしたextraDistrパッケージを使用
x <- 1:6
(extraDistr::ddunif(x, 1, 6) * x) |> sum()
```

```
[1] 3.5
```
出力

確率変数 X が連続型確率分布に従う場合も同様です。ただし連続型確率分布の場合、総和の計算が積分に変わります。$f(x)$ が $\alpha = 1$、$\beta = 6$ の（連続）一様分布の確率密度関数である場合を例に、期待値を計算してみましょう。3.1.2項で紹介した通り、Rではintegrate()で積分を計算できます。離散一様分布と同様、（連続）一様分布でも確率変数の期待値は3.5になりました。

```
d_unif_exp <- function(x, alpha = 1, beta = 6) {
  return(
    dunif(x, min = alpha, max = beta) * x
  )
}

integrate(f = d_unif_exp, lower = 1, upper = 6)
```

```
3.5 with absolute error < 3.9e-14
```
出力

正規分布のように、確率変数のとりうる値が $-\infty < X < \infty$ の場合も同様です。$f(x)$ が標準正規分布の確率密度関数の場合、確率変数の期待値は0です。**正規分布の場合、期待値 $E[X]$ はパラメータ μ に一致します。**

```
std_norm_exp <- function(x, mu = 0, sigma = 1) {
  return(dnorm(x, mu, sigma) * x)
}

integrate(f = std_norm_exp, lower = -Inf, upper = Inf)
```

```
0 with absolute error < 0
```
出力

厳密に期待値を求める代わりに、乱数生成シミュレーションで近似的に期待値を調べてみましょう。rnorm()で標準正規分布に従う乱数を大量に生成して、それらの平均値（算術平均）を求めてみます。これらの乱数の集合は、確率分布の性質を反映していると考えられるため、乱数の平均は、その確率分布に従う確率変数の期待値に近くなると予想されます。計算の結果、たしかに乱数の平均は0に近くなっています。

```
rnorm(100000) |> mean()
```

出力

```
[1] 0.005749777
```

3.2.2 分散

$f(x)$ が離散型確率分布の確率質量関数の場合、確率変数 X の分散 $V[X]$ は以下の通り定義されます。つまり確率変数の分散とは、$(x_i - E[X])^2$ の加重平均であることがわかります。

$$V[X] = \sum_{i=1}^{n} f(x_i)\,(x_i - E[X])^2 = f(x_1)\,(x_1 - E[X])^2 + ... + f(x_n)\,(x_n - E[X])^2$$

$\alpha = 1$、$\beta = 6$ の離散一様分布を例に、分散を計算してみましょう。

```
d_unif_var <- function(x, alpha = 1, beta = 6) {
  # α = 1、β = 6の離散一様分布に従う確率変数の期待値
  expected_value <- mean(alpha:beta)

  return(
    extraDistr::ddunif(x, min = alpha, max = beta) * (x - expected_value)^2
  )
}

d_unif_var (x = 1:6) |> sum()
```

出力

```
[1] 2.916667
```

離散一様分布に従う確率変数の分散は、$V[X] = \frac{(\beta - \alpha + 1)^2 - 1}{12}$ と判明しています。たしかに計算結果が一致しました。

```
alpha <- 1
beta <- 6

((beta - alpha + 1)^2 - 1) / 12
```

```
[1] 2.916667
```
出力

期待値と同様に、連続型確率分布の場合は総和の計算が積分に変わります。integrate()を用いて標準正規分布に従う確率変数の分散を求めてみると、1になりました。**正規分布の場合、分散 $V[X]$ はパラメータ σ^2 に一致します（すなわち標準偏差はパラメータ σ に一致します）**。

```
std_norm_var <- function(x, mu = 0, sigma = 1) {
  expected_value <- mu # 標準正規分布に従う確率変数の期待値

  return(
    dnorm(x, mu, sigma) * (x - expected_value)^2
  )
}

integrate(f = std_norm_var, lower = -Inf, upper = Inf)
```

```
1 with absolute error < 1.2e-07
```
出力

期待値と同様に、積分の代わりに乱数生成シミュレーションで分散を近似的に求めてみましょう。標準正規分布に従う乱数を大量に生成して標本分散（2章で定義した自作関数を使用）を求めてみると、たしかに1に近くなっています。

```
rnorm(100000) |> var_p() # 自作関数を使用
```

```
[1] 1.001187
```
出力

次節3.3からは、乱数生成シミュレーションによって、さまざまな確率分布の成り立ちを解説します。それぞれの確率分布に従う確率変数の期待値や分散を知っておくと、確率分布同士の関係を理解しやすくなります。

COLUMN

正規分布の再生性

正規分布やχ^2分布、ガンマ分布など、いくつかの確率分布は**再生性**(reproductive property)という性質を持ちます。再生性を持つ確率分布に従う確率変数XとYがあるとき、これらが独立なら、その和$Z = X + Y$もまた同じ確率分布(ただし以下の通りパラメータは異なる)に従います。

正規分布の場合は、次の定理が成り立ちます。

定理 正規分布の再生性

- X:平均μ_X、分散σ_X^2の正規分布に従う確率変数
- Y:平均μ_Y、分散σ_Y^2の正規分布に従う確率変数

であるとき、XとYが独立なら、$Z = X + Y$は、平均$\mu_X + \mu_Y$、分散$\sigma_X^2 + \sigma_Y^2$の正規分布に従います。

正規分布の場合、前述のように期待値と分散がそれぞれパラメータμとσ^2に一致するので、$E[Z] = E[X] + E[Y]$、$V[Z] = V[X] + V[Y]$と読み替えてもかまいません。この定理をシミュレーションで確かめてみましょう。

- **X:平均$\mu_X = 0$、分散$\sigma_X^2 = 10^2 = 100$の正規分布に従う確率変数**
- **Y:平均$\mu_Y = 5$、分散$\sigma_Y^2 = 5^2 = 25$の正規分布に従う確率変数**

のとき、確率変数$Z = X + Y$は、平均$\mu_X + \mu_Y = 0 + 5 = 5$、分散$\sigma_X^2 + \sigma_Y^2 = 100 + 25 = 125$の正規分布に従うはずです。乱数を生成してヒストグラムを描いてみると、たしかに期待される正規分布の形状を表す曲線とよく似ています。

```
mu_x <- 0
sigma_x <- 10
mu_y <- 5
sigma_y <- 5
n <- 20000 # 生成する乱数の個数
```

```
set.seed(123)
# μ = 0、σ = 10の正規分布に従う乱数
x <- rnorm(n, mu_x, sigma_x)
# μ = 5、σ = 5の正規分布に従う乱数
y <- rnorm(n, mu_y, sigma_y)

z <- x + y

hist(z, breaks = 30, xlim = c(-70, 70), prob = TRUE)
line_x <- seq(min(z), max(z), length = 200)
lines(x = line_x,
      y = dnorm(line_x,
                mean = mu_x + mu_y,
                sd = sqrt(sigma_x^2 + sigma_y^2)
                ),
      lwd = 2)
```

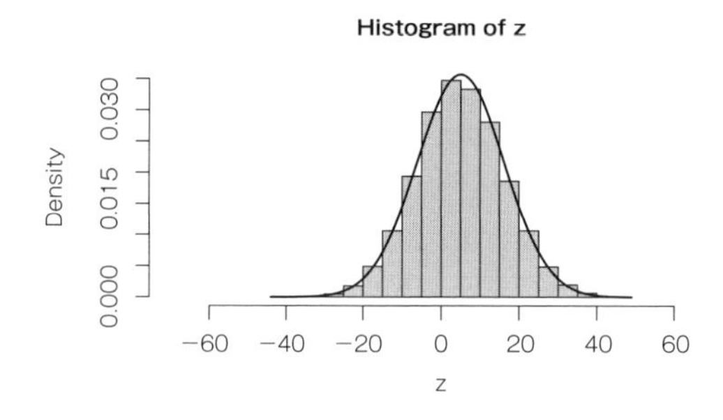

図 3.15 平均 5、分散 125 の正規分布

また、これらの平均や分散は、たしかに期待される値に近くなっています。

```
mean(z) # 平均
```

```
[1] 4.911749
```
出力

```
var_p(z) # 分散 (2章で定義した自作関数を使用)
```

```
[1] 125.6536
```
出力

再生性は、4章以降で説明する推測統計学を理解するうえで重要な性質です。正規分布の再生性より、

定 理

平均 μ 、分散 σ^2 の正規分布にi.i.d.に従う確率変数 $X_1, ..., X_n$ の算術平均 $\bar{X} = \frac{1}{n}\sum_{i=1}^{n} X_i$ は、平均 μ 、分散 $\frac{\sigma^2}{n}$ の正規分布に従う

ことが導けます。その理由を以下に説明します。

$\bar{X} = \frac{1}{n}\sum_{i=1}^{n} X_i = \sum_{i=1}^{n} \frac{1}{n} X_i$ より、n 個の確率変数 $X_1, ..., X_n$ の算術平均は、それぞれの確率変数を $\frac{1}{n}$ 倍した $\frac{X_1}{n}, ..., \frac{X_n}{n}$ の総和と読み替えられます。

$\frac{X_1}{n}, ..., \frac{X_n}{n}$ はそれぞれ期待値（平均）$\frac{\mu}{n}$、分散 $\frac{\sigma^2}{n^2}$ の正規分布に従うので（平均と標準偏差は単位が共通なので、平均が $\frac{1}{n}$ 倍されるとき標準偏差は $\frac{1}{n}$ 倍される、つまり分散は $\frac{1}{n^2}$ 倍されるため）、算術平均 $\bar{X} = \frac{X_1}{n} + ... + \frac{X_n}{n}$ は平均 $n \times \frac{\mu}{n} = \mu$、分散 $n \times \frac{\sigma^2}{n^2} = \frac{\sigma^2}{n}$ の正規分布に従う確率変数であることがわかります。

試しに「$\mu = 50$、$\sigma = 10$ の正規分布にi.i.d.に従う乱数を4つ生成して、それらの算術平均を求める」という計算を10,000回繰り返してみましょう。そしてそのヒストグラムと、理論的に期待される平均 $\mu = 50$、標準偏差 $\frac{\sigma}{\sqrt{n}} = \frac{10}{\sqrt{4}} = \frac{10}{2} = 5$ の正規分布を重ねてみると、たしかによく近似できていることがわかります。

```
n <- 4
mu <- 50
sigma <- 10
iter <- 10000

mean <- rep(0, each = iter)
set.seed(123)
for (i in 1:iter) {
  mean[i] <- rnorm(n, mu, sigma) |> mean()
}

# 平均のヒストグラム
hist(mean, breaks = 30, prob = TRUE)
line_x <- seq(min(mean), max(mean), length = 200)
lines(x = line_x, y = dnorm(line_x, mu, sigma / sqrt(n)), lwd = 2)
```

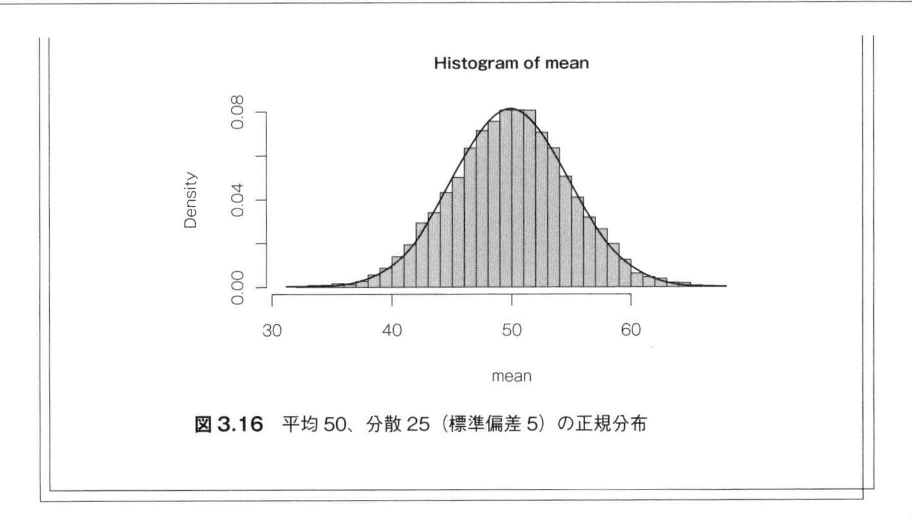

図3.16 平均50、分散25（標準偏差5）の正規分布

3.3 乱数生成シミュレーションで確率分布を模倣する

ここからはある確率分布に従う乱数を生成することで、その確率分布の性質を理解することに加えて、異なる確率分布同士がどのような関係にあるかをつかみましょう。

3.3.1 ベルヌーイ分布・二項分布

見方によっては、あらゆる結果は2通りに分類できます。例えば3.1.1項では公正な6面のサイコロを振ったとき観測される結果として、6通りの確率変数の実現値を仮定しましたが、サイコロを振った結果は「偶数か奇数か」「望む数値が出たか否か」のように、2値的にも解釈できます。同様に、3.1.4項のモンテカルロ・シミュレーションでは大量の乱数を生成しましたが、各乱数が「灰色の領域内に落ちたか否か」という観点で結果を2値的に分類できます。このような、「2つのうちどちらの結果が観測されるか」を確かめることを**ベルヌーイ試行**（bernoulli trial）と呼びます。

ベルヌーイ試行を**一度だけ**実施し、一方の結果が出た回数を確率変数 X で表すと、X のとりうる値は $X=1$ か $X=0$ のいずれかとなります[※14]。例えば3.1.4項のモンテカルロ・シミュレーションを**一度だけ**実施し、「生成した乱数が灰色の領域内に落ちた回数」を X とすると、確率変数の実現値は図3.17のようになります。

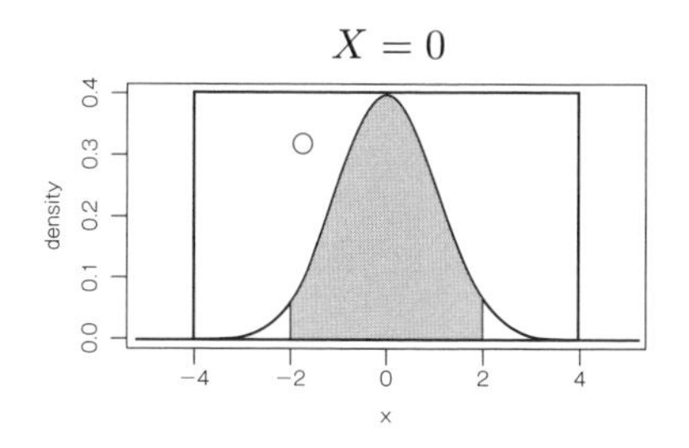

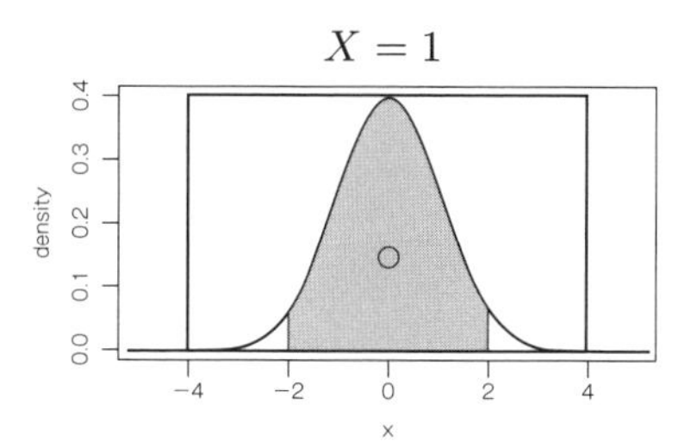

図3.17　ベルヌーイ分布に従う確率変数の例

このような確率変数が従う離散型確率分布を**ベルヌーイ分布**（bernoulli distribution）と呼び、以下の確率質量関数を持ちます。

$$f(x) = \theta^x (1-\theta)^{1-x}$$

パラメータは $\theta (0 \leq \theta \leq 1)$ のみで、

- $\sum_{i=1}^{1} f(x) = f(1) = \theta^1 (1-\theta)^0 = \theta$
- $\sum_{i=0}^{0} f(x) = f(0) = \theta^0 (1-\theta)^1 = 1-\theta$

となることから、パラメータ θ は $X=1$ となる確率に対応することがわかります。**ベルヌーイ分布に従う確率変数の期待値は** $E[X]=\theta$ **、分散は** $V[X]=\theta(1-\theta)$ **です。**

Rでは`d/p/q/r + bernoulli()`という名前の関数はデフォルトで実装されていません。しかし、ベルヌーイ分布は次に説明する**二項分布**（binomial distribution）の特殊形とみなせるので、二項分布用の関数`d/p/q/r + binom()`で代用できます[※15]。二項分布は、ベルヌーイ試行を k 回実施した際に一方の結果が観測された回数 X が従う確率変数です。

※14　一方の結果が出たら $X=1$、他方の結果が出たら $X=0$ とみなすことに等しいです。

※15　3.1.2項でインストールしたextraDistrパッケージを用いて、ベルヌーイ分布に関係する`d/p/q/r`系関数を利用してもかまいません。

例えば3.1.4項のモンテカルロシミュレーションでは、生成した大量の乱数のうち約30%（正確には29.679%）が灰色の領域内に落ちたのでした。仮に生成した乱数が確率 $\theta = 0.3$ で灰色の領域内に落ちるとして、乱数を2個生成し、それらのうち灰色の領域内に実際に落ちた個数を確率変数 X で表すとします。すると確率変数 X のとりうる値は、$X = 0$ 、$X = 1$ 、$X = 2$ の3通りになります。

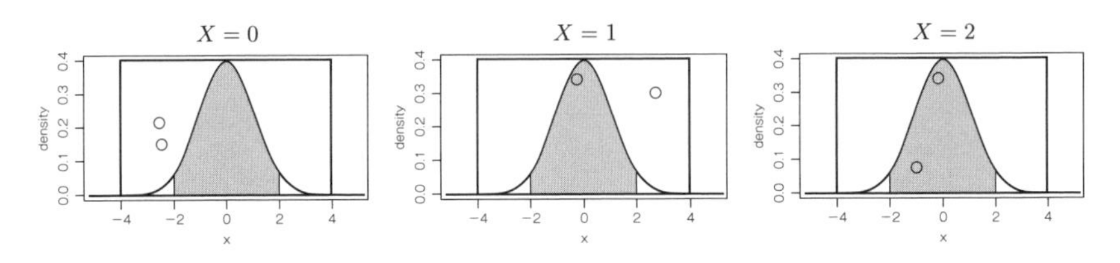

図 3.18 二項分布に従う確率変数の例

二項分布の確率質量関数は以下のようになります。！は階乗を表し、例えば 3! なら $3 \times 2 \times 1 = 6$ を意味します。$k = 1$ のとき、$\frac{k!}{x!(k-x)!} = \frac{1!}{1! \cdot 0!} = \frac{1}{1} = 1$ なので、ベルヌーイ分布の確率質量関数に一致します。

$$\frac{k!}{x!(k-x)!}\theta^x(1-\theta)^{k-x}$$

二項分布に従う確率変数の期待値は $E[X] = k\theta$ **、分散は** $V[X] = k\theta(1-\theta)$ **です**。いずれも、ベルヌーイ分布の期待値と分散が k 倍されたものになっています。

$\theta = 0.3$ 、$k = 2$ のとき、

- **生成した乱数が1つも灰色の領域内に落ちない $X = 0$ の確率は、**
  $\frac{2!}{0! \cdot 2!} \cdot 0.3^0 \cdot 0.7^2 = 0.49$
- **生成した乱数が1つだけ灰色の領域内に落ちる $X = 1$ の確率は、**
  $\frac{2!}{1! \cdot 1!} \cdot 0.3^1 \cdot 0.7^1 = 0.42$
- **生成した乱数が2つとも灰色の領域内に落ちる $X = 2$ の確率は、**
  $\frac{2!}{2! \cdot 0!} \cdot 0.3^2 \cdot 0.7^0 = 0.09$

です。これらは二項分布の確率質量関数`dbinom()`で求めた結果と一致しています。

```
k <- 2 # 試行回数
theta <- 0.3
# 引数sizeは試行回数k、引数probは成功確率θに対応
dbinom(x = 0:k, size = k, prob = theta)
```

```
[1] 0.49 0.42 0.09
```
出力

いま、「確率 $\theta = 0.3$ で乱数が灰色の領域内に落ちるモンテカルロ・シミュレーションで、乱数を $k = 2$ 個生成したとき、実際に灰色の領域内に落ちた個数を数える」という作業を、10,000回繰り返したとしましょう。rbinom()によって二項分布に従う乱数を生成した結果をヒストグラムで表すと、たしかに $X = 0$ （1つも灰色の領域内に落ちない）可能性が最も高そうです。

```
n <- 10000 # 生成する二項分布に従う乱数の個数
k <- 2 # ベルヌーイ試行の回数
theta <- 0.3

set.seed(123)
rbinom(n = n, size = k, prob = theta) |>
  hist(breaks = 30)
```

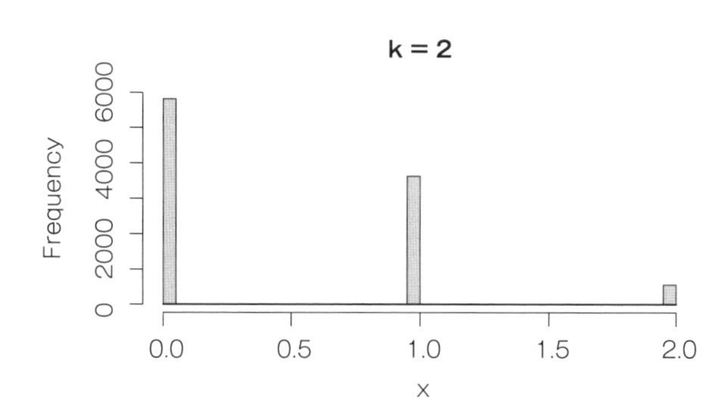

図3.19 二項分布に従う乱数のヒストグラム

さて、仮にモンテカルロ・シミュレーションで非常に多くの乱数を生成したとき、つまりベルヌーイ試行を非常に大きな回数繰り返したとき、ヒストグラムは図3.20のように変化していきます（自分で試してみたい読者は、上のコードでkに代入する数値を大きくしてください）。

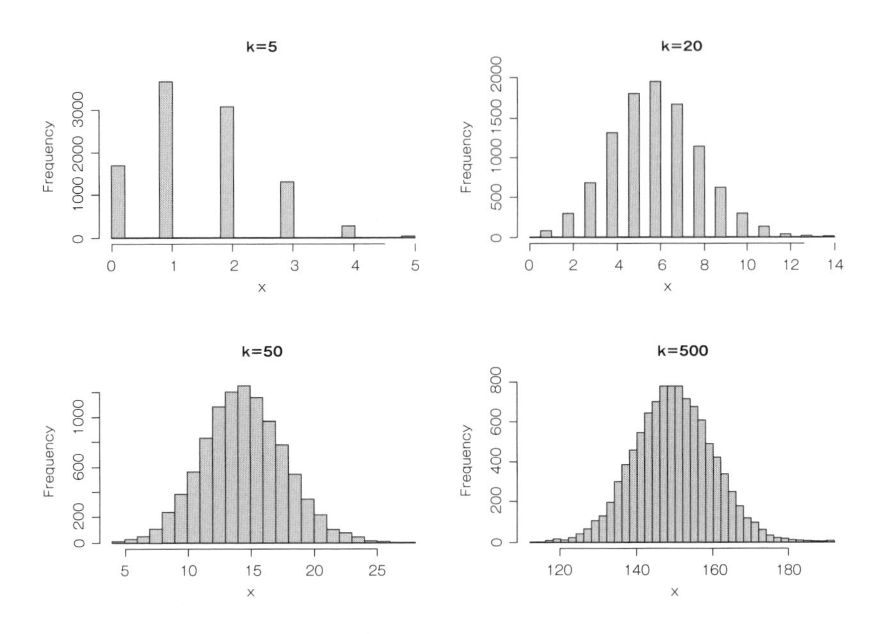

図 3.20 二項分布に従う乱数のヒストグラム

すると k が大きいとき、見覚えのある形状が現れてきました。前述の通り、二項分布に従う確率変数の期待値と分散はそれぞれ $E[X] = k\theta$ 、$V[X] = k\theta(1-\theta)$ ですが、k が非常に大きくなるとき、二項分布は $\mu = k\theta$ 、$\sigma^2 = k\theta(1-\theta)$ の正規分布でよく近似できるようになります。すなわちこのとき、二項分布に従う確率変数は、正規分布に従う確率変数と漸近的にみなすことができます※16。

二項分布に従う乱数のヒストグラムに $\mu = k\theta$ 、$\sigma^2 = k\theta(1-\theta)$ の正規分布の形状を曲線で表し重ねてみると、たしかによく近似できていることがわかります。

```
n <- 10000 # 生成する二項分布に従う乱数の個数
k <- 2000 # ベルヌーイ試行の回数
theta <- 0.3

mu <- k * theta # 正規分布のパラメータμ
sigma <- sqrt(k * theta * (1 - theta)) # 正規分布のパラメータσ

# 二項分布に従う乱数の生成 -------------
```

※16 この定理をラプラスの定理と呼びます。詳しくは濱田（2019）を参照してください。

```
set.seed(123)
rnd <- rbinom(n = n, size = k, prob = theta)
hist(rnd, breaks = 30, prob = TRUE, main = paste("k =", k), xlab = "x")

# 正規分布の形状を曲線で表す -------------
line_x <- seq(min(rnd), max(rnd), length = 200)
lines(x = line_x, y = dnorm(line_x, mean = mu, sd = sigma), lwd = 2)
```

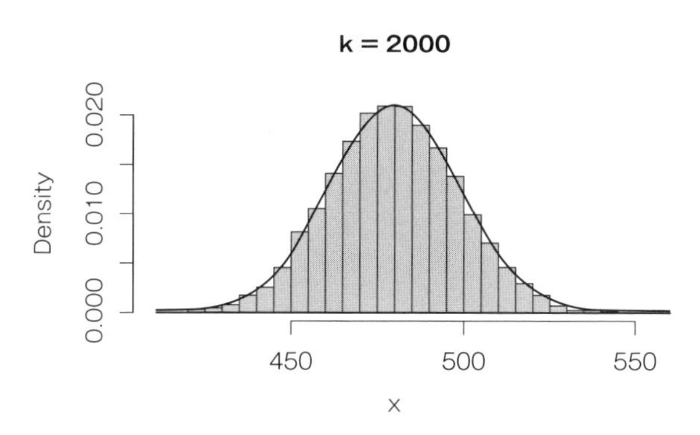

図 3.21 二項分布に従う乱数のヒストグラム

3.3.2 χ^2 分布

前項で、ベルヌーイ分布と二項分布が、二項分布と正規分布がつながりました。次は、正規分布が χ^2 **分布**（chi-square distribution）とつながることを解説します。

χ^2 分布は、質的変数間の関連を調べる「χ^2 検定」で学習したことがある人は多いでしょう。しかし χ^2 分布は、他のさまざまな確率分布とも密接に関係する、重要な確率分布なのです。

3.1.2項で説明したように、正規分布のパラメータは μ と σ でした。そして μ は正規分布に従う確率変数の期待値（平均）、σ は正規分布に従う確率変数の標準偏差に対応するのでした。

確率変数 $X_1, ..., X_n$ が、平均 μ 、標準偏差 σ の正規分布にi.i.d.に従うことを、以下のように表すことにします。

$$X_i \sim \text{Normal}(\mu, \sigma) \quad i = 1, ..., n$$

いま、確率変数 X_i を平均 μ と標準偏差 σ で標準化した量を $Z_i = \frac{X_i - \mu}{\sigma}$ と表すと、 Z_i は標準正規分布に従います。

$$Z_i \sim \text{Normal}(0, 1) \quad i = 1, ..., n$$

そして**標準正規分布にi.i.d.に従う n 個の確率変数の平方和 $Z_1^2 + ... + Z_n^2$ は、χ^2 分布という連続型確率分布に従う確率変数**となります。 χ^2 分布の確率密度関数は複雑なので明記しませんが、重要なのは **χ^2 分布は**自由度（degree of freedom）というパラメータを持つことです。本書では自由度パラメータを ν で表します※17。

定　義

標準正規分布にi.i.d.に従う n 個の確率変数の平方和は、自由度 $\nu = n$ の χ^2 分布に従う確率変数である。

$$\sum_{i=1}^{n} Z_i^2 \sim \chi^2(n)$$

χ^2 分布に従う確率変数の期待値は ν 、分散は 2ν です。

このことを、正規分布に従う乱数を生成するrnorm()と、 χ^2 分布に従う乱数を生成するrchisq()を用いて確かめてみましょう。まず標準正規分布に従う乱数を $n = 10$ 個生成し、それらの平方和を求める、という作業を10,000回繰り返すことにします。標準正規分布は平均 $\mu = 0$ なので、正の乱数も負の乱数もほぼ均等に生成されると期待されます。それらを2乗することで、負の値は正の値に変換されるため、ヒストグラムを描くと図3.22のように0を下限として右に裾が伸びた形状を示します。このヒストグラムと、自由度 $\nu = 10$ の χ^2 分布はきれいに重なります。

```
n <- 10
iter <- 10000

z2 <- rep(0, each = iter)
```

※17　χ^2 分布の自由度パラメータは、k で表されることが多いです。しかし本書ではパラメータであることがわかりやすいようにギリシャ文字で表す都合上、ν と表記することにします（アルファベットの「ヴイ」ではなく、ギリシャ文字の「ニュー」です）。

```
set.seed(123)
for (i in 1:iter) {
  z2[i] <- rnorm(n)^2 |> sum()
}

hist(z2, breaks = 30, prob = TRUE)
line_x <- seq(min(z2), max(z2), length = 200)
lines(x = line_x, y = dchisq(line_x, df = n), lwd = 2)
```

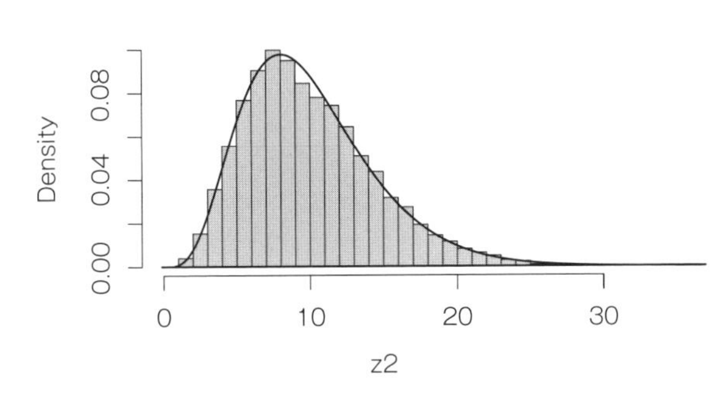

図 3.22　自由度 $\nu = 10$ の χ^2 分布

このように、正規分布から χ^2 分布を定義することができます。

3.2.2 項のコラムで説明したように、正規分布や χ^2 分布などいくつかの確率分布は、**再生性**（reproductive property）という性質を持ちます。

> **定　理**　χ^2 **分布の再生性**
>
> 自由度 ν_1 の χ^2 分布に従う確率変数と、自由度 ν_2 の χ^2 分布に従う確率変数の和は、これらの確率変数が独立のとき、自由度 $\nu_1 + \nu_2$ の χ^2 分布に従う確率変数となる。

```
nu_1 <- 20
nu_2 <- 30
n <- 10000

set.seed(123)
chisq_1 <- rchisq(n, df = nu_1)
```

```
chisq_2 <- rchisq(n, df = nu_2)
chisq_all <- chisq_1 + chisq_2 # 2つのχ2乗分布に従う確率変数の和

hist(chisq_all, breaks = 30, prob = TRUE)
line_x <- seq(min(chisq_all), max(chisq_all), length = n)
# 自由度v_1 + v_2のχ2乗分布を曲線で描画
lines(x = line_x, y = dchisq(line_x, df = nu_1 + nu_2), lwd = 2)
```

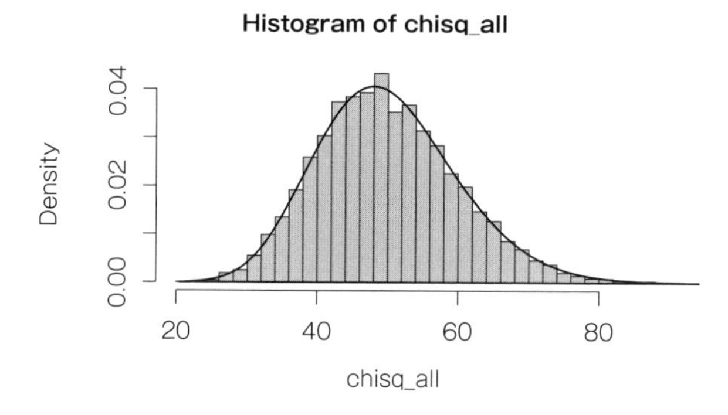

図3.23 自由度$\nu = 50$の χ^2 分布

図3.22と3.23を見比べると（それぞれ $\nu = 10$ と $\nu = 50$ ）、後者の方が左右対称に近づいているような気がしませんか。実際 χ^2 分布は、自由度 ν が限りなく大きくなるとき、正規分布に近づくことが知られています※18。

```
curve(dchisq(x, df = 5), xlim = c(0, 100), lwd = 2, xlab = "x", ylab = "density")
line_x <- seq(0, 100, length = 1000)
lines(x = line_x, y = dchisq(line_x, df = 10), lty = 2, lwd = 2)
lines(x = line_x, y = dchisq(line_x, df = 50), lty = 3, lwd = 2)

legend("topright", legend = c("v = 5", "v = 10", "v = 50"), lty = 1:3)
```

※18　この性質を中心極限定理（central limit theorem）と呼び、4章で詳しく解説します。

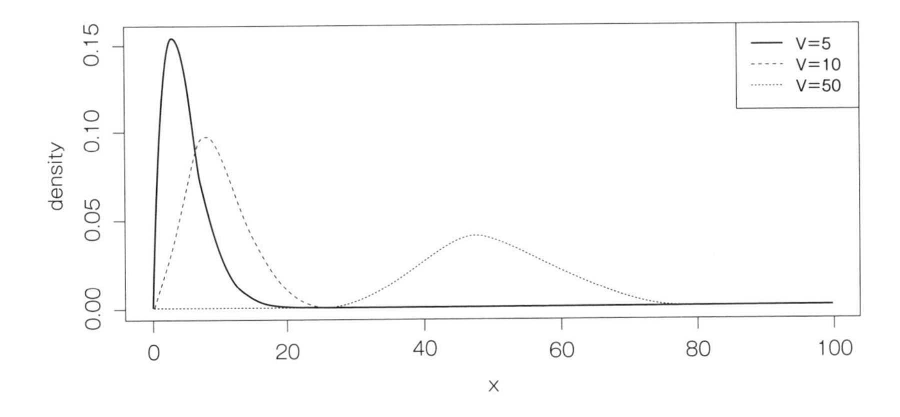

図 3.24　さまざまな自由度の χ^2 分布

3.3.3　t 分布

最後に、4章以降で頻出する t 分布を紹介します。t 分布は実践的な統計的分析において、帰無仮説検定や信頼区間の推定などさまざまな計算と関係する重要な確率分布です。t 分布は左右対称の山型の分布で、標準正規分布に似た形状をしています。それでは標準正規分布と t 分布はどのような関係があるのでしょうか。

```
# 太い実線：標準正規分布
curve(dnorm(x), xlim = c(-8, 8), lwd = 2)
# 細い実線：自由度ν = 3のt分布
curve(dt(x, df = 3), xlim = c(-8, 8), add = TRUE)
# 破線：自由度ν = 10のt分布
curve(dt(x, df = 10), xlim = c(-8, 8), add = TRUE, lty = "dashed")

legend("topright",
       legend = c("Normal(0, 1)", "t(v = 3)", "t(v = 10)"),
       lty = c(1, 1, 3), lwd = c(2, 1, 1))
```

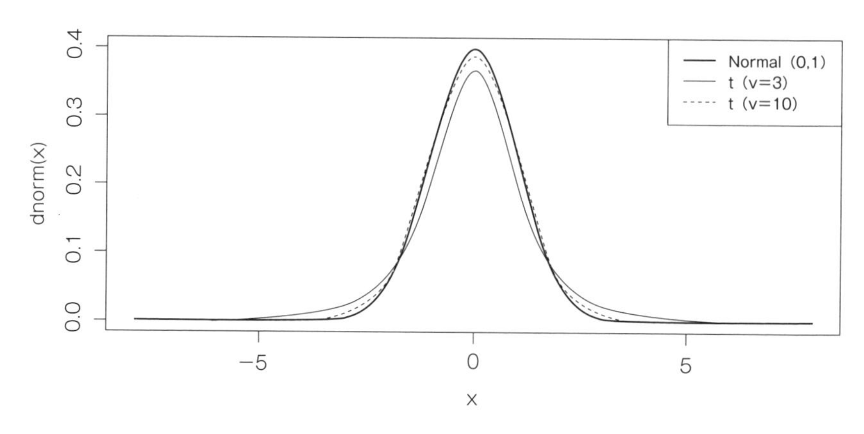

図 3.25 標準正規分布と t 分布

χ^2 分布に従う確率変数が標準正規分布から導出されたように、t 分布に従う確率変数は標準正規分布と χ^2 分布から導出されます。標準正規分布と t 分布は以下の関係があります。

定 義

標準正規分布に従う確率変数Zと、独立な自由度νのχ^2分布に従う確率変数Yで定義される比$T = \frac{Z}{\sqrt{Y/\nu}}$は、自由度$\nu$の$t$分布に従う。

$$\frac{Z}{\sqrt{Y/\nu}} \sim t(\nu)$$

t 分布が χ^2 分布と同じく「自由度」というパラメータを持つのは、t 分布が χ^2 分布から定義されるからです。

```
nu <- 4 # χ2乗分布の自由度パラメータ
n <- 10000 # 生成するtの個数

set.seed(123)
t <- rnorm(n) / sqrt(rchisq(n, df = nu) / nu)
```

```
# χ2乗分布の自由度パラメータv = 4のときのt
hist(t, breaks = 30, prob = TRUE)
line_x <- seq(min(t), max(t), length = 200)
# 自由度v = 4のt分布
lines(x = line_x, y = dt(line_x, df = nu), lwd = 2)
```

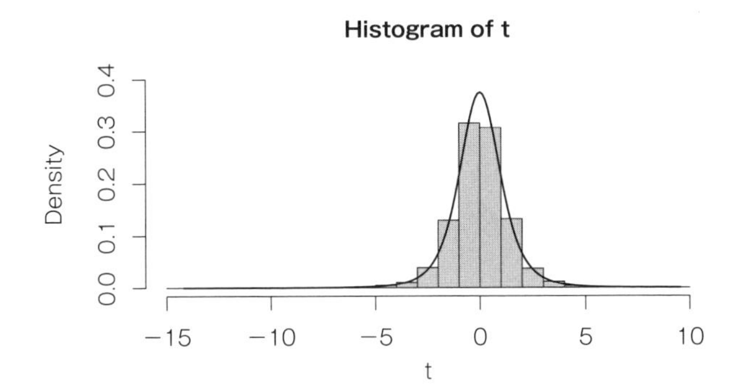

図 3.26　自由度 $\nu = 4$ の t 分布

標準正規分布に従う確率変数 Z の期待値（平均）を $E[Z]$ で表すと、$E[Z] = \mu = 0$ でした。よって t 分布に従う確率変数の期待値も $E[T] = E\left[\frac{Z}{\sqrt{Y/\nu}}\right] = E[Z]E\left[\frac{1}{\sqrt{Y/\nu}}\right] = 0$ となり、**t 分布は標準正規分布と同様に、必ず0を中心とした左右対称の分布になります。**

t 分布は自由度パラメータ $\nu > 2$ のとき、分散は $V[T] = \frac{\nu}{\nu-2}$ です[※19]。$\frac{\nu}{\nu-2} > 1$ なので、一般に t 分布の方が標準正規分布（分散 $V[X] = 1$ ）よりも分散が大きくなります。

自由度 $\nu = 4$ の t 分布に従う乱数をrt()で100,000個生成して、平均や分散が理論的に期待される値に近いか確認してみましょう。たしかに平均は期待値 $E[T] = 0$ に近くなっています。また分散は $V[T] = \frac{4}{4-2} = 2$ に近くなっています。

```
nu <- 4 # 自由度パラメータ
set.seed(123)
t <- rt(n = 100000, df = nu)
mean(t) # 平均
```

※19　一方、自由度 $1 < \nu \leq 2$ のとき、t 分布の分散は ∞ に発散します。

```
[1] 7.787941e-05
```
出力

```
var_p(t) # 標本分散（2章で定義した自作関数を使用）
```

```
[1] 2.038701
```
出力

ν が限りなく大きくなるにつれ、t 分布は標準正規分布に近づいていきます（ν が大きくなるにつれて、分散 $\frac{\nu}{\nu-2}$ は1に近づいていくことからも、直感的に理解できると思います)。

```
nu <- 100000 # χ2乗分布の自由度パラメータ
n <- 10000 # 生成するtの個数

set.seed(123)
t <- rnorm(n) / sqrt(rchisq(n, df = nu) / nu)

# χ2乗分布の自由度パラメータv = 100000のときのt
hist(t, breaks = 30, prob = TRUE)
line_x <- seq(min(t), max(t), length = 200)
lines(x = line_x, y = dnorm(line_x), lwd = 2) # 標準正規分布
```

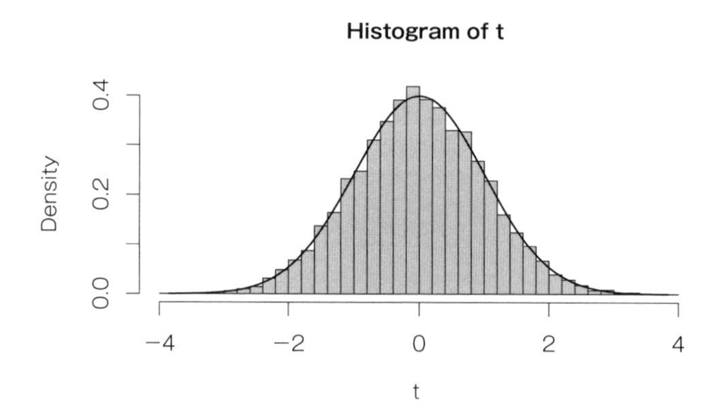

図 3.27　$\nu = 100000$ の t 分布

COLUMN

t 分布と F 分布の関係

χ^2 分布は、t 分布だけでなく、F 分布の基礎にもなる確率分布です。F 分布は、5章、6章で登場する**分散分析**（analysis of variance）と関係があります。

自由度 ν_1 の χ^2 分布に従う確率変数 Y_1 と、自由度 ν_2 の χ^2 分布に従う確率変数 Y_2 が独立のとき、$F = \frac{Y_1/\nu_1}{Y_2/\nu_2}$ は、自由度 (ν_1, ν_2) の F 分布に従います。

$$\frac{Y_1/\nu_1}{Y_2/\nu_2} \sim F(\nu_1, \nu_2)$$

F 分布には2つの χ^2 分布が関係しているので、2つの自由度パラメータを持ちます。

例えば Y_1 と Y_2 が、それぞれ自由度 $\nu_1 = 5$ と $\nu_2 = 20$ の χ^2 分布に従う独立な確率変数のとき、$\frac{Y_1/\nu_1}{Y_2/\nu_2}$ を求めてヒストグラムを描くと、その形状はたしかに自由度 $(5, 20)$ の F 分布の形状と類似しています。

```
nu_1 <- 5
nu_2 <- 20
n <- 10000 # 生成するfの個数

set.seed(123)
f <- (rchisq(n, df = nu_1) / nu_1) / (rchisq(n, df = nu_2) / nu_2)

hist(f, breaks = 30, prob = TRUE, ylim = c(0, 0.75))
line_x <- seq(min(f), max(f), length = n)
# 自由度(5, 20)のF分布の形状を曲線で描画
lines(x = line_x, y = df(line_x, df1 = nu_1, df2 = nu_2), lwd = 2)
```

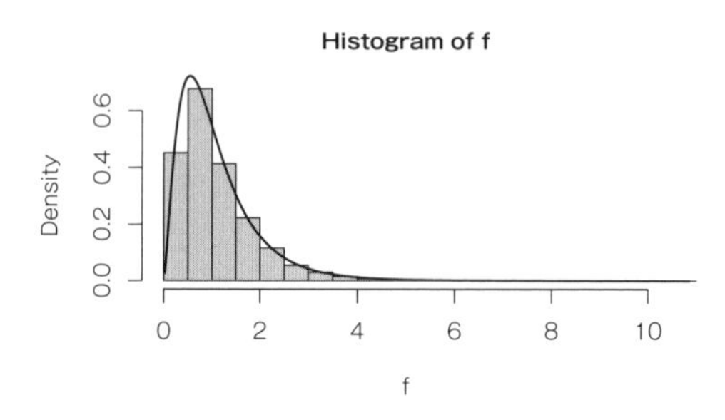

図 3.28 自由度 $(5, 20)$ の F 分布

さてここで、t 分布に従う確率変数 T の定義を思い出しましょう。

$$T = \frac{Z}{\sqrt{Y/\nu}}$$

これを2乗した T^2 は、分子 Z^2 が標準正規分布に従う確率変数 Z 1つの2乗なので、自由度1の χ^2 分布に従う確率変数です。そして分母は自由度 ν の χ^2 分布に従う確率変数 Y と、自由度 ν の比なので、上記の統計量 F の定義に合致します。

$$T^2 = \frac{Z^2/1}{Y/\nu}$$

よって自由度 ν の t 分布に従う確率変数 T の2乗（T^2）は、自由度 $(1, \nu)$ の F 分布に従う確率変数なのです。

```
nu <- 20 # χ2乗分布の自由度パラメータ
n <- 10000 # 生成するfの個数

set.seed(123)
t <- rnorm(n) / sqrt(rchisq(n, df = nu) / nu)
f <- t^2

hist(f, breaks = 30, prob = TRUE, ylim = c(0, 0.7))
line_x <- seq(min(f), max(f), length = n)
# 自由度(1, 20)のF分布の形状を曲線で描画
lines(x = line_x, y = df(line_x, df1 = nu_1, df2 = nu_2), lwd = 2)
```

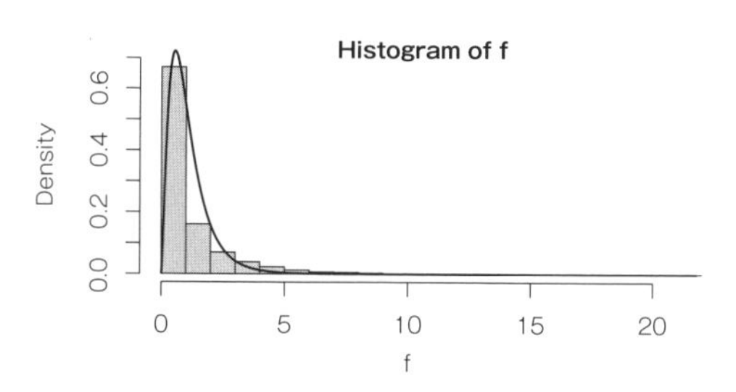

図 3.29 自由度 $(1, 20)$ の F 分布

この他にも、互いに関係のあるさまざまな確率分布があります（例えば、自由度 $\nu = 2$ の χ^2 分布は指数分布に一致します）。これまで「質的変数同士の関係の強さを検証する場合には χ^2 検定」、「母平均の差の検定を行う場合は t 検定」のように、検証目的に応じて分析を使い分け、そのたびに異なる確率分布を利用するように感じていた人もいるかもしれませんが、確率分布同士の関係を知ることで、統計学全体をより俯瞰的に眺めることができるようになります。より詳しくは、南風原（2014）※20 などを参照してください。

3.4 任意の相関係数を持つ変数が従う確率分布

いま、i.i.d.の確率変数 $X_1, ..., X_n$ と、別のi.i.d.の確率変数 $Y_1, ..., Y_n$ があるとします。これらの確率変数間に直線的（1次関数的）な関係が仮定できる場合もあれば（例：体重 X と身長 Y）、そうでない場合もあります（例：名前の総画数 X と身長 Y）。本節では、このように任意の相関関係を仮定した確率変数が従う確率分布を解説します。

3.4.1 相関係数と2変量正規分布

2変数間の直線的な関係を反映する指標に、ピアソンの積率相関係数（以下、相関係数）があります。確率変数 $X_1, ..., X_n$ と $Y_1, ..., Y_n$ 間の相関係数 R ※21は、共分

※20 南風原 朝和（2014）. 続・心理学統計の基礎　統合的理解を広げ深める 有斐閣

※21 確率変数なので大文字で表記していますが、重相関係数ではありません。

散 $S_{XY} = \frac{1}{n}\sum_{i=1}^{n}(X_i - \bar{X})(Y_i - \bar{Y})$ を、それぞれの標準偏差 $S_X = \sqrt{\frac{1}{n}\sum_{i=1}^{n}(X_i - \bar{X})^2}$ と $S_Y = \sqrt{\frac{1}{n}\sum_{i=1}^{n}(Y_i - \bar{Y})^2}$ の積で割ることで求められるのでした。

$$R = \frac{S_{XY}}{S_X S_Y}$$

Rでは、cor()という関数を用いて簡単に相関係数を計算できます。まずは適当に正規分布に従う2つの乱数列を生成して、相関係数の実現値を計算してみましょう。計算内容が想像しやすいように、数学の点数と身長に関する相関係数を求めるシミュレーションとします。

```
set.seed(123) # 乱数のシードを指定
n <- 100 # 標本サイズ

# 数学の点数が従う正規分布の平均
math_mu <- 50
# 数学の点数が従う正規分布の標準偏差
math_sigma <- 10
# 正規分布に従う、数学テストの得点の実現値
math <- rnorm(n, math_mu, math_sigma)

# 身長が従う正規分布の平均
height_mu <- 160
# 身長が従う正規分布の標準偏差
height_sigma <- 15
# 正規分布に従う、身長の実現値
height <- rnorm(n, height_mu, height_sigma)

cor(math, height) # 相関係数の実現値
```

出力

```
[1] -0.04953215
```

```
plot(math, height) # 散布図
```

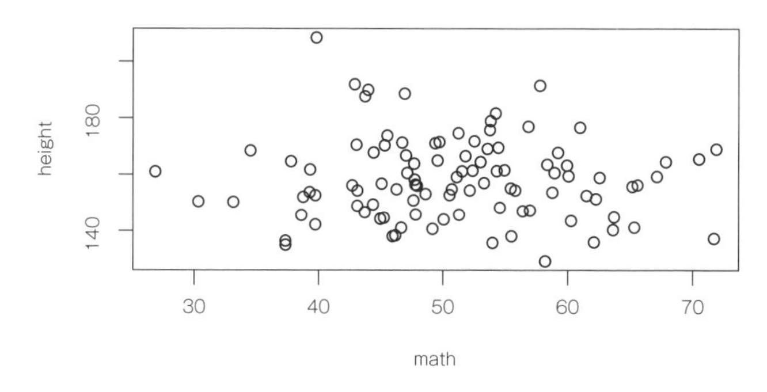

図 3.30　適当に作成した２変数の散布図

今、文字通り適当に2つの乱数列を作成したので、これらの相関係数の実現値が $r \approx -0.05$ であることは筆者も予想していませんでした。シミュレーションでは、任意の相関関係を持つ変数を生成したいことがありますが、そのときに乱数の種をあれこれ変えて望み通りの結果が出るのを待つのは効率的ではありません。

任意の相関係数を持つ変数を生成するには、相関係数と確率分布を結び付けて考える必要があります。相関係数と関係の深い確率分布は、**多変量正規分布**（multivariate normal distribution）です。k 変量の多変量正規分布は、k 個の確率変数が**同時に**従う正規分布を指します。多変量正規分布には**平均ベクトル** $\boldsymbol{\mu} = (\mu_1, ..., \mu_k)$ と**分散共分散行列**（variance-covariance matrix）Σ という2つのパラメータがあります（いずれも後述します）。

まずは $k = 2$ の2変量正規分布から説明します。分散共分散行列 Σ から一意に定まるパラメータ ρ は、変数間の真の相関係数を表します（よって、ρ を多変量正規分布のパラメータとみなすこともできます）。例えば $\rho = 0.4$ の、2つの標準正規分布が同時に従う2変量正規分布は図3.31の通りです。

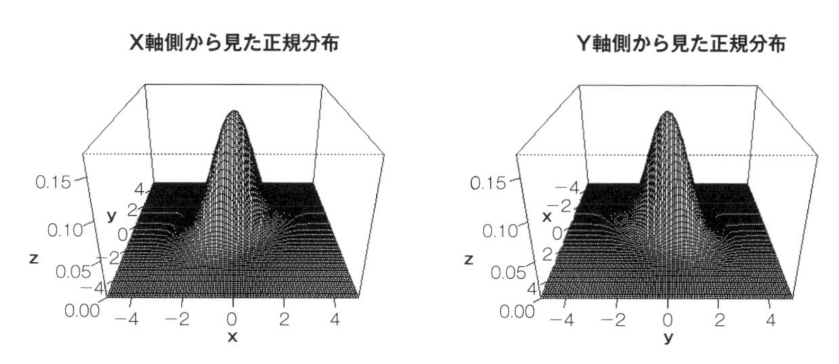

図 3.31　２変量正規分布の例（左右どちらも、同一の２変量正規分布。左図を、向かって左側から眺めると右図になる）

それではここから、実際に任意の相関係数を持つ2変数をR上で生成してみましょう。上述のように2変量正規分布では、各変数が従う正規分布の期待値（平均）に対応するパラメータは $\boldsymbol{\mu} = (\mu_1, \mu_2)$ とベクトルで表現されます。数学と身長の例では、平均ベクトル $\boldsymbol{\mu}$ は以下のようになります。

```
# それぞれ、数学テストの得点と身長が従う正規分布の平均
mu_vec <- c(math_mu, height_mu)
```

次に、1変量正規分布の場合の標準偏差に対応する、分散共分散行列を指定します。これは以下のような $k \times k$ の対称行列です。対角成分（左上から右下までの対角線上の数値）は各変数が従う正規分布の分散、非対角成分（対角成分以外の数値）は変数間の共分散です。

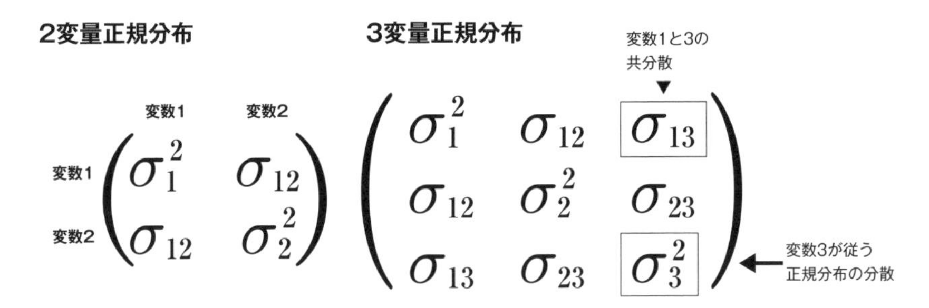

$$\begin{pmatrix} \sigma_1^2 & \sigma_{12} \\ \sigma_{12} & \sigma_2^2 \end{pmatrix} \quad \begin{pmatrix} \sigma_1^2 & \sigma_{12} & \sigma_{13} \\ \sigma_{12} & \sigma_2^2 & \sigma_{23} \\ \sigma_{13} & \sigma_{23} & \sigma_3^2 \end{pmatrix}$$

図 3.32　２変量および３変量正規分布のパラメータとしての分散共分散行列

本節の冒頭で述べたように2変数の標準偏差の積で共分散を割ったものが相関係数であることを思い出すと、分散（標準偏差の2乗）と共分散がわかれば、相関係数は一意に定まります。つまり分散共分散行列は、多変量正規分布が必要とする分散と相関の情報を併せ持ったパラメータなのです。

仮に上記の数学と身長の例で、$\rho = 0.4$ の場合（この値は例として適当に決めたもので、根拠はありません）、数学と身長それぞれが従う正規分布の標準偏差から、分散共分散行列は次のように指定できます。

```
rho <- 0.4 # 数学と身長が従う2変量正規分布の相関パラメータ
tau <- rho * math_sigma * height_sigma # 数学と身長の共分散
```

```
# 分散共分散行列 ------------
cov_matrix <- matrix(
  c(
    math_sigma^2, tau,
    tau, height_sigma^2
  ),
  nrow = 2
)

cov_matrix
```

出力
```
     [,1] [,2]
[1,]  100   60
[2,]   60  225
```

前述のように、分散共分散行列から相関係数は復元可能です。cov2cor()という関数は、その名の通り、分散共分散行列を相関係数行列に変換します。

```
cov2cor(cov_matrix)
```

出力
```
     [,1] [,2]
[1,]  1.0  0.4
[2,]  0.4  1.0
```

平均ベクトルと分散共分散行列から、任意の相関係数の実現値を持つ乱数を生成するためには、MASSパッケージを利用します。このパッケージはRとともに自動的にインストールされているので、library()で呼び出すだけで利用可能です。乱数生成用の関数MASS::mvrnorm()に、平均ベクトルと分散共分散行列を与えましょう。以下のコードでは、数学と身長それぞれの変数について、2,000個の乱数を生成することにしています。

```
library(MASS)
set.seed(123)
dat_2norm <- MASS::mvrnorm(
  n = 2000,
  mu = mu_vec,
  Sigma = cov_matrix
```

```
)

# 各変数に名前を付ける。説明のために命名しているので、実用上は必須ではない
colnames(dat_2norm) <- c("math", "height")
# 冒頭5行を表示
head(dat_2norm, n = 5)
```

出力
```
         math   height
[1,] 50.83209 150.1295
[2,] 46.72941 157.3996
[3,] 63.55898 181.0643
[4,] 40.56349 164.9960
[5,] 49.35457 162.4593
```

これらの変数間における相関係数の実現値は、たしかに $\rho = 0.4$ に近くなっています※22。

```
cor(dat_2norm)
```

出力
```
            math    height
math   1.0000000 0.4168685
height 0.4168685 1.0000000
```

```
plot(math ~ height, data = dat_2norm)
```

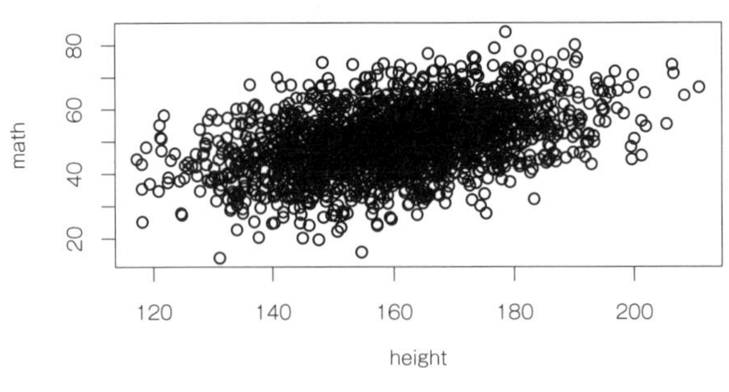

図 3.33 $\rho = 0.4$ の２変量正規分布に従う乱数

※22 MASS::mvrnorm()の引数をempirical = TRUEにすると、相関係数の実現値がρに厳密に一致するような乱数を生成できます。その理屈は山田・杉澤・村井（2008）を参照してください。山田 剛史・杉澤 武俊・村井 潤一郎（2008）. Rによるやさしい統計学 オーム社

3.4.2　3変量以上の多変量正規分布

「数学テストの得点」と「身長」に加えて、「年齢」という3つ目の確率変数を新たに考えます。このような場合にも、任意の相関係数を持つ乱数を多変量正規分布から生成できます。

3変量正規分布では、3×3 の分散共分散行列を作成する必要があります。しかし前項のように、分散共分散行列の各成分を手入力していく書き方では、変数が増えるほど手間が増え、ミスをしやすくなります。そこで簡便に分散共分散行列を作成できる方法を紹介します。

まず k 変量それぞれが従う正規分布の平均 μ と標準偏差 σ をベクトルにします。

```
age_mu <- 15 # 年齢の平均
age_sigma <- 2 # 年齢の標準偏差

# それぞれ、数学テストの得点、身長、年齢が従う正規分布の平均
mu_vec <- c(math_mu, height_mu, age_mu)
# それぞれ、数学テストの得点、身長、年齢が従う正規分布の標準偏差
sigma_vec <- c(math_sigma, height_sigma, age_sigma)
```

次に、変数同士の真の相関係数 ρ を行列にまとめます。このとき、行方向と列方向それぞれ、変数の順番が上記の標準偏差ベクトルと同じになるように注意してください。同じ変数同士の相関係数は1なので、対角成分はすべて1になります。

```
rho_matrix <- matrix(c(1, 0.4, 0.5, 0.4, 1, 0.8, 0.5, 0.8, 1),
  nrow = length(sigma_vec)
)

# 行名を付ける。説明のために命名しているので、実用上は必須ではない
rownames(rho_matrix) <- c("math", "height", "age")
# 列名を付ける。説明のために命名しているので、実用上は必須ではない
colnames(rho_matrix) <- c("math", "height", "age")

rho_matrix
```

```
出力
       math height age
math    1.0    0.4 0.5
height  0.4    1.0 0.8
age     0.5    0.8 1.0
```

これらのベクトルや行列を用いて、以下のコードを実行すれば、分散共分散行列が作成されます。**なおこのコードでは、線形代数を用いて計算を簡略化しています。線形代数は本書で解説する範囲を超えるので、以下のコードは必ずしも理解できなくてもかまいません。**ともかく、このコードを実行すれば、今後簡単に分散共分散行列が作れるのだということだけ理解すればOKです。

```
diag(sigma_vec) %*% rho_matrix %*% diag(sigma_vec)
```

このような分散共分散行列を持つ3変量正規分布に従う乱数を、それぞれ2,000個生成してみましょう。

```
set.seed(123)
dat_3norm <- MASS::mvrnorm(
  n = 2000,
  mu = mu_vec,
  Sigma = diag(sigma_vec) %*% rho_matrix %*% diag(sigma_vec)
)

colnames(dat_3norm) <- c("math", "height", "age")

head(dat_3norm, 5) # 冒頭5行を表示
```

```
出力
         math   height      age
[1,] 49.16093 169.8511 16.12952
[2,] 53.23926 162.5290 16.11891
[3,] 36.40558 138.8688 13.15220
[4,] 59.49592 155.1357 13.48781
[5,] 50.74273 157.7575 12.51995
```

相関行列と散布図行列を見ると、たしかに設定した ρ に近い相関関係が認められています。

```
cor(dat_3norm)
```

出力

```
            math    height       age
math   1.0000000 0.4167597 0.5183609
height 0.4167597 1.0000000 0.8019000
age    0.5183609 0.8019000 1.0000000
```

```
pairs(dat_3norm)
```

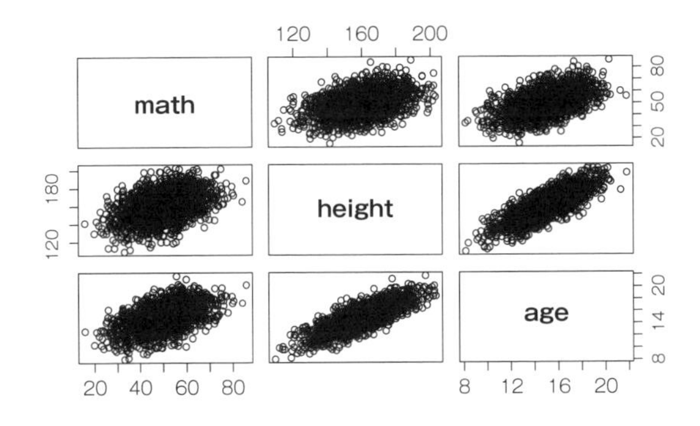

図 3.34 3変量正規分布に従う乱数

3.4.3 偏相関係数

前項までの例では、数学の得点・身長・年齢の変数間に、架空の相関関係を仮定しました。数学と身長の相関係数を適当に $\rho = 0.4$ と定めましたが、弱いとはいえ「数学が得意なほど身長が高い」あるいは「身長が高いほど数学が得意」という傾向があるような設定にしたのは、直感的には不思議だと思うかもしれません。

これは本項の**偏相関係数**（partial correlation coefficient）を導入するために意図的に行った設定です[※23]。年齢と数学、年齢と身長の間にそれぞれ大きな正の相関関係が仮定されていることに注目してください。小学生〜高校生のような年齢層に限定すると、学年が上がるほど数学の学習機会が増えるため、数学のテストで高得点を取りやすくなると思われます。また一般的に、小学生〜高校生のような年齢層に限定すると、学年が上がるほど身長が高い傾向があると思われます。

※23 偏相関係数については、南風原（2002）に詳しいです。南風原 朝和（2002）. 心理学統計の基礎　統合的理解のために　有斐閣

つまり数学と身長の間に正の相関関係が認められたのは、背後にいずれの変数とも正の相関関係を持つ、年齢という第三の変数が影響していた可能性があります。このような変数を**共変量**（covariate）と呼ぶのでした。

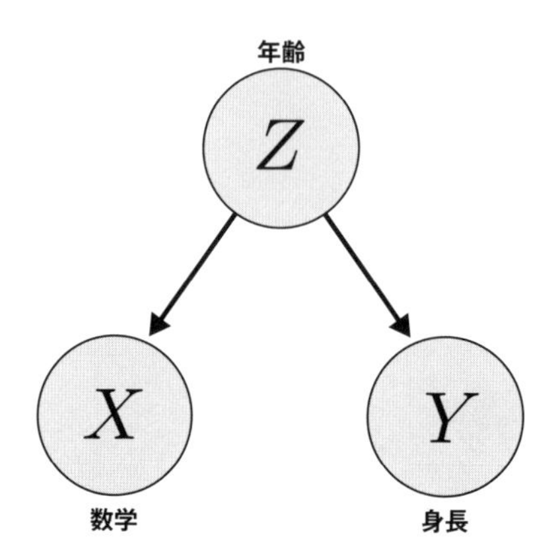

図3.35 共変量のイメージ

それでは、もし共変量の影響を考慮しなくてもよい場合、つまりすべての人の年齢が同じ場合、数学と身長の間にはどの程度の相関関係が認められるのでしょうか。それを表す量が、偏相関係数です。偏相関係数の計算には、7章で学習する**回帰分析**を利用することができますが、ここでは共変量が1つの場合のみ計算可能な、簡便的方法を紹介します。

共変量 Z の影響を統制した、確率変数 X と Y の偏相関係数 $R_{XY.Z}$ は、以下の式で計算できます。分子に注目すると、本来関心のある確率変数 X と Y の相関係数 R_{XY} から、共変量 Z が関与する相関係数 R_{XZ} や R_{YZ} を引き算しており、これにより共変量の影響を除いていることがわかります。

$$R_{XY.Z} = \frac{R_{XY} - R_{XZ}R_{YZ}}{\sqrt{1 - R_{XZ}^2}\sqrt{1 - R_{YZ}^2}}$$

偏相関係数を実際に計算してみましょう。後で簡単に計算できるように関数化しておきます。

```
pcor3 <- function(x, y, covariate) {
  # 偏相関係数の計算における分子
  pcor_top <- cor(x, y) - (cor(x, covariate) * cor(y, covariate))

  # 偏相関係数の計算における分母
```

```
  pcor_bottom <- sqrt(1 - cor(x, covariate)^2) * sqrt(1 - (cor(y, covariate)^2))

  return(pcor_top / pcor_bottom) # 偏相関係数
}

dat_3norm <- as.data.frame(dat_3norm)
pcor3(x = dat_3norm$math, y = dat_3norm$height, covariate = dat_3norm$age)
```

出力
```
[1] 0.002125782
```

年齢の影響を統制した数学と身長の偏相関係数の実現値 $r_{xy.z}$ は、ほぼ0となりました。変数間の相関係数は架空の設定ですが、これらの設定の下では、年齢の影響を統制すると、数学力と身長の間には直線的な関係はほとんど認められないと考えられます。

なお、以下のコードは参考までに掲載しているだけですが、回帰分析を用いて偏相関係数を計算する方法は以下の通りです。この方法ならば、複数の共変量が存在する場合にも、それらの影響を統制した偏相関係数を計算可能です。

```
# 数学が目的変数、年齢が説明変数の回帰分析
residual_math <- lm(math ~ age, data = dat_3norm) |>
  # 残差の取り出し
  residuals()

# 身長が目的変数、年齢が説明変数の回帰分析
residual_height <- lm(height ~ age, data = dat_3norm) |>
  # 残差の取り出し
  residuals()

cor(residual_math, residual_height) # 残差同士の相関係数
```

出力
```
[1] 0.002125782
```

共変量 Z と他の変数 X、Y 間の相関係数が変わることで、偏相関係数がどのように変化するかをシミュレーションしてみましょう。上の例では、身長と年齢（共変量）の相関係数を $\rho = 0.8$ と設定しました。この相関係数を $0 \leq \rho \leq 0.9$ の範囲で 0.3 ずつ変化させて、偏相関係数を計算してみると、身長と年齢（共変量）の相関係数 ρ が大きくなるにつれて、数学と身長の間の偏相関係数が小さくなっていくのがわ

かります。たとえ X と Y の間の直接的な相関が弱かったとしても、両者に関係する共変量 Z が存在することで、あたかも相関が強いかのようにみえてしまうことがあるのです。

```
# 年齢と身長の相関係数 (0 ~ 0.9)
rho_age_height <- seq(from = 0, to = 0.9, by = 0.3)

set.seed(123)
for (i in 1:length(rho_age_height)) {
  rho_matrix <- matrix(
    c(
      1, 0.4, 0.5,
      0.4, 1, rho_age_height[i],
      0.5, rho_age_height[i], 1
    ),
    nrow = length(sigma_vec)
  )

  dat_3norm <- MASS::mvrnorm(
    n = 2000,
    mu = mu_vec,
    Sigma = diag(sigma_vec) %*% rho_matrix %*% diag(sigma_vec)
  )

  print(
    paste(
      "年齢(共変量)と身長のρ = ",
      rho_age_height[i],
      ", 数学と身長の偏相関係数 = ",
      round(pcor3(dat_3norm[, 1], dat_3norm[, 2], dat_3norm[, 3]), 4)
    ) # paste()は、複数の引数を文字列に変換したうえで結合する関数
  )
}
```

出力

```
[1] "年齢(共変量)と身長のρ =  0 , 数学と身長の偏相関係数 =  0.4744"
[1] "年齢(共変量)と身長のρ =  0.3 , 数学と身長の偏相関係数 =  0.2536"
[1] "年齢(共変量)と身長のρ =  0.6 , 数学と身長の偏相関係数 =  0.1657"
[1] "年齢(共変量)と身長のρ =  0.9 , 数学と身長の偏相関係数 =  -0.1259"
```

3.5 演習問題

3.5.1 演習問題1

自由度$\nu = 5$のt分布に従う確率変数Tが、$2 \leq T < \infty$の値をとる確率を求めてください。

3.5.2 演習問題2

自由度$(10, 30)$のF分布に従う乱数を2,000個生成して、ヒストグラムを描画してください。

3.5.3 演習問題3

3.4.3項では、年齢（共変量）と数学の母相関係数を$\rho = 0.5$に固定して、年齢（共変量）と身長の母相関係数を$0 \leq \rho \leq 0.9$の範囲で変化させたときの、偏相関係数の変化を調べるシミュレーションを行いました。

今度は年齢（共変量）と身長の母相関係数を$\rho = 0.8$に固定して、年齢（共変量）と数学の母相関係数を$0 \leq \rho \leq 0.9$の範囲で変化させたときの、偏相関係数の変化を調べてみましょう。

母数の推定のシミュレーション

3章では、乱数生成シミュレーションによって、確率変数や確率分布などを解説しました。いよいよ本章で、これらの知識を用いて実践する統計的推測の解説を行います。

4.1 統計的推測の基礎

まず、社会調査や心理学実験などさまざまな研究実践において関係の深い、「母集団からの標本抽出」というデータを得る試みと、3章の内容（確率変数や確率分布）を結び付けます。

4.1.1 母集団と標本

3章の冒頭で述べたように、本書で解説する統計学の体系では、「分析者は限られたデータしか入手できない」ことを前提とします。本来、実態を知りたい（多くの場合、極めて大規模な）対象があっても、時間や労力などさまざまな理由によりそれらすべてのデータは入手できないので、一部を実験や調査などにより獲得したという状況です。

このような「本来、実態を知りたい対象のデータ全体」を**母集団**（population）と呼びます[※1]。また、母集団の特徴を表す値を**母数**（population parameter）と呼びます。例えば、母集団の平均や分散などの要約値は母数です。母数であることを明示するために、母集団の要約値は、**母平均**（population mean）や**母分散**（population variance）などと接頭辞「母（population）」を付けて呼び分けます。本書では母数をギリシャ文字で表します（例：母平均 μ 、母分散 σ^2 ）。

※1　母集団の定義を正しく理解するのは容易ではありません。例えば『jamoviで学ぶ心理統計』（Navarro & Foxcroft著・芝田訳）第8章などを参照してください。https://bookdown.org/sbtseiji/lswjamoviJ/ch-estimation.html

そして**標本**（sample）とは、実験や調査などにより獲得した母集団の一部を指します。ここで重要なのは、**標本としてどのようなデータが得られるかは、確率的法則により決まると仮定**することです。これは言い換えると、**標本を確率変数とみなす**ことを指しています。もし標本を確率変数とみなせるなら、確率分布や関連する数学的定理を利用した推論が可能になります。

3.1節で説明したように、確率変数から計算される平均や分散などの要約された量も確率変数です。母数と区別するため、標本の要約された量には「標本（sample)」という接頭辞を付けて、**標本平均**（sample mean）や**標本分散**（sample variance）などと呼び分けます（ただし4.1.2項で解説するような**不偏分散**（unbiased variance）のように、「標本」という接頭辞が付かない標本の要約された量もあることに注意してください)。これらを総称して**標本統計量**（sample statistics）と呼びます。

統計的推測とは、標本統計量から母数を推定することです（例：標本平均から母平均を推定)。1つの標本に含まれる確率変数の数を**サンプルサイズ**と呼ぶのでした（本書ではnで表します)。標本が母集団の一部であることから、一般的にサンプルサイズは母集団のサイズより小さく、標本統計量から母数を「正確に知る」ことはできません。しかし標本が抽出される確率的法則にある特定の確率分布を仮定できるなら、母集団から標本を無作為抽出するというプロセスは、確率分布からi.i.d.の確率変数の実現値を得ることとみなせます。よって本章で解説するような、確率分布や確率変数にまつわる数学的定理を利用することで、母数を推定できるのです。

本書では随所に確率分布が登場しますが、母集団から標本が**無作為抽出**（random sampling）される際に従う確率分布を指す場合には、**母集団分布**（population distribution）と呼びます。3章の、`rxxx()`系関数（例：`rnorm()`）でさまざまな乱数を生成した試みは、さまざまな母集団分布からi.i.d.の確率変数の実現値を得ることと対応します。

一方、前述のように確率変数を変換した統計量もまた確率変数なので、何らかの確率的法則に従うと考えられます。標本統計量が従う確率分布を、特別に**標本分布**や**標本抽出分布**（sampling distribution）と呼びます。標本統計量の中には、ある条件の下で標本分布が数学的に扱いやすい確率分布となることがわかっているものもあります。例えば3.2.3項のコラム「正規分布の再生性」で説明したように、平均μ、分散σ^2の正規分布にi.i.d.に従う確率変数$X_1, ..., X_n$から求めた標本平均は、平均μ、分散$\frac{\sigma^2}{n}$の正規分布に従います。推測統計学では、母数の推定に適した標本統計量（4.1.2項で説明します）が従う標本分布と、標本統計量の実現値を組み合わせて、母数を推定します。

4.1.2 推定量の持つ望ましい性質

統計的推測では、母数を推定するために標本統計量を利用します。そのような標本統計量を**推定量**（estimator）と呼びます。ここで、ある母数を推定するために、複数の標本統計量が手がかりとして利用できる場合があります。例えば標本として得た確率変数 $X_1, ..., X_n$ が、標本平均 $\bar{X} = \frac{1}{n}\sum_{i=1}^{n} X_i$ の近くに密集している程度（すなわち標本平均まわりのデータの散布度）を表す分散（variance）には、

- 標本分散（sample variance）： $S^2 = \frac{1}{n}\sum_{i=1}^{n}\left(X_i - \bar{X}\right)^2$
- 不偏分散（unbiased variance）： $U^2 = \frac{1}{n-1}\sum_{i=1}^{n}\left(X_i - \bar{X}\right)^2$

の2種類があります。以下に、母数の推定における推定量が持つ望ましい性質である**一致性・不偏性・有効性**の3点を解説します。

なお以下では一般化のため、推定量を $\hat{\theta}$ で表すことにします。例えば、後述するように母平均の推定量に標本平均があります。もし $\hat{\theta}$ が標本平均であることを明示したい場合は、以下のように明記します。

$$\hat{\theta} = \frac{1}{n}\sum_{i=1}^{n} X_i = \frac{1}{n}(X_1 + ... + X_n)$$

4.1.3 一致性

前述の通り標本は母集団の一部なので、一般に $\hat{\theta}$ が母数と厳密に一致するとは考えにくいです。しかしサンプルサイズが大きくなるほど標本が母集団に近づいていくので、関心のある母数の推定に適した推定量 $\hat{\theta}$ は、サンプルサイズ n が大きくなるほど母数に近づくと予想できます。この性質を**一致性**（consistency）と呼び、一致性を備える推定量を**一致推定量**と呼びます。

ある推定量 $\hat{\theta}$ が母数の一致推定量であるためには、特定の条件が付くことがあります。**平均が μ である母集団分布に従うi.i.d.の確率変数 X_1, ..., X_n があるとき、**標本平均 $\bar{X} = \frac{1}{n}\sum_{i=1}^{n} X_i$ は母平均 μ の一致推定量です。

このことをシミュレーションで確かめてみましょう。サンプルサイズ n を10～20,000の範囲で10ずつ変化させ、そのたびに標準正規分布から生成した乱数の平均を計算してみます。

まずは丁寧に一行ずつ解説していきます。はじめに、サンプルサイズを表す $10, 20, 30, \ldots, 19990, 20000$ という数列を生成します。

```
# サンプルサイズ
s_size <- seq(from = 10, to = 20000, by = 10)

head(s_size, 5) # 冒頭の要素5つを表示
```

出力
```
[1] 10 20 30 40 50
```

このベクトルに含まれる要素の数は以下の通り2,000です。つまり、これからサンプルサイズだけが異なる、標準正規分布に従う確率変数の標本平均を、2,000回計算することを意味します。

```
length(s_size)
```

出力
```
[1] 2000
```

結果を可視化してみると、サンプルサイズ（X軸）が大きくなるにつれて、標本平均（Y軸）が母平均である0に近づいていく様子が確認できます。このことから、標本平均が母平均の一致推定量であることが直感的に理解できると思います。

```
# 2000個の標本平均を格納するオブジェクト
sample_mean <- rep(0, each = length(s_size))

## シミュレーション
set.seed(123)
for (i in 1:length(s_size)) {
  sample_mean[i] <- rnorm(s_size[i]) |> mean()
}

## 結果
# 折れ線グラフの描画
plot(sample_mean ~ s_size,
     type = "l", xlab = "sample size", ylab = "sample mean")
# y = 0の位置に、白い水平線を描画
abline(h = 0, col = "white", lwd = 2)
```

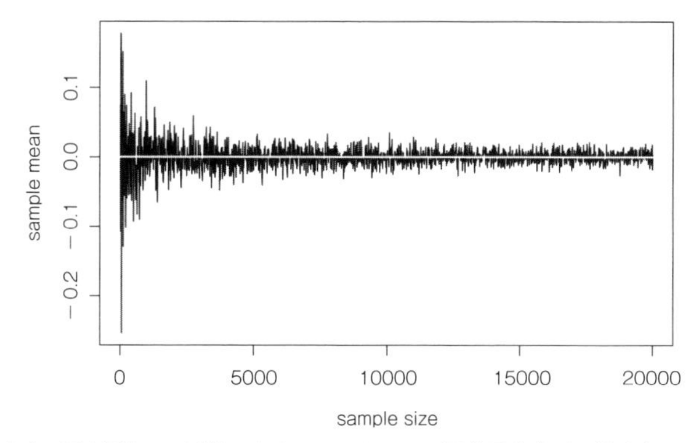

図 4.1 標本平均の一致性のシミュレーション（母集団分布が正規分布のとき）

しかし同じ平均でも、幾何平均 $\exp\left(\frac{1}{n}\sum_{i=1}^{n}\log(X_i)\right)$ ※2は母平均の一致推定量ではありません。

```
## 設定と準備
# 幾何平均を返す関数を定義
g_mean <- function(x) {
  return(
    log(x) |> mean() |> exp()
  )
}

# 母平均
mu <- 100
# 母標準偏差
sigma <- 10
# 結果を格納するオブジェクト
sample_mean <- rep(0, each = length(s_size))
## シミュレーション
set.seed(123)
for (i in 1:length(s_size)) {
  sample_mean[i] <- rnorm(s_size[i], mu, sigma) |> g_mean()
}
```

※2 幾何平均は $\sqrt[n]{x_1 \cdots x_n}$ と表されることが多いですが、この式をそのままRコード化すると計算がうまくいかない場合があるので、同じ結果を返す別の式を記載しました。

```
## 結果
# 折れ線グラフの描画
plot(sample_mean ~ s_size, type = "l",
     xlab = "sample size", ylab = "sample mean")
# y = μの位置に、黒い水平線を描画
abline(h = mu, col = "black", lwd = 2)
```

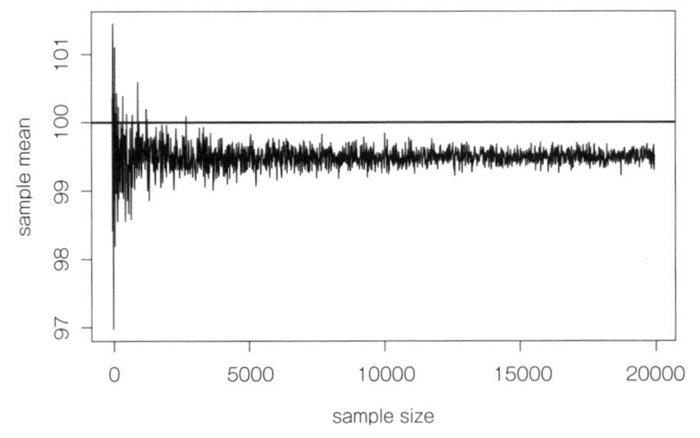

図 4.2　幾何平均が母平均の一致推定量ではないことのシミュレーション

図4.2の結果を導いたシミュレーションでは、母集団分布に正規分布を仮定していました。「サンプルサイズ n が大きくなるほど、標本平均 $\bar{X}$ が母平均 μ に近づく」という法則は、正規分布以外の母集団分布においても認められるのかどうか確認してみましょう。母集団分布を自由度 $\nu = 4$ の t 分布に変更し、再びサンプルサイズと標本平均の関係を可視化してみると、やはり同様の結果が確認できました（3.3.3項で解説したように t 分布に従う確率変数の期待値は0です）。このように多くの母集団分布において、標本平均は母平均の一致推定量となります。

```
## 設定と準備
# t分布の自由度パラメータ
nu <- 4
# 結果を格納するオブジェクト
sample_mean <- rep(0, each = length(s_size))

## シミュレーション
set.seed(123)
for (i in 1:length(s_size)) {
  sample_mean[i] <- rt(n = s_size[i], df = nu) |> mean()
}
```

```
## 結果
# 折れ線グラフの描画
plot(sample_mean ~ s_size, type = "l",
     xlab = "sample size", ylab = "sample mean")

abline(h = 0, col = "white", lwd = 2) # y = 0の位置に、白い水平線を描画
```

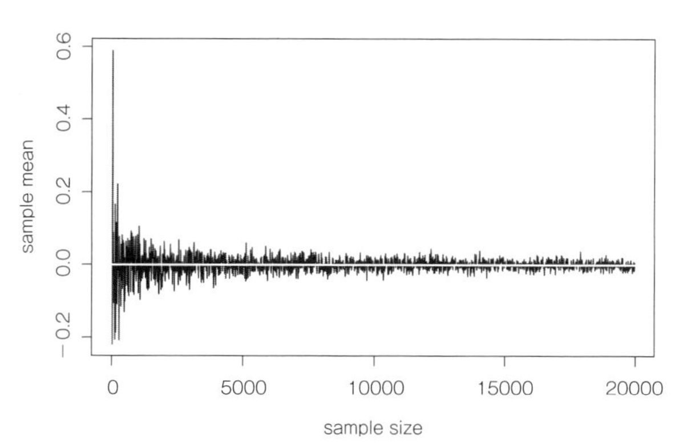

図 4.3 標本平均の一致性のシミュレーション（母集団分布が t 分布のとき）

ただし、一部の確率分布では例外もあることに注意してください。自由度 $\nu = 1$ の t 分布は、標準コーシー分布と呼ばれる確率分布に一致します※3。仮に母集団分布が標準コーシー分布の場合、以下のように標本平均は母平均の一致推定量ではありません。

```
## 設定と準備
# t分布の自由度パラメータ
nu <- 1
# 結果を格納するオブジェクト
sample_mean <- rep(0, each = length(s_size))

## シミュレーション
set.seed(123)
for (i in 1:length(s_size)) {
```

※3　コーシー分布という確率分布の特殊な場合が標準コーシー分布です。3章で説明したように、正規分布に従う確率変数の期待値は $E[X] = \mu$ でした。ベルヌーイ分布に従う確率変数の期待値は $E[X] = \theta$ でした。このように多くの確率分布は、ある特定の値として期待値を求められます。ところがコーシー分布に従う確率変数の期待値を求めようとすると無限大（∞）が出てきてしまい、ある特定の値に収束しないことが知られています。

```
  # コーシー分布に従う乱数を生成するrcauchy()を用いてもよい
  sample_mean[i] <- rt(n = s_size[i], df = nu) |> mean()
}

## 結果
# 折れ線グラフの描画
plot(sample_mean ~ s_size, type = "l",
     xlab = "sample size", ylab = "sample mean")
# y = 0の位置に、黒い水平線を描画
abline(h = 0, col = "black", lwd = 2)
```

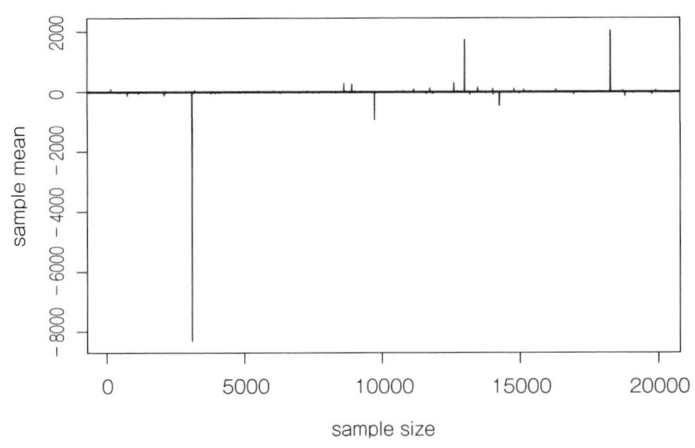

図 4.4 母集団分布がコーシー分布のとき、標本平均は母平均の一致推定量ではないことのシミュレーション

次は母分散の一致推定量を考えてみましょう。**平均が** μ **、分散が** σ^2 **である母集団分布に従うi.i.d.の確率変数** $X_1, ..., X_n$ **があるとき、**標本分散 $S^2 = \frac{1}{n}\sum_{i=1}^{n}\left(X_i - \bar{X}\right)^2$ や、不偏分散 $U^2 = \frac{1}{n-1}\sum_{i=1}^{n}\left(X_i - \bar{X}\right)^2$ は母分散 σ^2 の一致推定量です。

母集団分布に自由度 $\nu = 4$ の t 分布を仮定して、サンプルサイズ n を大きくしながら不偏分散 U^2 の推移を可視化してみると、サンプルサイズ（X軸）が大きくなるにつれて、標本分散（Y軸）が母分散 $\sigma^2 = \frac{\nu}{\nu-2} = 2$ に近づいていく様子が確認できます。

```
## 設定と準備
nu <- 4 # t分布の自由度パラメータ
# 結果を格納するオブジェクト
sample_var <- rep(0, each = length(s_size))
```

```
## シミュレーション
set.seed(123)
for (i in 1:length(s_size)) {
  # var()は不偏分散を返す関数
  sample_var[i] <- rt(s_size[i], df = nu) |> var()
}

## 結果
# 折れ線グラフの描画
plot(sample_var ~ s_size, type = "l",
     xlab = "sample size", ylab = "unbiased variance")
# y=σ^2の位置に、白い水平線を描画
abline(h = nu / (nu - 2), col = "white", lwd = 2)
```

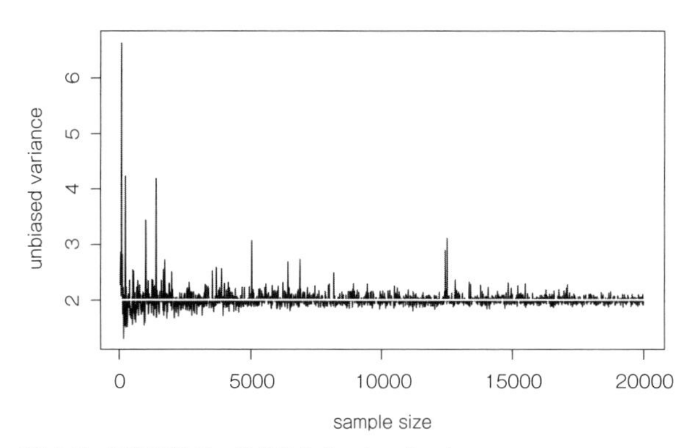

図 4.5 不偏分散の一致性のシミュレーション

サンプルサイズが限りなく大きくなるとき、$\frac{1}{n}$ と $\frac{1}{n-1}$ の差は0に近づいていくので、標本分散 S^2 もまた母分散 σ^2 の一致推定量であることは容易に想像ができます。確かめてみたい人は、2章で学習したように標本分散を返す関数を定義して、シミュレーションしてみてください。

```
var_p <- function(x) {
  return(
    var(x) * (length(x) - 1) / length(x)
  )
}
```

また、母集団分布がコーシー分布の場合には、不偏分散や標本分散は母分散の一致

推定量ではないことも、シミュレーションで確認してみてください。

4.1.4 不偏性

推定量 $\hat{\theta}$ は確率変数なので、$\hat{\theta}$ 自体も何らかの確率分布に従います（4.1.1項で述べたように、これを標本分布や標本抽出分布と呼ぶのでした）。もし標本分布の確率密度関数がわかっているなら、推定量の期待値を求められるはずです（3.2.1項を参照）。推定量の期待値（平均）$E\left[\hat{\theta}\right]$ が関心のある母数に一致することを、**不偏性**（unbiasedness）と呼びます。またそのような推定量 $\hat{\theta}$ を、母数の**不偏推定量**と呼びます。

一致推定量と同様に、ある推定量 $\hat{\theta}$ が関心のある母数の不偏推定量であるかどうかは、特定の条件が満たされるか否かによります。**平均が μ である母集団分布に従うi.i.d.の確率変数 $X_1, ..., X_n$ があるとき**、標本平均 $\bar{X} = \frac{1}{n}\sum X_i$ は母平均 μ の不偏推定量です。

正規分布の再生性の定理より（3.2.2項を参照）、平均 μ、分散 σ^2 の正規分布に従うi.i.d.の確率変数 $X_1, ..., X_n$ から計算された算術平均 $\bar{X}$ は、平均が μ で分散が $\frac{\sigma^2}{n}$ の正規分布に従うのでした。仮に母集団分布が平均 $\mu = 0$、分散 $\sigma^2 = 2$ の正規分布、サンプルサイズが $n = 20$ だとしたら、無作為抽出された標本から計算された標本平均 $\bar{X}$ は平均0、分散 $\frac{2}{20} = 0.1$ の正規分布に従うことになります。標本平均の期待値が母平均に一致するため（$E\left[\bar{X}\right] = \mu$）、標本平均は母平均の不偏推定量となります。

「平均 $\mu = 0$、分散 $\sigma^2 = 2$ の正規分布に従う $n = 20$ 個の乱数を生成して、標本平均 $\bar{X}$ の実現値を求める」という作業を何度も（20,000回）繰り返してみると、たしかに「20,000個の標本平均の実現値」の平均を表す黒い垂直線は、母平均 $\mu = 0$ とほとんど同じ位置に引かれています。また、このヒストグラムは、平均 $\mu = 0$、分散 $\frac{2}{20} = 0.1$ の正規分布の形状でよく近似できています[※4]。

```
## 設定と準備
mu <- 0 # 母平均
sigma <- sqrt(2) # 母標準偏差
n <- 20 # サンプルサイズ
iter <- 20000 # 標本を得る回数（標本数）
# 結果を格納するオブジェクト
```

※4 これらの標本平均の集合は、あくまでシミュレーションで生成した有限個の数値の集合であり、確率分布（標本分布）を模したものにすぎないことに注意してください。

```
sample_mean <- rep(0, each = iter)

## シミュレーション
set.seed(123)
for (i in 1:iter) {
  sample_mean[i] <- rnorm(n, mu, sigma) |> mean() # 標本平均
}

## 結果
mean(sample_mean) # 標本平均の平均
```

出力
```
[1] 0.002179264
```

```
var_p(sample_mean) # 標本平均の標本分散。自作関数を使用
```

出力
```
[1] 0.09869082
```

```
hist(sample_mean, breaks = 30, prob = TRUE, xlab = "sample mean")
# 「生成した標本平均」の平均の位置に黒い垂直線を描画
abline(v = mean(sample_mean), col = "black", lwd = 4)
x <- seq(min(sample_mean), max(sample_mean), length = 200)
lines(x = x, y = dnorm(x, mean = mu, sd = sigma / sqrt(n)), lwd = 2)
```

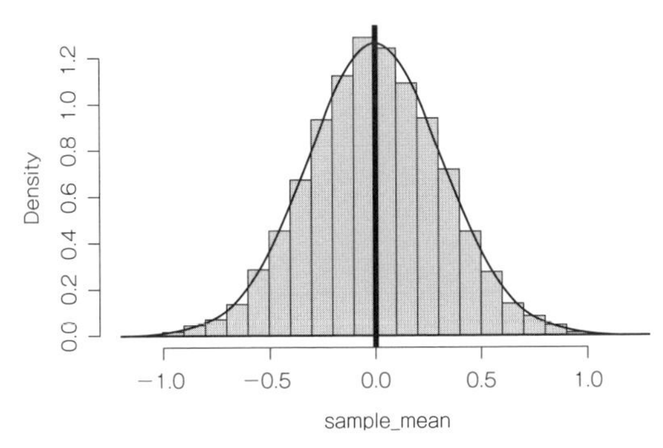

図 4.6 標本平均の標本分布（母集団分布が正規分布のとき）

母集団分布が正規分布以外の、期待値（平均）μ、分散 σ^2 の確率分布であっても、標本平均が母平均の不偏推定量になるかどうかシミュレーションしてみましょう。自由度 $\nu = 4$ の t 分布に従う確率変数は、期待値（平均）が $\mu = 0$ 、分散が $\sigma^2 = \frac{\nu}{\nu - 2} = 2$ になるので、先のシミュレーションと母集団分布だけが異なる例となります。

やはり、「20,000個の標本平均」の平均（黒い垂直線）は母平均 $\mu = 0$ とほぼ同じ位置に引かれており、標本平均が母平均の不偏推定量であることがわかります。同様に標本平均の分散はほぼ $\frac{\sigma^2}{n} = \frac{2}{20} = 0.1$ なので、母集団分布が正規分布でも t 分布（自由度 $\nu = 4$ ）でも、標本平均 $\bar{X}$ の標本分布は平均 μ 、分散 $\frac{\sigma^2}{n}$ になります。

```
## 設定と準備
nu <- 4 # このとき、t分布の期待値は0、分散は2
mu <- 0 # 母平均
sigma <- sqrt(nu / (nu - 2)) # 母標準偏差
n <- 20 # サンプルサイズ
iter <- 20000 # 標本を得る回数（標本数）
# 結果を格納するオブジェクト
sample_mean <- rep(0, each = iter)

## シミュレーション
set.seed(123)
for (i in 1:iter) {
  sample_mean[i] <- rt(n, nu) |> mean() # 標本平均
}

## 結果
mean(sample_mean) # 標本平均の平均
```

```
[1] -0.001578343
```
出力

```
var_p(sample_mean) # 標本平均の標本分散。自作関数を使用
```

```
[1] 0.09916593
```
出力

```
hist(sample_mean, breaks = 50, prob = TRUE, xlab = "sample mean")
```

```
# 「生成した標本平均」の平均の位置に黒い垂直線を描画
abline(v = mean(sample_mean), col = "black", lwd = 4)
line_x <- seq(min(sample_mean), max(sample_mean), length = 200)
lines(x = line_x,
      y = dnorm(line_x, mean = mu, sd = sigma / sqrt(n)),
      lwd = 2)
```

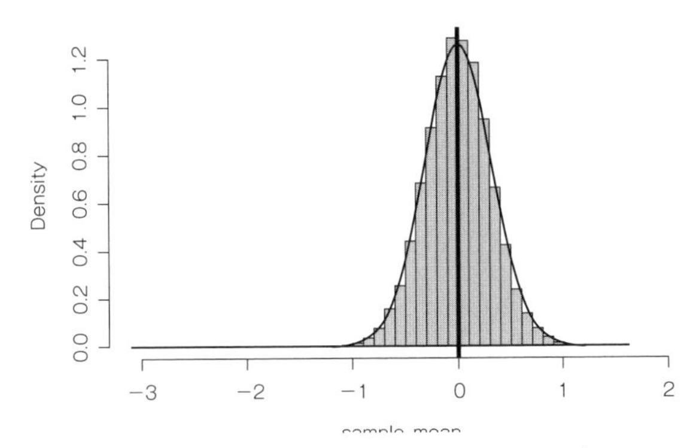

図 4.7 標本平均の標本分布（母集団分布が t 分布のとき）

図4.7のヒストグラムに沿うように引かれた曲線に注目すると、曲線がヒストグラムの形状と対応しているように見えます。この曲線は、平均 $\mu = 0$ 、分散 $\frac{\sigma^2}{n} = \frac{2}{20} = 0.1$ の正規分布です。しかし実はこのとき、標本平均の標本分布は正規分布"ではない"のです。

Q－Qプロットという可視化方法で確認してみるとよくわかります。Q－Qプロットとは、確率変数の実現値と、その確率変数が従うと仮定される確率分布の、分位点同士の関係を散布図で可視化する方法です。ある確率分布から生成された大量の乱数が、その確率分布の性質を反映しているなら、乱数を昇順に並び替えたとき、ある分位点の乱数（例：2.5パーセンタイルなら、1,000個の乱数を生成した際の小さい方から数えて25番目の乱数）は、理論的な確率分布の同じ分位点の値（例：標準正規分布の2.5パーセンタイル値である約－1.96）に類似すると期待されます。もし前者をY軸に、後者をX軸にして、これらの関係を散布図で表したとき、 $y = x$ の直線状にほとんどの点が乗っているなら、生成した乱数（Y軸）はX軸の計算に用いた確率分布に従うと判断する根拠になります（もちろん、あくまで根拠の1つであることには注意が必要です）。

Q－Qプロットを描いてみると、 t 分布に従う確率変数から計算された標本平均sample_meanの分位点は、絶対値が大きいときに平均 μ 、分散 $\frac{\sigma^2}{n}$ の正規分布に従う理論的な分位点と対応していないことがわかります。

```
qqnorm(sample_mean)
qqline(sample_mean)
```

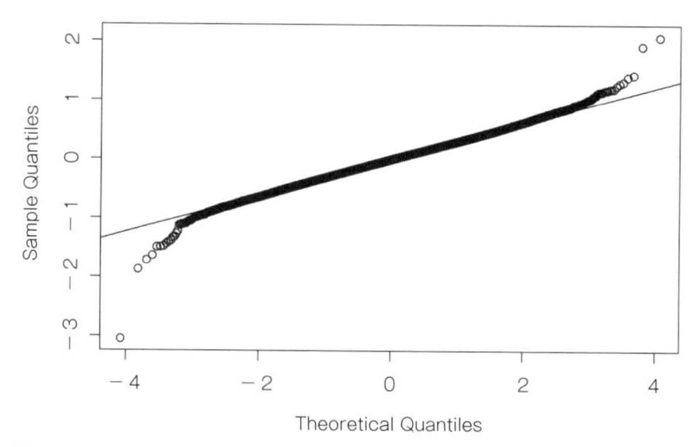

図 4.8　標本平均（母集団分布が t 分布のとき）の Q-Q プロットの例

つまりここまでをまとめると、平均が μ 、分散が σ^2 である母集団分布に従うi.i.d.の確率変数 $X_1, ..., X_n$ があるとき、

- 標本平均 $\bar{X} = \frac{1}{n}\sum X_i$ は母平均 μ の不偏推定量
- 標本平均 $\bar{X}$ の期待値は $E\left[\bar{X}\right] = \mu$ 、標本平均の分散は $V\left[\bar{X}\right] = \frac{\sigma^2}{n}$
- 母集団分布が正規分布でないとき、標本平均 $\bar{X}$ が従う確率分布が、平均 μ 、分散 $\frac{\sigma^2}{n}$ の正規分布で近似できるとは限らない（ただし**4.1.6**項で後述するように、サンプルサイズが大きくなるほど、近似できるようになる）

ということになります。また、結果は省略しますが、一致推定量のシミュレーションと同様に t 分布の自由度を $\nu = 1$ にして、母集団分布を標準コーシー分布にしてみると、不偏性が成立しないことも確認してみてください。

次は分散について調べてみましょう。標本分散 S^2 も不偏分散 U^2 も、母分散 σ^2 の一致推定量でした。しかし結論からいえば、n 個の確率変数 $X_1, ..., X_n$ が、平均 μ、分散 σ^2 の母集団分布にi.i.d.に従うとき、不偏分散 $U^2 = \frac{1}{n-1}\sum_{i=1}^{n}(X_i - \bar{X})^2$ は母分散 σ^2 の不偏推定量ですが、標本分散 $S^2 = \frac{1}{n}\sum_{i=1}^{n}(X_i - \bar{X})^2$ はそうではありません。このことをシミュレーションで確かめてみましょう。

まずは不偏分散が母分散の不偏推定量であることを確認します。前述のように、自由度 $\nu = 4$ の t 分布は、$\nu > 2$ のとき分散が $\frac{\nu}{\nu-2} = \frac{4}{4-2} = 2$ となります。たしかに、不偏分散の平均は母分散2に近く、不偏分散は母分散の不偏推定量であることがわかります。

```
## 設定と準備
nu <- 4 # 自由度
n <- 20 # サンプルサイズ
iter <- 20000
# 結果を格納するオブジェクト
sample_var <- rep(0, each = iter)

## シミュレーション
set.seed(123)
for (i in 1:iter) {
  sample_var[i] <- rt(n, nu) |> var() # 不偏分散
}

## 結果
hist(sample_var, breaks = 200)
```

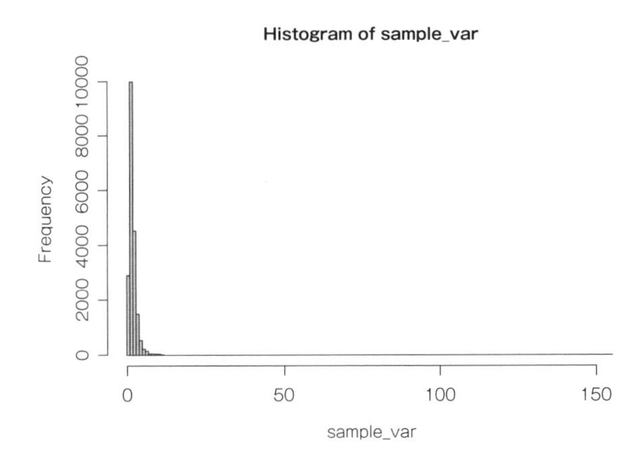

図 4.9 不偏分散の標本分布

```
# 生成した20000個の不偏分散の平均
mean(sample_var)
```

出力

```
[1] 2.000078
```

では標本分散の場合はどうでしょうか。以下の通り、標本分散の平均は、不偏分散の平均よりも母分散2から隔たっており、不偏推定量ではありません。

```
## 設定と準備
nu <- 4 # 自由度
n <- 20 # サンプルサイズ
iter <- 20000
# 結果を格納するオブジェクト
sample_var <- rep(0, each = iter)

## シミュレーション
set.seed(123)
for (i in 1:iter) {
  sample_var[i] <- rt(n, nu) |> var_p # 標本分散。4.1.3項で定義した自作関数を使用
}

## 結果
hist(sample_var, breaks = 200)
```

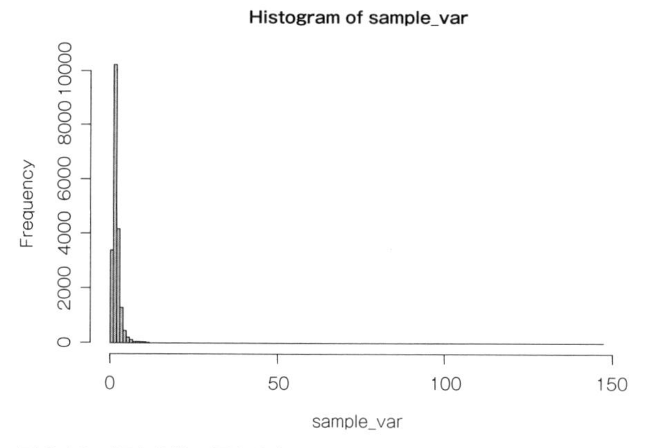

図 4.10 標本分散の標本分布

```
mean(sample_var)
```

```
[1] 1.900074
```
出力

標本分散 S^2 の期待値（平均）が母分散に一致する（ $E[S^2] = \sigma^2$ ）なら標本分散は母分散の不偏推定量ですが、実際には $E[S^2] = \frac{n-1}{n}\sigma^2$ となります[※5]。標本分散

※5　証明を追いたい読者は、嶋田・阿部（2017）を参照してください。嶋田正和・阿部真人（2017）. Rで学ぶ統計学入門 東京化学同人

S^2 と不偏分散 U^2 は $S^2 = \frac{n-1}{n}U^2$ の関係にあるため、 $E[U^2] = \sigma^2$ です。

なお注意が必要なのは、不偏分散の正の平方根 U は、母標準偏差 σ の不偏推定量ではないことです。自由度 $\nu = 4$ の t 分布では、母標準偏差は $\sigma = \sqrt{2} \approx 1.414$ になるはずですが、以下の通り不偏分散の正の平方根 U について、その平均 $\bar{U}$ を求めても、母標準偏差 σ とは異なっています。

```
## 設定と準備
nu <- 4 # 自由度
n <- 20 # サンプルサイズ
iter <- 20000
# 結果を格納するオブジェクト
sample_sd <- rep(0, each = iter)

## シミュレーション
set.seed(123)
for (i in 1:iter) {
  sample_sd[i] <- rt(n, nu) |> sd() # 不偏分散の正の平方根
}

## 結果
mean(sample_sd)
```

出力
```
[1] 1.353696
```

最後に、標本相関係数 R が母相関係数 ρ の不偏推定量かどうかを検証します。母相関係数の例として、 ρ が-0.5、0、0.8の3通りを検証します。

```
library(MASS)

rho_vec <- c(-0.5, 0, 0.8) # 3通りの母相関係数
mu_vec <- c(0, 5) # 2変量の母平均ベクトル
sigma_vec <- c(10, 20) # 2変量の母標準偏差ベクトル

n <- 20 # サンプルサイズ
iter <- 20000

par(mfrow = c(2, 2)) # 2x2の形式でグラフを表示するための指定
```

```
set.seed(123)
for (i in 1:length(rho_vec)) {
  r <- rep(0, each = iter)

  rho_matrix <- matrix(c(1, rho_vec[i], rho_vec[i], 1),
    nrow = length(sigma_vec)
  )

  for (j in 1:iter) {
    dat_2norm <- MASS::mvrnorm(
      n = n,
      mu = mu_vec,
      Sigma = diag(sigma_vec) %*% rho_matrix %*% diag(sigma_vec)
    )
    r[j] <- cor(dat_2norm)[1, 2]
  }

  # 可視化 --------------------
  hist(r,
    breaks = 50,
    main = paste(
      "ρ = ", rho_vec[i], ", mean = ", round(mean(r), 4)
    )
  )
  abline(v = mean(r), lwd = 3) # 生成した相関係数の平均の位置に垂直線を引く
}
```

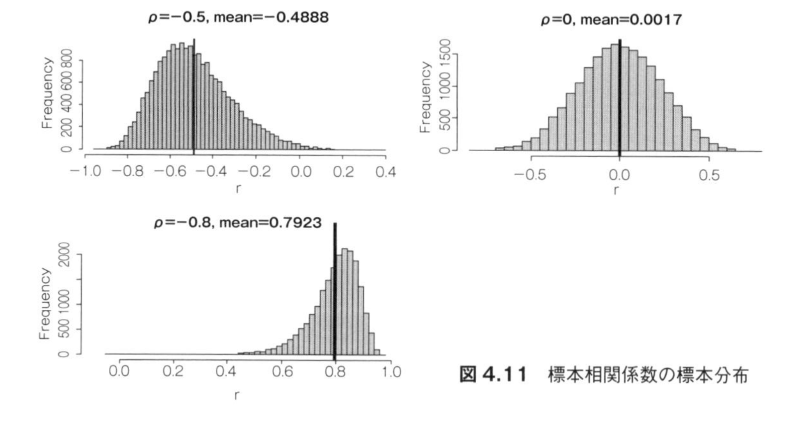

図 4.11 標本相関係数の標本分布

3通りとも、標本相関係数の実現値 r の平均は、母相関係数 ρ に近くなっています。ただし注目してほしいのは、母相関係数 ρ によって標本分布の形状が異なることや、標本相関係数の実現値 r の平均と ρ との差が異なることです。$\rho = 0$ のとき、標本相関係数の実現値 r の平均と ρ とはかなり近くなっていますが、それ以外の場合には相対的に偏りが大きくなっています。

これは、標本相関係数の期待値 $E[R]$ と母相関係数 ρ は近似的に以下の関係があるためです（n はサンプルサイズ）。

$$E[R] \approx \rho - \frac{\rho(1-\rho^2)}{2n}$$

$\rho = 0$ または $\rho = \pm 1$ のとき、右辺第2項は $\frac{\rho(1-\rho^2)}{2n} = 0$ となるため、上記のシミュレーションでは $\rho = 0$ のときに標本相関係数の実現値 r の平均はかなり ρ に近くなっていますが、そのほかの場合には ρ との差が相対的に大きくなっています。

実践的には標本相関係数の実現値 r を母相関係数 ρ の推定値として報告することが多いですが、上記の関係について理解しておくことは重要です。4.3節では母相関係数の区間推定について紹介するため、併せて参照ください。

4.1.5 有効性

最後に**有効性（efficiency）**について説明します。4.1.2項の冒頭で述べたように、ある母数（例：母平均 μ ）の**不偏推定量**である推定量 $\hat{\theta}$ は、複数存在する可能性があります。例えば、母集団分布が正規分布ならば、標本平均や標本中央値はいずれも母平均 μ の不偏推定量です。これらの中で、最も分散 $V\left[\hat{\theta}\right]$ が小さな推定量 $\hat{\theta}$ が、その母数の**有効推定量（または最小分散不偏推定量）**です。つまり、標本分布の分散が最も小さな標本統計量が、有効推定量ということです。

標本統計量の期待値が母数に一致したとしても（不偏性）、実際の研究で得られたデータから求める推定量の実現値が、母数に一致する保証はありません。しかし標本分布の分散がより小さい標本統計量を選ぶことで、たとえ実現値が母数と一致しなかったとしても、相対的に母数に近い実現値が得られやすいと期待されます。

以下ではまず、母集団分布が標準正規分布である場合を例に説明します。上述のように、母集団分布が正規分布のとき、標本平均と標本中央値はいずれも、母平均の不偏推定量です。標準正規分布は0を中心に左右対称の分布なので、標本平均と標本中央値はいずれも期待値が0です。

```
## 設定と準備
n <- 20 # サンプルサイズ
iter <- 20000
# 結果を格納するオブジェクト
sample_mean <- rep(0, each = iter)
sample_median <- rep(0, each = iter)

## シミュレーション
set.seed(123)
for (i in 1:iter) {
  tmp <- rnorm(n) # 標準正規分布から乱数生成
  sample_mean[i] <- mean(tmp) # 標本平均
  sample_median[i] <- median(tmp) # 標本中央値
}

## 結果
# 標本平均の平均。母平均の不偏推定量であることのシミュレーション
mean(sample_mean)
```

出力
```
[1] 0.001540972
```

```
# 標本中央値の平均。母平均の不偏推定量であることのシミュレーション
mean(sample_median)
```

出力
```
[1] 0.000509688
```

では、標本平均と標本中央値の集合をヒストグラムで比較してみましょう。なんとなく、標本平均の方がヒストグラムの幅が小さいように見えませんか。

```
hist(sample_mean, breaks = 30, xlim = c(-1.5, 1.5), main = "sample mean")
hist(sample_median, breaks = 30, xlim = c(-1.5, 1.5), main = "sample median")
```

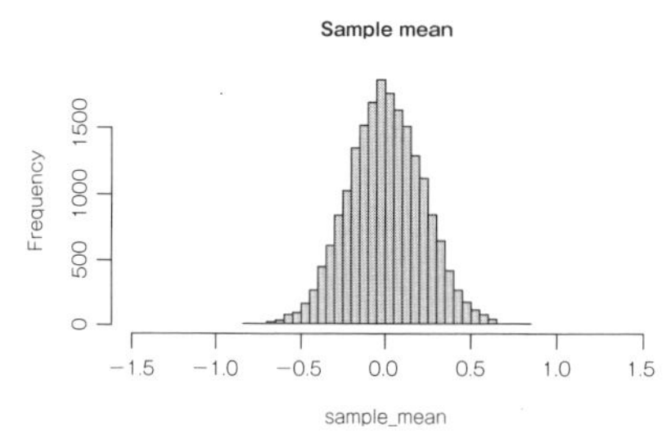

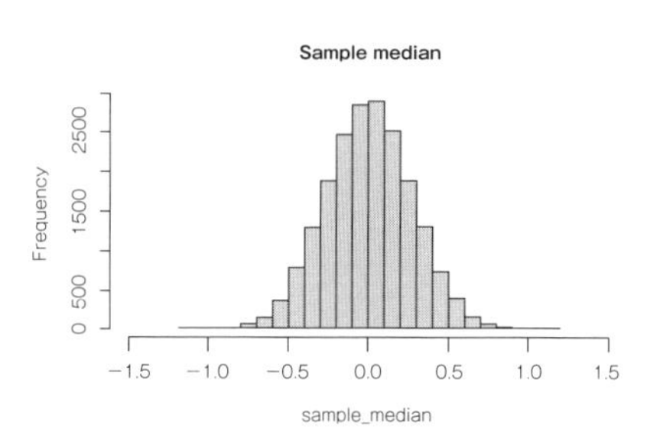

図 4.12 標本平均と標本中央値の標本分布

実際、それぞれの分散を求めてみると、標本平均の分散 $V[\bar{X}]$ のほうが小さいです。

```
var(sample_mean) # 標本平均の分散
```

```
[1] 0.04934788
```
出力

```
var(sample_median) # 標本中央値の分散
```

```
[1] 0.07358695
```
出力

実は母集団分布が正規分布のとき、標本平均 $\bar{X} = \frac{1}{n}\sum_{i=1}^{n} X_i$ は母平均 μ の不偏推定量の中で、最も分散が小さい有効推定量（または最小分散不偏推定量）であることがわかっています。母集団分布が正規分布のとき、標本平均 $\bar{X}$ は母平均 μ の一致推定量であり、不偏推定量であり、有効推定量であるという、非常に望ましい性質を持っているのです。

なお面白いことに、母集団分布を小さい自由度を持つ t 分布に変えてみると（例：$\nu = 3$）、標本平均よりも標本中央値の方が分散 $V\left[\hat{\theta}\right]$ が小さくなります（自由度 ν が限りなく大きくなるとき、t 分布は標準正規分布に近づくので、直前のシミュレーションは極めて自由度の大きな t 分布が母集団分布であったとみなしてもかまいません）。すなわちこの場合には、標本平均 $\bar{X}$ は母平均 μ の一致推定量・不偏推定量ではあっても、有効推定量（最小分散不偏推定量）ではないことになります。

```
## 設定と準備
n <- 20 # サンプルサイズ
iter <- 10000
nu <- 3 # 自由度
```

```
# 結果を格納するオブジェクト
sample_mean <- rep(0, each = iter)
sample_median <- rep(0, each = iter)

## シミュレーション
set.seed(123)
for (i in 1:iter) {
  tmp <- rt(n, nu) # t分布からの乱数生成
  sample_mean[i] <- mean(tmp)
  sample_median[i] <- median(tmp)
}

## 結果
var(sample_mean) # 標本平均の分散
```

出力
```
[1] 0.1504843
```

```
var(sample_median) # 中央値の分散
```

出力
```
[1] 0.089698
```

実践的な統計的分析で使われることが多い手法（例：母平均の区間推定、t 検定、分散分析）は、母集団分布が正規分布であることを仮定する場合があります。本章で解説したようにシミュレーションを行うことによって、母集団分布にさまざまな確率分布を仮定した場合の挙動を知ることができます。母集団分布が正規分布であるかどうかによってその後の推論が変わってしまう場合や、正規性の仮定からの逸脱に頑健な場合もあります。さまざまな設定を自分で変えてみて、シミュレーションを楽しんでください。

4.1.6　サンプルサイズと標本分布の関係

ここまでの解説では、サンプルサイズ n を固定して標本分布を作成するシミュレーションを行いました。ただし条件次第では、サンプルサイズによって標本分布がどのような確率分布になるかが変わる場合があります。以下では、標本統計量のうち標本平均 $\bar{X}$ を例に、サンプルサイズと標本分布の関係を解説します。

母集団分布は、母平均 $\mu = 0$ 、母分散 $\sigma^2 = 2$ の正規分布とします。正規分布の再生性の定理より（3.2.2項）、このとき標本平均の標本分布は、平均 $\mu = 0$ 、分散 $\frac{\sigma^2}{n} = \frac{2}{n}$ の正規分布になるのでした。

たとえサンプルサイズ n が小さくても、標本平均の標本分布（ヒストグラム）は平均 $\mu = 0$ 、分散 $\frac{2}{n}$ の正規分布（曲線）と類似しています。この性質は、4.2節で解説する母平均の区間推定など、さまざまな統計的分析において都合のよい性質になります。

```
## 設定と準備
mu <- 0 # 母平均
sigma <- sqrt(2) # 母標準偏差
n <- 4 # サンプルサイズ
iter <- 10000

# 結果を格納するオブジェクト
sample_mean <- rep(0, each = iter)

## シミュレーション
set.seed(123)
for (i in 1:iter) {
  sample_mean[i] <- rnorm(n, mu, sigma) |> mean()
}

## 結果
hist(sample_mean, breaks = 50, prob = TRUE, main = paste("n =", n))
line_x <- seq(min(sample_mean), max(sample_mean), length = 200)
lines(x = line_x, y = dnorm(line_x, mu, sigma / sqrt(n)), lwd = 2)

qqnorm(sample_mean, main = paste("n =", n))
qqline(sample_mean)
```

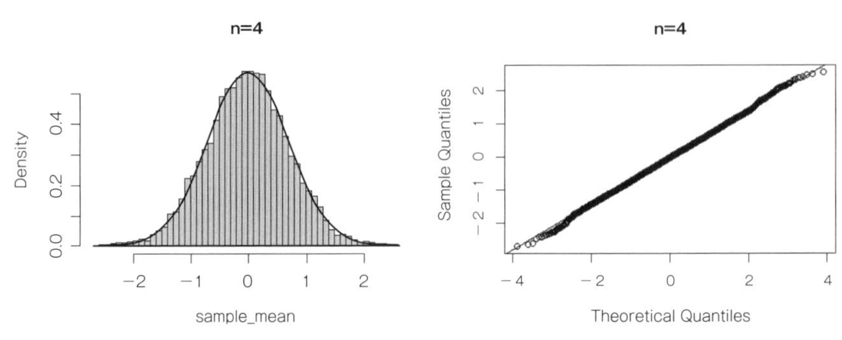

図 4.13 標本平均の標本分布とQ-Qプロット(母集団分布が正規分布でサンプルサイズが小さいとき)

次は母集団分布が、**平均が μ で分散が σ^2 の、正規分布以外の確率分布の場合**に、サンプルサイズと標本分布の関係をシミュレーションしてみましょう。ここでは母集団分布に t 分布を仮定します。t 分布のパラメータは自由度 ν ただ1つであり、ν が限りなく大きくなるとき、t 分布は標準正規分布に一致するのでした。よって自由度 ν が極めて大きいとき、サンプルサイズ n によらず標本平均の標本分布は正規分布でよく近似できるはずです。

一方、不偏性の項（4.1.4項）で例示したように、自由度 ν が小さい t 分布が母集団分布であり、サンプルサイズが $n = 20$ と小さいとき、標本平均 $\bar{X}$ は期待値（平均）が $E\left[\bar{X}\right] = \mu$ 、分散が $V\left[\bar{X}\right] = \frac{\sigma^2}{n}$ ではあっても、標本分布が正規分布で近似できませんでした。

サンプルサイズを変えてQ－Qプロットを描いてみると、母集団分布が自由度 $\nu = 4$ の t 分布のとき、サンプルサイズ n が4、10、100と大きくなるにつれて、たしかに標本平均の分位点（Y軸）は平均 $\mu = 0$ 、分散 $\frac{2}{n}$ の正規分布の理論的な分位点（X軸）に近づいています。

```
## 設定と準備
nu <- 4 # このとき、t分布の期待値は0、分散は2
mu <- 0 # 母平均
sigma <- sqrt(nu / (nu - 2)) # 母標準偏差
n <- 4 # サンプルサイズ
iter <- 10000
# 結果を格納するオブジェクト
sample_mean <- rep(0, each = iter)

## シミュレーション
set.seed(123)
```

```
for (i in 1:iter) {
  sample_mean[i] <- rt(n, nu) |> mean()
}

## 結果
hist(sample_mean, breaks = 50, prob = TRUE, main = paste("n =", n))
line_x <- seq(min(sample_mean), max(sample_mean), length = 200)
lines(x = line_x, y = dnorm(line_x, mu, sigma / sqrt(n)), lwd = 2)

qqnorm(sample_mean, main = paste("n =", n))
qqline(sample_mean)
```

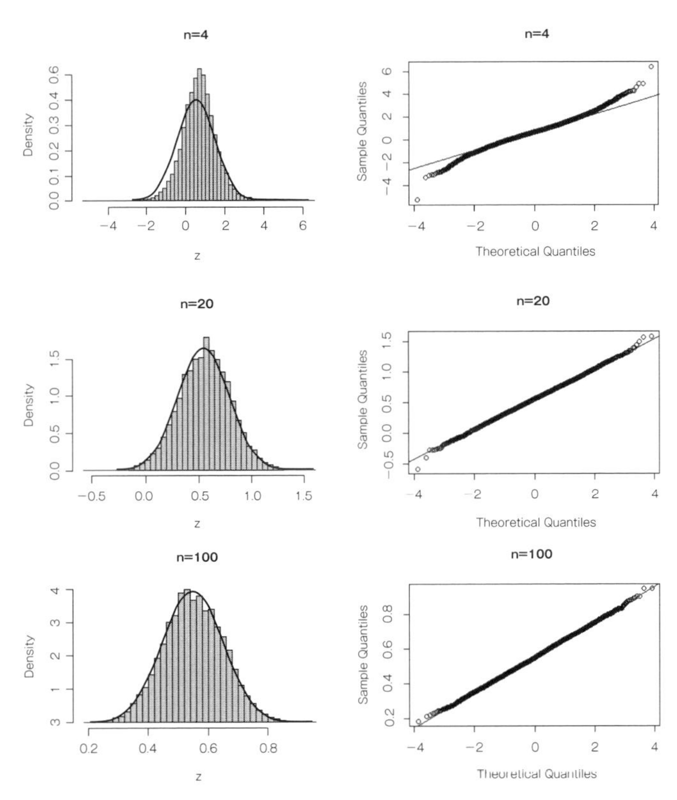

図 4.14 標本平均の標本分布と Q−Q プロット（母集団分布が、自由度の小さな t 分布のとき）

以上のような性質を**中心極限定理**（central limit theorem）と呼びます。

定 理 **中心極限定理**

平均が μ 、分散が σ^2 である母集団分布に従うi.i.d.の確率変数 $X_1, ..., X_n$ があるとき、サンプルサイズ n が大きくなるにつれて、標本平均 $\bar{X}$ の標本分布は平均 μ 、標準偏差（標準誤差） $\frac{\sigma}{\sqrt{n}}$ の正規分布に近づく。

より詳しくは、濱田（2019）※6や吉田（2012）※7などを参照してください。中心極限定理は、心理学実験などサンプルサイズが小さい場合がある研究においてよく利用される統計的分析とも密接な関係があります。

例えば t 検定では、標本平均 $\bar{X}$ を t 分布に従う統計量 T に変換することで、母平均に関する仮説を検証します。このとき、標本平均 $\bar{X}$ が正規分布に従う確率変数であること（つまり、標本平均 $\bar{X}$ の標本分布が正規分布であること）を仮定しています。

もし母集団分布が正規分布ならば、再生性の定理より、サンプルサイズが小さくても標本平均 $\bar{X}$ の標本分布は正規分布になるのでした。また、たとえ母集団分布がそれ以外の確率分布であったとしても※8、サンプルサイズが十分に大きければ、中心極限定理によって標本平均 $\bar{X}$ の標本分布は正規分布に近似します。よってこれらの場合は、少なくとも標本平均に関する t 分布の仮定は満たされていると考えることができます。

一方、サンプルサイズが小さい場合、標本平均の標本分布が正規分布であることを保証できません。よって、何らかの理由により母集団分布が正規分布であるという仮定を正当化できる場合を除き、サンプルサイズが小さいときには t 検定の結果にバイアスが生じる可能性があります。

他の統計的分析においても同様に、それぞれの分析がどのような仮定に立脚しているかを自覚し、その仮定が正しく満たされる条件を理解することは重要です。この点でもシミュレーションによる学習は利点があります。

※6 濱田悦生著・狩野裕編（2019）. データサイエンスの基礎 講談社
※7 吉田伸生著（2012）. 確率の基礎から統計へ 遊星社
※8 ただしコーシー分布のように中心極限定理が成り立たない例もあります。

4.2 母平均の信頼区間

標本は母集団の一部なので、一般的にサンプルサイズは母集団サイズより小さく、推定量 $\hat{\theta}$ から母数を「正確に知る」ことはできません。そこで母数を「推定する」のですが、$\mu = \bar{x}$ のように標本統計量の実現値を母数の推定値とすることを、**点推定**（point estimation）と呼ぶのでした。

しかしサンプルサイズが母集団サイズより小さい限り、**点推定は常に間違えます**。仮に母平均が $\mu = 0$ 、標本平均の実現値が $\bar{X} = 0.00000001$ とかなり近くても、$\mu = \bar{x}$ **ではありません**。試しに、「標準正規分布に従う10個の乱数から標本平均 $\bar{X}$ を求める」という作業を10,000回繰り返して、母平均 μ と一致した個数を計上してみると、やはり0でした。これはサンプルサイズをいくら大きくしても（母集団サイズに満たない限り）同じです。

```
## 設定と準備
mu <- 0 # 母平均
sigma <- 1 # 母標準偏差
n <- 10 # サンプルサイズ
iter <- 10000 # 標本平均の個数

# 結果を格納するオブジェクト
true_num <- 0 # 点推定値が母平均と一致した回数

## シミュレーション
set.seed(123)
for (i in 1:iter) {
  sample_mean <- rnorm(n, mu, sigma) |> mean()
  if (sample_mean == mu) {
    true_num <- true_num + 1
  }
}

## 結果
true_num / iter
```

出力
```
[1] 0
```

そこで母数を**区間推定**（interval estimation）することで、真偽の判定が可能な命題を考えましょう。仮に母平均が $\mu = 0$ なら、$1 \leq \mu \leq 2$ という命題は偽ですが、$-0.5 \leq \mu \leq 0.5$ という命題は真です[※9]。

いま、適当に「$\bar{X} - 0.5 \leq \mu \leq \bar{X} + 0.5$」という区間を定め、$\mu$ がこの区間内に含まれた割合を計上したところ、約89%の割合でこの命題は真となりました。

```
# 結果を格納するオブジェクト
true_num <- 0 # 点推定値が母平均と一致した回数
## シミュレーション
set.seed(123)
for (i in 1:iter) {
  sample_mean <- rnorm(n, mu, sigma) |> mean()
  if (sample_mean - 0.5 <= mu & mu <= sample_mean + 0.5) {
    true_num <- true_num + 1
  }
}

## 結果
true_num / iter
```

出力
```
[1] 0.8878
```

どうやら、点推定値の周囲に一定の区間を設定することで、母数に関して真偽の判定ができそうです。それではこの区間は、どのように定めればよいのでしょうか。

もちろん100%の確率で真となる区間を特定できれば嬉しいのですが、推定対象の母数が母平均 μ のとき、$-\infty < \mu < \infty$ という区間を考えることに等しいので、これでは母数について有益な情報が得られません。

そこで、100%ではないけれども高い確率で真となる、母数を含む区間を考えることにしましょう。慣例的にはこの確率を95%に設定した、**95%信頼区間**（95% confidence interval）を求めます。

4.2.1　母分散 σ^2 が既知の場合

いま、分析者は以下の3点に関して正しい知識があると仮定します。もちろん多くの場合に、分析者が1や2を正しく知っているとは考えにくいですが、ここではいっ

※9　ただし原則的に、分析者には真偽はわかりません。

たん受け入れることにしましょう。

1. 母分散 $\sigma^2 = 1$
2. 母集団分布が正規分布
3. サンプルサイズ $n = 10$

すると分析者は、標本平均の標本分布が、標準偏差が $\frac{\sigma}{\sqrt{n}} = \frac{1}{\sqrt{10}}$ の正規分布であることを仮定できます。あとはその標本分布がどの位置にあるか（すなわち平均に対応するパラメータ μ は何か）が関心となります。

標本平均の実現値 $\bar{x}$ が、標本平均という確率変数がとりうる値のうち、「観測されやすい値」ならば、標本分布の位置がどこであろうと、$\bar{x}$ は95%領域内（下図の灰色の領域内）に含まれていると仮定することになります。

するとどれだけ、仮定する標本分布の位置を右に動かしたとしても（すなわち、母平均 μ を大きな値と仮定したとしても）、95%領域の下限が標本平均の実現値 $\bar{x}$（下図の実線）を上回ってはならないことになります。これ以上右に動かすと、「標本平均の実現値 $\bar{x}$ は稀にしか観測されない値である」ことを仮定することになってしまうからです。このとき、分析者が想像する標本分布の平均は、図4.15右の破線の位置になります。

母平均 μ、母分散 σ^2 の正規分布に従うi.i.d.の確率変数 $X_1, ..., X_n$ から求めた標本平均 $\bar{X}$ は、平均 μ、分散 $\frac{\sigma^2}{n}$（標準偏差 $\frac{\sigma}{\sqrt{n}}$）の正規分布に従うのでした。3章で解説したように、正規分布は平均±1.96標準偏差の区間が全体の約95%を占めるので、右方向に動かせる標本分布の平均は、上限が以下の位置になります。

$$\bar{X} + 1.96\frac{\sigma}{\sqrt{n}}$$

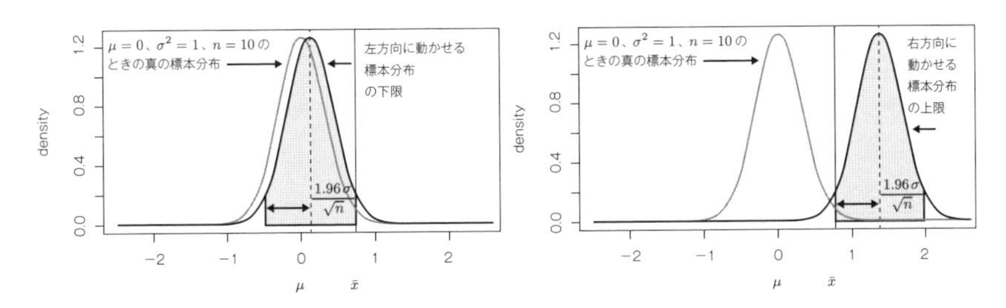

図4.15 標本平均の標本分布の、真の位置と、左右方向に動かせる限界の位置

同様に、どれだけ標本分布の位置を左に動かしたとしても（すなわち、母平均 μ を小さな値と仮定したとしても）、仮定される標本分布の位置は、95%領域の上限が

標本平均の実現値 $\bar{x}$（実線）を下回ってはならないことになります。このときの、想像上の標本分布の平均は以下の位置になります（図4.16左の破線）。

$$\bar{X} - 1.96\frac{\sigma}{\sqrt{n}}$$

これらの、標本分布を右方向や左方向に動かしたときの μ の位置（図4.16の破線で囲まれる区間）が、真の母平均 μ が95%の確率で含まれると期待される、95%信頼区間です。

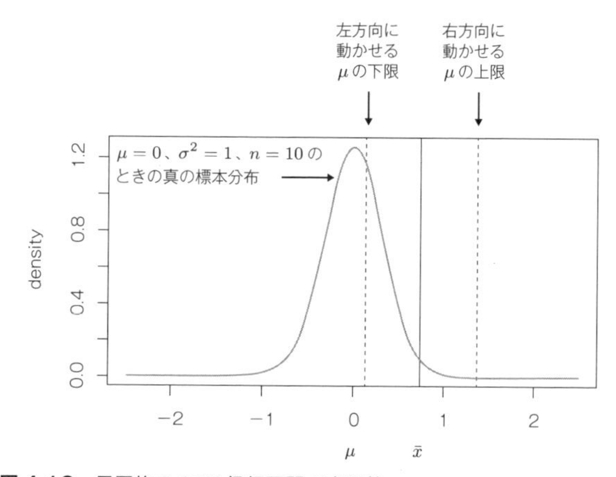

図4.16 母平均の95%信頼区間の実現値

数式で表すと、母平均 μ の95%信頼区間は以下の区間になります。

$$\bar{X} - 1.96\frac{\sigma}{\sqrt{n}} \leq \mu \leq \bar{X} + 1.96\frac{\sigma}{\sqrt{n}}$$

ここで注意が必要なのは、**標本平均 $\bar{X}$ は確率変数なので、95%信頼区間もまた確率変数**だということです。標本平均の実現値 $\bar{x}$ を得るたびに、信頼区間の実現値は変化します。そしてそのたびに、信頼区間が真の母平均 μ を含む（真）か否か（偽）も変化します。

図4.15や図4.16では標本平均の実現値が $\bar{X} = 0.75$ の場合を例示しました。このとき、95%信頼区間の実現値 $0.75 - 1.96\frac{1}{\sqrt{10}} \leq \mu \leq 0.75 + 1.96\frac{1}{\sqrt{10}}$ という命題は偽です（図の破線内に $\mu = 0$ が存在しないことに注目してください）[※10]。

※10 本書で解説する統計学の体系では、母数は確率変数ではないため、このように $\mu = 0$ ならば、たとえ何万回・何億回標本を得たとしても、$0.75 - 1.96\frac{1}{\sqrt{10}} \leq \mu \leq 0.75 + 1.96\frac{1}{\sqrt{10}}$ は常に偽です。95%の確率でこの区間内に「μ が出現する」わけではないことに注意してください。

しかしもし、より母平均 μ に近い標本平均の実現値が観測されたら、信頼区間内に母平均が含まれることもあるでしょう。標本平均は母平均の不偏推定量なので、平均的には母平均 μ に近い標本平均の実現値 $\bar{x}$ が観測されやすいはずです。その結果、信頼区間の実現値は多くの場合に母平均 μ を含むと期待されます。

ここでは分析者が $\sigma^2 = 1$ 、 $n = 10$ を知っている状況を仮定しているため、$\bar{X} - 1.96\frac{1}{\sqrt{10}} \leq \mu \leq \bar{X} + 1.96\frac{1}{\sqrt{10}}$ は本当に95%の確率で真となるかをシミュレーションで確かめてみましょう。

標本平均の実現値 $\bar{x}$ を10,000個生成し、それぞれから計算した信頼区間の実現値が母平均を含むか否かを調べてみると、たしかに全体の約95%において $\bar{X} - 1.96\frac{\sigma}{\sqrt{n}} \leq \mu \leq \bar{X} + 1.96\frac{\sigma}{\sqrt{n}}$ という命題は真となりました。

```
## 設定と準備
n <- 10
mu <- 0
sigma <- 1
se <- sigma / sqrt(n)
iter <- 10000

# 結果を格納するオブジェクト
sample_mean <- rep(0, each = iter)
true_num <- 0 # 信頼区間の実現値が母平均μを含んでいた回数

## シミュレーション
set.seed(123)
for (i in 1:iter) {
  sample_mean[i] <- rnorm(n) |> mean()

  if (sample_mean[i] - 1.96 * se <= mu &
      mu <= sample_mean[i] + 1.96 * se) {
    true_num <- true_num + 1
  }
}

## 結果
true_num / iter
```

出力
```
[1] 0.9515
```

生成した10,000個の標本平均から、ランダムに30個を非復元抽出して、それぞれの信頼区間の実現値を計算して可視化してみると、たしかに $30 \times 0.95 = 28.5$ 個程度の信頼区間の実現値が母平均 $\mu = 0$ を含んでいました。

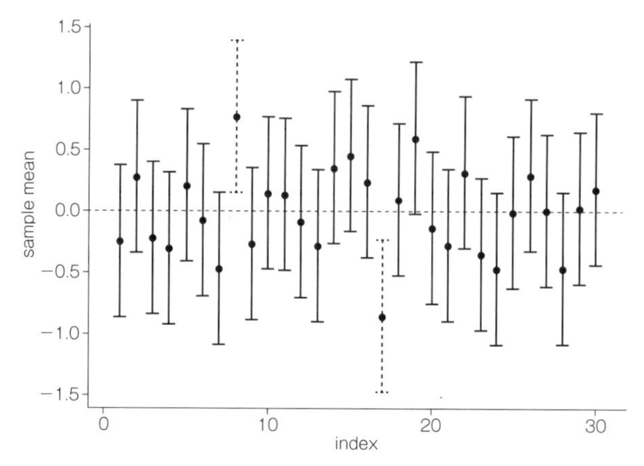

図 4.17 母平均の 95%信頼区間の実現値。母平均を含まない実現値を破線で表している。

サンプルサイズが母集団サイズに満たない限り、95%信頼区間の実現値が母数を含んでいるという判断は、必ず5%の確率で間違えます。サンプルサイズを10,000,000と非常に大きくしても、やはり約5%の割合で母平均を含まない信頼区間の実現値がありました（図4.18）。

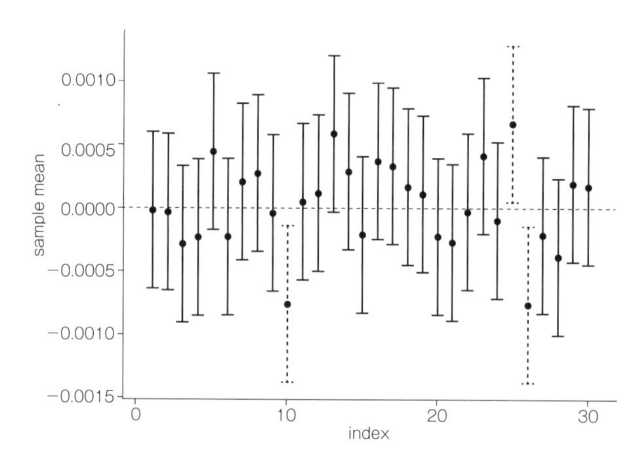

図 4.18 母平均の 95%信頼区間の実現値（サンプルサイズが大きいとき）。母平均を含まない実現値を破線で表している。

しかし、母数の点推定が必ず間違えることに比べると、95%信頼区間による区間推定は、母数に関して誤った真偽の判断を犯す確率を5%まで低下させられたと考えることができます。

4.2.2 母分散 σ^2 が未知の場合

現実のデータ分析では、母分散 σ^2 がわかっていることは稀です。そのため実践的には、何とかして標本平均 $\bar{X}$ を「母分散 σ^2 の情報を必要としない、何らかの確率分布に従う量」に変換する必要があります。

確率変数 $X_1, ..., X_n$ が、平均 μ 、分散 σ^2 の正規分布にi.i.d.に従うとき、標本平均 $\bar{X}$ を標準化した量 $\frac{\bar{X}-\mu}{\sqrt{\sigma^2/n}} = \frac{\bar{X}-\mu}{\sigma/\sqrt{n}}$ は、標準正規分布に従うのでした（3.3.2項）。すなわち、標準化された標本平均の標本分布は、標準正規分布です。

$$\frac{\bar{X} - \mu}{\sigma/\sqrt{n}} \sim \mathrm{Normal}\,(0, 1)$$

ここで、未知の母分散 σ^2 を不偏分散 U^2 で置き換えた量 $T = \frac{\bar{X}-\mu}{U/\sqrt{n}}$ は、自由度 $\nu = n - 1$ の t 分布に従う確率変数になります（理由は本節のコラムを参照）。つまり標本平均そのものの標本分布ではなく、統計量 T の標本分布が自由度 $n - 1$ の t 分布であることを利用して、母平均の区間推定を行います。

$$\frac{\bar{X} - \mu}{U/\sqrt{n}} \sim t\,(n - 1)$$

```
## 設定と準備
mu <- 30
sigma <- 3
n <- 10
iter <- 10000
# 結果を格納するオブジェクト
z <- rep(0, iter)
t <- rep(0, iter)

## シミュレーション
set.seed(123)
for (i in 1:iter) {
  rnd <- rnorm(n, mu, sigma)
```

```
  z[i] <- (mean(rnd) - mu) / (sigma / sqrt(n)) # 母分散が既知のとき
  t[i] <- (mean(rnd) - mu) / (sd(rnd) / sqrt(n)) # 母分散が未知のとき
}

## 結果
line_x <- seq(-4, 4, length = 200)
# 母分散が既知のとき
hist(z, breaks = 30, prob = TRUE)
lines(x = line_x, y = dnorm(line_x), lwd = 2)
# 母分散が未知のとき
hist(t, breaks = 30, prob = TRUE)
lines(x = line_x, y = dt(line_x, df = n - 2), lwd = 2)
```

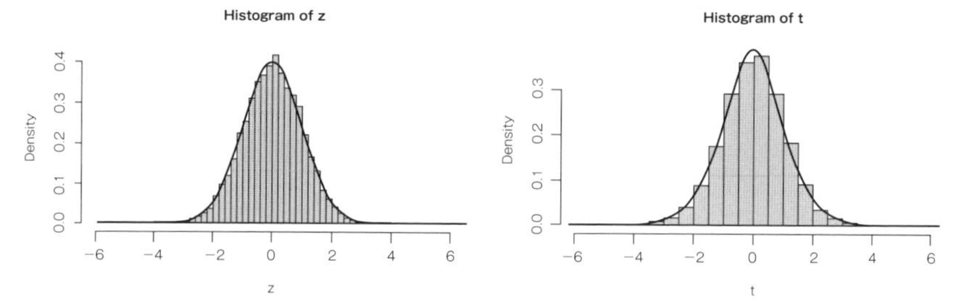

図4.19 標本平均を母平均と母分散で標準化した場合の標本分布（左）と、母平均と不偏分散で標準化した場合の標本分布（右）

COLUMN

母分散を必要としない統計量 T の導出

4.2.2項の冒頭で述べたように、一般的に現実のデータ分析では母分散 σ^2 は不明なので、母平均を区間推定する際に、標本平均 $\bar{X}$ を「母分散 σ^2 の情報を必要としない、何らかの確率分布に従う量」に変換する必要があります。

不偏分散 U^2 が母分散 σ^2 の不偏推定量であることの証明（嶋田・阿部（2017）などを参照）と同様の式変形を利用することで、

$$\frac{n-1}{\sigma^2}U^2 = \frac{1}{\sigma^2}\sum_{i=1}^{n}(X_i - \mu)^2 - \frac{1}{\sigma^2}n\left(\bar{X} - \mu\right)^2$$

であることが証明できます。もし確率変数 $X_1, ...X_n$ の母集団分布が正規分布なら、右辺第1項は「自由度 n の χ^2 分布に従う確率変数」[*11]、右辺第2項は「自由度1の χ^2 分布に従う確率変数」となるため[*12]、χ^2 分布の再生性の定理より（3.3.2項）、$\frac{n-1}{\sigma^2}U^2$ は自由度 $n-1$ の χ^2 分布に従う確率変数であることが導けます。

ここで、

- $\frac{\bar{X}-\mu}{\sigma/\sqrt{n}}$：標準正規分布に従う確率変数
- $\frac{n-1}{\sigma^2}U^2$：自由度 $n-1$ の χ^2 分布に従う確率変数

を利用すると、統計量 T の定義より（3.3.3項）、$T = \frac{\bar{X}-\mu}{U/\sqrt{n}}$ は自由度 $n-1$ の t 分布に従う確率変数となります。

$$\frac{\bar{X}-\mu}{\sigma/\sqrt{n}} \Big/ \sqrt{\frac{(n-1)U^2}{\sigma^2(n-1)}} = \frac{\bar{X}-\mu}{\sigma/\sqrt{n}} \cdot \frac{\sigma}{U} = \frac{\bar{X}-\mu}{U/\sqrt{n}}$$

このように不偏分散 U^2 を利用することで、未知の母分散 σ^2 を式から消し、かつ数学的に扱いやすい確率分布に従う統計量に変形することができました。

標本分布が正規分布の場合は平均±1.96標準偏差の区間が全体の約95%を占めましたが、t 分布の場合はそうとは限りません（特に、自由度 ν が小さい場合）。例えば、平均が0で標準偏差が $\sqrt{20/18}$ の、正規分布と t 分布の、平均±1.96標準偏差の区間が占める割合を近似的に求めてみると、それぞれ以下のようになりました。

```
nu <- 20 # t分布の自由度パラメータ
sigma <- sqrt(nu / (nu - 2)) # t分布の標準偏差
# 正規分布の場合
pnorm(q = 1.96 * sigma, mean = 0, sd = sigma) -
  pnorm(q = -1.96 * sigma, mean = 0, sd = sigma)
```

出力
```
[1] 0.9500042
```

※11 $\frac{1}{\sigma^2}\sum_{i=1}^{n}(X_i-\mu)^2 = \sum_{i=1}^{n}\frac{1}{\sigma^2}(X_i-\mu)^2 = \sum_{i=1}^{n}\left(\frac{X_i-\mu}{\sigma}\right)^2$ であり、n 個の標準正規分布に従う確率変数 $\frac{X_i-\mu}{\sigma}$ の平方和は、自由度 n の χ^2 分布に従う確率変数です（3.3.2項）。

※12 $\frac{1}{\sigma^2}n\left(\bar{X}-\mu\right)^2 = \left(\frac{\bar{X}-\mu}{\sigma/\sqrt{n}}\right)^2$ より、1つの標準正規分布に従う確率変数 $\frac{\bar{X}-\mu}{\sigma/\sqrt{n}}$ の2乗は、自由度1の χ^2 分布に従う確率変数です（3.3.2項）。

```
# t分布の場合
pt(q = 1.96 * sigma, df = nu) - pt(q = -1.96 * sigma, df = nu)
```

出力
```
[1] 0.947975
```

t 分布を利用する場合、母平均 μ を含む区間に関する命題が95%の確率で真となるのは、以下のときです（$T_{0.025}$は、t 分布の2.5パーセンタイル値を意味します）。

$$T_{0.025} \leq \frac{\bar{X} - \mu}{U/\sqrt{n}} \leq T_{0.975}$$

$T_{0.025} < 0 < T_{0.975}$であり、全体を符号反転すると不等号の向きが変わることに注意すると、以下のように変形できます。この区間が、母分散 σ^2 がわからないときの、母平均 μ の95%信頼区間です。

$$\Leftrightarrow \frac{U}{\sqrt{n}} T_{0.025} \leq \bar{X} - \mu \leq T_{0.975} \frac{U}{\sqrt{n}}$$

$$\Leftrightarrow -\frac{U}{\sqrt{n}} T_{0.025} \geq -\bar{X} + \mu \geq -T_{0.975} \frac{U}{\sqrt{n}}$$

$$\Leftrightarrow \bar{X} - T_{0.975} \frac{U}{\sqrt{n}} \leq \mu \leq \bar{X} - T_{0.025} \frac{U}{\sqrt{n}}$$

$-T_{0.025} = T_{0.975}$ より、以下のように読み替えても問題ありません。

$$\Leftrightarrow \bar{X} - T_{0.975} \frac{U}{\sqrt{n}} \leq \mu \leq \bar{X} + T_{0.975} \frac{U}{\sqrt{n}}$$

仮に以下のような、母平均 $\mu = 50$、母標準偏差 $\sigma = 10$の正規分布に従うデータがあるとき、

```
n <- 15
mu <- 50
sigma <- 10
set.seed(123)
rnd <- rnorm(n, mu, sigma)
mean(rnd) # 標本平均
```

出力
```
[1] 51.52384
```

```
sd(rnd) # 不偏分散の正の平方根
```

```
[1] 8.453394
```
出力

上述のように、$n = 15$ のとき統計量 T が従う t 分布の自由度は $\nu = n - 1 = 14$ なので、$T_{0.975} = 2.145$ より、母平均 μ の信頼区間の実現値は以下の区間になります。

```
# 信頼区間の下限の実現値
mean(rnd) - qt(0.975, df = n - 1) * (sd(rnd) / sqrt(n))
```

```
[1] 46.84251
```
出力

```
# 信頼区間の上限の実現値
mean(rnd) + qt(0.975, df = n - 1) * (sd(rnd) / sqrt(n))
```

```
[1] 56.20518
```
出力

Rではt.test()関数によって、母平均の95%信頼区間の実現値を求めることができますが、たしかに結果は一致しています。

```
t.test(rnd)
```

```
	One Sample t-test

data:  rnd
t = 23.606, df = 14, p-value = 1.125e-12
alternative hypothesis: true mean is not equal to 0
95 percent confidence interval:
 46.84251 56.20518
sample estimates:
mean of x
 51.52384
```
出力

標本平均の実現値 $\bar{x}$ を10,000個生成し、それぞれから計算した信頼区間の実現値が母平均を含むか否かを調べてみると、たしかに命題 $\bar{X} - T_{0.975}\frac{U}{\sqrt{n}} \leq \mu \leq \bar{X} + T_{0.975}\frac{U}{\sqrt{n}}$ は約95%の割合で真となりました。

```
## 設定と準備
n <- 15
mu <- 50
sigma <- 10
iter <- 10000
# 結果を格納するオブジェクト
true_num <- 0 # 信頼区間の実現値が母平均μを含んでいた回数

## シミュレーション
set.seed(123)
for (i in 1:iter) {
  rnd <- rnorm(n, mu, sigma)
  t <- (mean(rnd) - mu) / (sd(rnd) / sqrt(n))

  if (qt(p = 0.025, df = n - 1) <= t & t <= qt(p = 0.975, df = n - 1)) {
    true_num <- true_num + 1
  }
}

## 結果
true_num / iter
```

出力
```
[1] 0.9527
```

4.2.3 標本平均の区間推定における注意点

実際のデータ分析では、一般的に母分散 σ^2 はわからないため、母平均 μ の区間推定には t 分布を利用します。ただし以下の点に注意が必要です。

第一に、**標本平均 $\bar{X}$ を変換した量 $T = \frac{\bar{X}-\mu}{U/\sqrt{n}}$ が t 分布に従うためには、標本平均 $\bar{X}$ が正規分布に従う必要があります**。なぜなら、標本平均 $\bar{X}$ が平均 μ、分散 $\frac{\sigma^2}{n}$（標準偏差 $\frac{\sigma}{\sqrt{n}}$）の正規分布に従うとき、これらで標準化した $\frac{\bar{X}-\mu}{\sigma/\sqrt{n}}$ が標準正規分布に従うことを利用して、統計量 T が定義されたためです（4.2.2項のコラム参照）。

正規分布の再生性の定理や中心極限定理を思い出すと、母集団分布が正規分布のときや、サンプルサイズ n が大きいとき、標本平均 $\bar{X}$ は正規分布に従うのでした。4.1.4項で例示したように、母集団分布が正規分布ではなく（自由度 $\nu = 4$ の t 分布）、サンプルサイズが $n = 20$ と小さいとき、標本平均 $\bar{X}$ の標本分布は正規分布でよく近似できていませんでした。ということは、このときに $T = \frac{\bar{X}-\mu}{U/\sqrt{n}}$ は t 分布に従わないことになります。

すると、統計量 T の標本分布が t 分布で近似できると"思い込んで"、前節のように母平均の区間推定を行っても、その区間に95%の確率で母平均が含まれているとは限りません。そのことをシミュレーションで確かめてみましょう。

- 母集団分布が平均 $\mu = 0$ 、分散 $\sigma^2 = 2$ の正規分布のときの、信頼区間の実現値が母平均 μ を含む割合
  - このとき、標本平均を変換した統計量 T は、正しく t 分布に従う
- 母集団分布が自由度 $\nu = 4$ の t 分布のときの、信頼区間の実現値が母平均 μ を含む割合
  - このとき、標本平均を変換した統計量 T は、 t 分布に従うとは限らない

を比較してみます（どちらも、母平均は0、母分散は2です）。すると、母集団分布が自由度 $\nu = 4$ の t 分布でサンプルサイズが小さいとき（ $n = 20$ ）、$\bar{X} - T_{0.975}\frac{U}{\sqrt{n}} \leq \mu \leq \bar{X} + T_{0.975}\frac{U}{\sqrt{n}}$ という命題が真となる割合は約95.5%となり、95%を上回りました。つまり、標本平均を変換した統計量 T が t 分布に従うと"思い込んで"、母平均の95%信頼区間を求めたとき、その区間が母平均を含むと期待される確率を過小評価することになります。一方、比較対象として母集団分布が正規分布の場合も掲載しましたが、このときは95%信頼区間が母平均を含む割合は、正しく約95%となっています。

```
## 設定と準備
n <- 20 # サンプルサイズ
mu <- 0 # 母平均
nu <- 4 # 母集団分布であるt分布の自由度
sigma <- sqrt(nu / (nu - 2)) # 母標準偏差
iter <- 100000
# 結果を格納するオブジェクト
# 真の母集団分布が正規分布のとき、95%信頼区間が母平均を含んだ回数
true_num_normal <- 0
# 真の母集団分布がt分布のとき、95%信頼区間が母平均を含んだ回数
true_num_t <- 0
```

```
## シミュレーション
set.seed(123)
for (i in 1:iter) {
  rnd <- rnorm(n, mu, sigma)
  t <- (mean(rnd) - mu) / (sd(rnd) / sqrt(n))
  if (qt(p = 0.025, df = n - 1) <= t & t <= qt(p = 0.975, df = n - 1)) {
    true_num_normal <- true_num_normal + 1
  }

  rnd <- rt(n, df = nu)
  t <- (mean(rnd) - mu) / (sd(rnd) / sqrt(n))
  if (qt(p = 0.025, df = n - 1) <= t & t <= qt(p = 0.975, df = n - 1)) {
    true_num_t <- true_num_t + 1
  }
}

## 結果
# 母集団分布が正規分布のとき、95%信頼区間が母平均を含んだ割合
true_num_normal / iter
```

出力
```
[1] 0.95035
```

```
# 母集団分布がt分布のとき、95%信頼区間が母平均を含んだ割合
true_num_t / iter
```

出力
```
[1] 0.95507
```

別の例も試してみましょう。母集団分布が自由度 $\nu = 4$ の χ^2 分布だとすると (図4.20)、その期待値は $\nu = 4$ 、分散は $2\nu = 8$ になります。

```
curve(dchisq(x, df = 4), xlim = c(0, 30), ylab = "density")
```

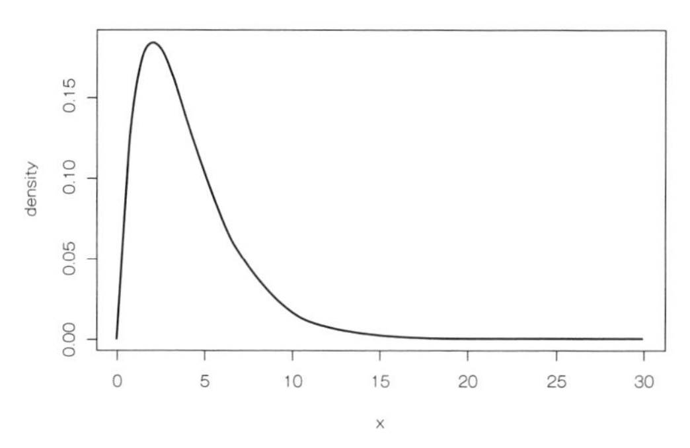

図 4.20 自由度 4 の χ^2 分布

このとき、$\bar{X} - T_{0.975}\frac{U}{\sqrt{n}} \leq \mu \leq \bar{X} + T_{0.975}\frac{U}{\sqrt{n}}$ という命題が真となる割合は約93%となり、95%を下回りました。つまりこの区間が母平均を含むと期待する確率を過大評価することになります。

```
## 設定と準備
n <- 20 # サンプルサイズ
gamma <- 4 # 母集団分布であるχ2分布の自由度
mu <- gamma # 母平均
iter <- 100000
# 結果を格納するオブジェクト
# 母集団分布がχ2分布のとき、95%信頼区間が母平均を含んだ回数
true_num_chi <- 0

## シミュレーション
set.seed(123)
for (i in 1:iter) {
  rnd <- rchisq(n, df = gamma)
  t <- (mean(rnd) - gamma) / (sd(rnd) / sqrt(n))

  if (qt(p = 0.025, df = n - 1) <= t & t <= qt(p = 0.975, df = n - 1)) {
    true_num_chi <- true_num_chi + 1
  }
}

## 結果
# 母集団分布がχ2分布のとき、95%信頼区間が母平均を含んだ割合
true_num_chi / iter
```

```
[1] 0.93271
```
出力

信頼区間は、5章で解説する帰無仮説検定とも密接な関係があります。母平均が含まれる確率の過小評価や過大評価は、帰無仮説検定における誤った推論にもつながる問題です。さまざまな統計的分析の結果だけに注目するのではなく、それらの分析がどのような仮定に基づいているかを自覚し、その仮定が満たされるかどうかを慎重に判断することが重要です。

4.3 相関係数の標本分布と信頼区間

4.3.1 標本相関係数 R の標本分布

信頼区間は、4.2節で解説した母平均 μ 以外にも、さまざまな母数に対して求める意義があります。本節では母相関係数 ρ の区間推定を解説します※13。4.1.4項で述べたように、標本相関係数 R は母相関係数 ρ の不偏推定量とは限りませんが、実践的には母相関係数の点推定値として標本相関係数を報告します。しかし点推定は常に偽となるうえ、相関係数は効果量の指標でもあるため、母相関係数 ρ の区間推定を行うことにはさまざまな利点があります。

相関係数を F 分布や t 分布に従う確率変数へ変換する

標本相関係数 R の標本分布の確率密度関数は複雑です。そこで数学的に扱いやすい確率分布と対応付けるために、2変量正規分布に従う確率変数から求められた標本相関係数 R を変換します。

R を以下の通り変換すると、$\rho = 0$ のとき、T は自由度 $n-2$ の t 分布に従う確率変数となります※14。

※13 本節の内容は、南風原(2002)や南風原(2014)に基づいています。これらの書籍は、本書の他節の内容とも密接に関係し、タイトルの通り統計学の屋台骨となる内容を丁寧に解説した本です。数式を用いた解説も多いため、難解な部分もありますが、心理学に限らずさまざまな分野で利用される統計学を学習するうえで、必読の本です。南風原 朝和(2002). 心理学統計の基礎統合的理解のために有斐閣、南風原 朝和(2014). 続・心理学統計の基礎 統合的理解を広げ深める有斐閣。

※14 なぜ相関係数 R を上式のように変換することで、t 分布に従う確率変数になるかは、回帰分析の観点から証明する必要があるため、南風原(2002)と南風原(2014)をともに参照してください。

$$T = \frac{R}{\sqrt{(1-R^2)/(n-2)}} = \frac{R}{\sqrt{1-R^2}}\sqrt{n-2}$$

母相関係数 ρ が-0.5、0、0.8の3通りのとき、標本相関係数 R から変換された T の標本分布を描いてみると、$\rho = 0$ のときのみ、ヒストグラムの形状がたしかに自由度 $n-2$ の t 分布の形状（曲線）と対応しています。

```
## 設定と準備
library(MASS)
rho <- -0.5 # 母相関係数
mu_vec <- c(0, 5) # 2変量の母平均ベクトル
sigma_vec <- c(10, 20) # 2変量の母標準偏差ベクトル
n <- 20 # サンプルサイズ
iter <- 10000
rho_matrix <- matrix(c(1, rho, rho, 1), nrow = length(sigma_vec))
# 結果を格納するオブジェクト
t <- rep(0, each = iter)

## シミュレーション
set.seed(123)
for (i in 1:iter) {
  dat_2norm <- MASS::mvrnorm(
    n = n,
    mu = mu_vec,
    Sigma = diag(sigma_vec) %*% rho_matrix %*% diag(sigma_vec)
  )
  r <- cor(dat_2norm)[1, 2] # 標本相関係数
  t[i] <- r / sqrt((1 - r^2) / (n - 2))
}

## 結果
hist(t, breaks = 50, prob = TRUE, main = paste("ρ = ", rho))
line_x <- seq(min(t), max(t), length = 200)
lines(x = line_x, y = dt(line_x, n - 2), lwd = 2)
```

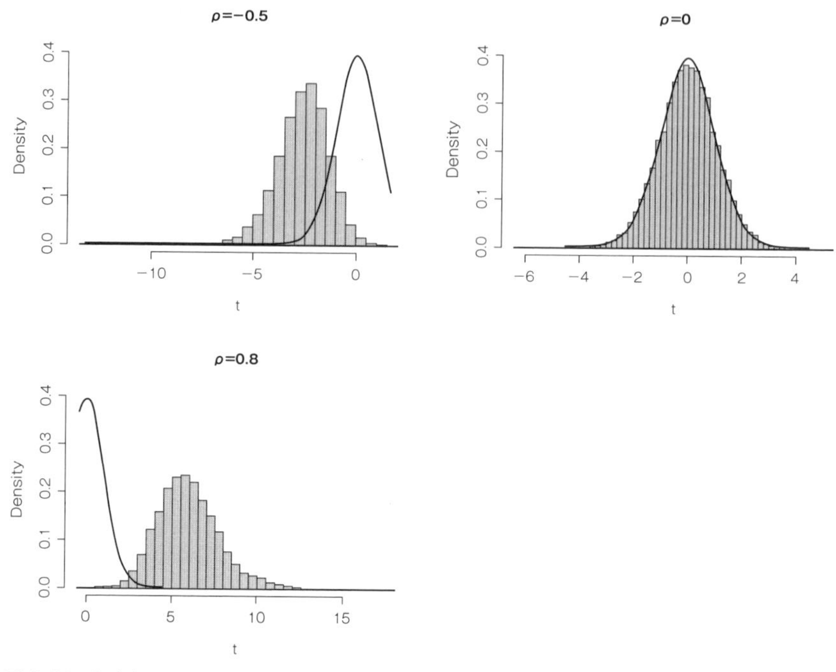

図4.21　標本相関係数 R を統計量 T に変換したときの標本分布

ただしこの変換では、$\rho \neq 0$ の場合に母相関係数 ρ の信頼区間を求められないので、$\rho \neq 0$ のときでも数学的に扱いやすい確率分布に従うような、標本相関係数 R を変換した量が必要となります。

FisherのZ変換（逆双曲線正接変換）

サンプルサイズ n が大きいとき、2変量正規分布に従う確率変数同士の相関係数 R を**Fisherの Z 変換**した量は、近似的に標準正規分布に従います。つまり母相関係数 ρ の信頼区間を**近似的に**求められるのです。Fisherの Z 変換は逆双曲線正接変換（$\tanh^{-1}$）を指し、Rではatanh()で求められます※15。

$$Z = \frac{1}{2}\log\left(\frac{1+R}{1-R}\right)$$

$-0.999 \leq R \leq 0.999$ の相関係数を逆双曲線正接変換した $\tanh^{-1}(R)$ がどのよ

※15　与えられた値を－1.0から1.0の範囲の実数に変換する関数が、双曲線正接関数です。例えば0.7は約0.604に、2は約0.964に変換されます。反対に、これらの戻り値を与えられると、元々の値を返す関数が逆双曲線正接関数です。例えば0.604は0.7に、0.96は2に変換されます。

うな値になるか可視化してみましょう（$R = \pm 1$ のとき、Z は ∞ や $-\infty$ になるため、可視化できません)。相関係数の絶対値が小さいときは逆双曲線正接変換後の数値はあまり変化していないように見えますが、相関係数の絶対値が大きくなるほど、変換後の値の絶対値も大きくなります。

```
r <- seq(-0.999, 0.999, by = 0.001)
z <- atanh(r)
plot(x = r, y = z)
abline(a = 0, b = 1) # y = xの直線（実線）
```

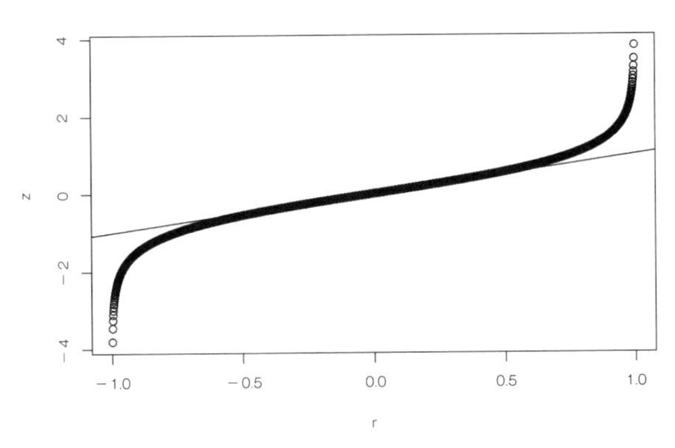

図 4.22 標本相関係数 R と、Fisher の Z 変換後の量の関係

ここで、母相関係数 ρ を以下のようにFisherの Z 変換した値を、η と呼ぶことにします。

$$\eta = \frac{1}{2}\log\left(\frac{1+\rho}{1-\rho}\right)$$

すると Z はサンプルサイズ n が大きいときに、平均 η、標準偏差 $\sqrt{\frac{1}{n-3}}$ の正規分布（ヒストグラムに重ねた曲線）に**近似的に**従います。サンプルサイズをさまざまに変化させて以下のコードを読者自身で実行してみてください。

```
## 設定と準備
library(MASS)
n <- 4 # サンプルサイズ
iter <- 10000
rho <- 0.5 # 母相関係数
mu_vec <- c(0, 5) # 2変量の母平均ベクトル
```

```
sigma_vec <- c(10, 20) # 2変量の母標準偏差ベクトル
rho_matrix <- matrix(c(1, rho, rho, 1),
                     nrow = length(sigma_vec)
)

# 結果を格納するオブジェクト
z <- rep(0, each = iter)

# シミュレーション
set.seed(123)
for (i in 1:iter) {
  dat_2norm <- MASS::mvrnorm(
    n = n,
    mu = mu_vec,
    Sigma = diag(sigma_vec) %*% rho_matrix %*% diag(sigma_vec)
  )
  z[i] <- cor(dat_2norm)[1, 2] |> atanh()
}

## 結果
hist(z, breaks = 50, prob = TRUE, main = paste("n =", n))
line_x <- seq(min(z), max(z), length = 200)
lines(x = line_x,
      y = dnorm(line_x,mean = atanh(rho), sd = sqrt(1 / (n - 3))),
      lwd = 2)

# 正規Q-Qプロット -------------
qqnorm(z, main = paste("n =", n))
qqline(z)
```

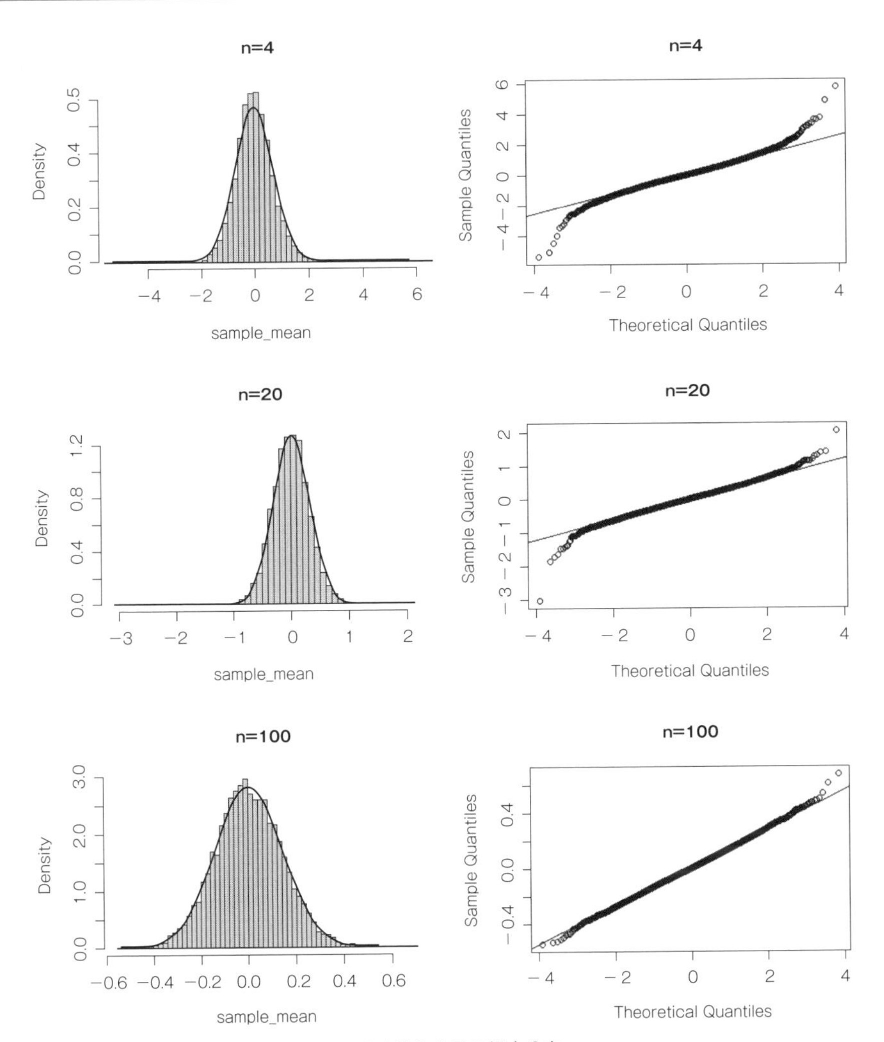

図 4.23 標本相関係数 R を Fisher の Z 変換した量の標本分布

サンプルサイズ n が大きいとき、$\frac{1}{\sqrt{n-3}} > 0$ より、以下の区間内に Z のとりうる値の約95%が含まれることになります（4.2節の、母平均の区間推定と同じ理屈です）。

$$Z - 1.96\frac{1}{\sqrt{n-3}} \leq \eta \leq Z + 1.96\frac{1}{\sqrt{n-3}}$$

これは母相関係数 ρ をFisherの Z 変換（逆双曲線正接変換）した η に関する信頼

区間なので、これを ρ に関する信頼区間に戻す必要があります。$x = (\sqrt{x})^2$ のように、ある関数の働きを打ち消すような関数を**逆関数**と呼び、逆双曲線正接変換関数は（その名の通り）双曲線正接変換関数の逆関数です。双曲線正接変換関数（tanh）は、Rではtanh()という関数で変換可能です。つまり $\rho = \tanh\left(\tanh^{-1}(\rho)\right)$ なので、以下が母相関係数 ρ の95%信頼区間の、Fisherの Z 変換による近似になります。

$$\tanh\left(Z - \frac{1.96}{\sqrt{n-3}}\right) \leq \rho \leq \tanh\left(Z + \frac{1.96}{\sqrt{n-3}}\right)$$

仮に $\rho = 0.5$、$n = 100$ で乱数を発生させてみたところ、たしかに約95%の割合で、上記区間に母相関係数 ρ が含まれていました。

```
library(MASS)
## 設定と準備
rho <- 0.5 # 母相関係数
eta <- atanh(rho) # FisherのZ変換

mu_vec <- c(0, 5) # 2変量の母平均ベクトル
sigma_vec <- c(10, 20) # 2変量の母標準偏差ベクトル

n <- 100 # サンプルサイズ
iter <- 20000

rho_matrix <- matrix(c(1, rho, rho, 1), nrow = length(sigma_vec))

# 結果を格納するオブジェクト
true_num <- 0

## シミュレーション
set.seed(123)
for (i in 1:iter) {
  dat_2norm <- MASS::mvrnorm(
    n = n,
    mu = mu_vec,
    Sigma = diag(sigma_vec) %*% rho_matrix %*% diag(sigma_vec)
  )
  r <- cor(dat_2norm)[1, 2] # 標本相関係数

  # 信頼区間の実現値の下限
  ci_lower <- tanh(atanh(r) - (1.96 / sqrt(n - 3)))
```

```
  # 信頼区間の実現値の上限
  ci_upper <- tanh(atanh(r) + (1.96 / sqrt(n - 3)))

  if (ci_lower <= rho & rho <= ci_upper) {
    true_num <- true_num + 1
  }
}
## 結果
true_num / iter # 信頼区間内に母相関係数が含まれる割合
```

出力
```
[1] 0.952
```

具体的なデータを用いて、母相関係数の信頼区間の実現値を計算してみましょう。Rにプリインストールされているdatasetsパッケージ内の、mtcarsという32種類の車のデータに関するデータセットを使用します（データセット内の各変数を詳しく知りたい場合は、?mtcarsとコンソールで入力してください）。

燃費を表すmtcars$mpgと、車両重量を表すwtcars$wtの間の母相関係数に関して、95%信頼区間の実現値を計算してみます。

```
r <- cor(mtcars$mpg, mtcars$wt) # 標本相関係数
n <- nrow(mtcars) # 標本サイズ
# 標準正規分布の97.5パーセンタイル値。約1.96と判明しているが、厳密に求める
z_0.975 <- qnorm(0.975, 0, 1)

# 信頼区間の下限
tanh(atanh(r) - (z_0.975 / sqrt(n - 3)))
```

出力
```
[1] -0.9338264
```

```
# 信頼区間の上限
tanh(atanh(r) + (z_0.975 / sqrt(n - 3)))
```

出力
```
[1] -0.7440872
```

実はFisherの z 変換による母相関係数 ρ の95%信頼区間は、cor.test()関数でデフォルトで表示されます。たしかに、上で計算した値と一致しています。

```
cor.test(mtcar$mpg, mtcars$wt)
```

出力

```
	Pearson's product-moment correlation

data:  mtcars$mpg and mtcars$wt
t = -9.559, df = 30, p-value = 1.294e-10
alternative hypothesis: true correlation is not equal to 0
95 percent confidence interval:
 -0.9338264 -0.7440872
sample estimates:
       cor
-0.8676594
```

母相関係数の信頼区間は、取得すべきデータ数を研究実施前に決定する「サンプルサイズ設計」にも利用できるので（南風原, 1986）[※16]、実用的に計算する機会が多いです。

なお上記のようなFisherの Z 変換を利用した信頼区間の計算は、標本が2変量正規分布から生成されたことを仮定しています。しかしこの仮定が満たされないとき（例：一方の変数が0か1の値しかとらない場合や、標本が正規分布ではない2変量の確率分布に従う場合）、たとえサンプルサイズ n が大きくても、Fisherの Z 変換後の相関係数は、図4.24のように正規分布（曲線）で近似できません。

以下のシミュレーションでは、母集団分布として自由度 $\nu = 4$ の2変量 t 分布を設定しています[※17]。2変量 t 分布に従う乱数を生成するためには、別途LaplacesDemonというパッケージをインストールする必要があります。

```
## 設定と準備
# 未インストールの場合は事前に実行する
install.packages("LaplacesDemon")
library(LaplacesDemon)
rho <- 0.5 # 母相関係数
mu_vec <- c(0, 5) # 2変量の母平均ベクトル
sigma_vec <- c(10, 20) # 2変量の母標準偏差ベクトル
nu <- 4
rho_matrix <- matrix(c(1, rho, rho, 1),
                     nrow = length(sigma_vec)
```

※16　南風原 朝和（1986）. 相関係数を用いる研究において被験者数を決めるための簡便な表 教育心理学研究, 34（2）, 155-158.

※17　2変量正規分布の「t 分布版」だと想定してください。

```
)

n <- 1000 # サンプルサイズ
iter <- 10000

# 結果を格納するオブジェクト
z <- rep(0, each = iter)

## シミュレーション
set.seed(123)
for (i in 1:iter) {
  dat_2t <- LaplacesDemon::rmvt(
    n = n,
    mu = mu_vec,
    S = diag(sigma_vec) %*% rho_matrix %*% diag(sigma_vec),
    df = nu
  )
  z[i] <- cor(dat_2t)[1, 2] |> atanh()
}

## 結果
hist(z, breaks = 50, prob = TRUE, main = paste("n =", n), ylim = c(0, 13))
line_x <- seq(min(z), max(z), length = 200)
lines(x = line_x, y = dnorm(line_x, mean = atanh(rho), sd = sqrt(1 / (n - 3))),
lwd = 2)

# 正規Q-Qプロット -------------
qqnorm(z, main = paste("n =", n))
qqline(z)
```

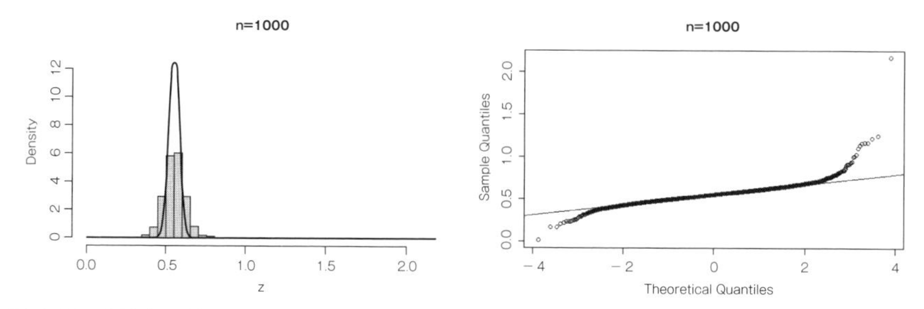

図 4.24 標本相関係数 R を Fisher の Z 変換した量の標本分布（母集団分布が 2 変量 t 分布のとき）

Rにデフォルトで実装されているcor.test()関数が返す信頼区間のように、Fisherの Z 変換を利用した母相関係数の信頼区間を報告する場合は、確率変数が2変量正規分布に従うという仮定が重要なことがわかります。

4.3.2 非心 t 分布を用いた母相関係数の信頼区間

2変量正規分布の仮定が満たされなくても、「一方の変数の値によらず、他方の変数の値が、分散の等しい正規分布に従って分布している」と仮定できるなら、**非心 t 分布**（noncentric t-distribution）を用いた母相関係数の信頼区間を計算できます。これは回帰分析における仮定と同じで、図示すると次のようになります。

図4.25のようなデータが得られ、X の値が1, 2, 3, 4, 5のときのデータのみ黒点で表されているとします（わかりやすさのため、やや誇張した表現になっていることに注意してください）。どの黒点の分布も、回帰直線を中心として同程度に上下にばらついているように見えます。実際にはこれらの黒点の分布は、いずれも回帰直線上の点を平均とし、標準偏差2の正規分布に従うように分布しています。

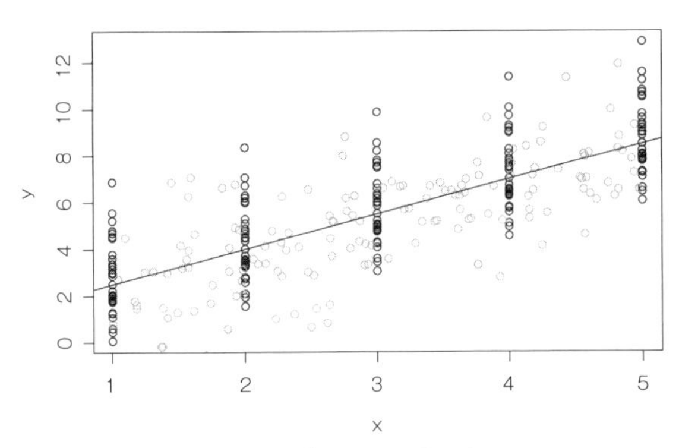

図4.25 回帰分析の仮定を満たすサンプルデータ

単回帰分析のとき、標準化回帰係数は相関係数に一致するため、回帰分析におけるこの仮定は、相関係数においても適用可能なはずです。この仮定が満たされるとき、4.3.1項で変換した以下の量は、自由度 $n-2$、非心度 $\lambda = \frac{\rho}{\sqrt{(1-\rho^2)/n}} = \frac{\rho}{\sqrt{1-\rho^2}}\sqrt{n}$ の**非心 t 分布**に従います（南風原, 2014）。

$$T = \frac{R}{\sqrt{(1-R^2)/(n-2)}} = \frac{R}{\sqrt{1-R^2}}\sqrt{n-2}$$

非心度（noncentrality parameter）とは、母数と、母数に関する研究者の仮説が一致しないことに由来するずれを指します。5章以降では、この研究者の仮説を**帰無仮説**（null hypothesis）と呼びます。

本書で何度も登場した χ^2 分布や t 分布、そしてこれらと密接な関係がある F 分布（3.2節を参照）は、非心度 $\lambda \neq 0$ のとき、それぞれ非心 χ^2 分布、非心 t 分布、非心 F 分布へ拡張できます（逆にいえば通常の分布は、非心度 $\lambda = 0$ のときの特殊な場合です）。非心度や非心分布については6章で詳しく解説するので、ここでは上記の統計量が非心 t 分布に従うということを、ひとまず受け入れてください。

4.3.1項で、$\rho \neq 0$ のときに T の標本分布が自由度 $n-2$ の t 分布で近似できなかったのは、非心度を $\lambda = 0$ としていたことが原因なのです。そこで4.3.1項と同じコードを実行して、T の標本分布に重ね合わせる曲線を、自由度 $n-2$ の非心 t 分布に変更してみましょう（最終行で、ncpという非心度を表す引数を新たに指定していることに注目してください）。すると、$\rho \neq 0$ の場合でも、たしかに曲線はヒストグラムの形状に対応しているように見えます。

```
## 設定と準備
library(MASS)
rho <- -0.5 # 母相関係数ρ
mu_vec <- c(0, 5) # 2変量の母平均ベクトル
sigma_vec <- c(10, 20) # 2変量の母標準偏差ベクトル
rho_matrix <- matrix(c(1, rho, rho, 1), nrow = length(sigma_vec))

n <- 20 # サンプルサイズ
iter <- 10000

# 結果を格納するオブジェクト
t <- rep(0, each = iter)

## シミュレーション
set.seed(123)
for (i in 1:iter) {
  dat_2norm <- MASS::mvrnorm(
    n = n,
    mu = mu_vec,
    Sigma = diag(sigma_vec) %*% rho_matrix %*% diag(sigma_vec)
  )
  r <- cor(dat_2norm)[1, 2] # 標本相関係数
  t[i] <- r / sqrt((1 - r^2) / (n - 2))
}
```

```
## 結果
hist(t, breaks = 50, prob = TRUE, main = paste("ρ = ", rho))
line_x <- seq(min(t), max(t), length = 200)
lines(x = line_x,
      y = dt(line_x, df = n - 2, ncp = rho / sqrt((1 - rho^2) / n)),
      lwd = 2)
```

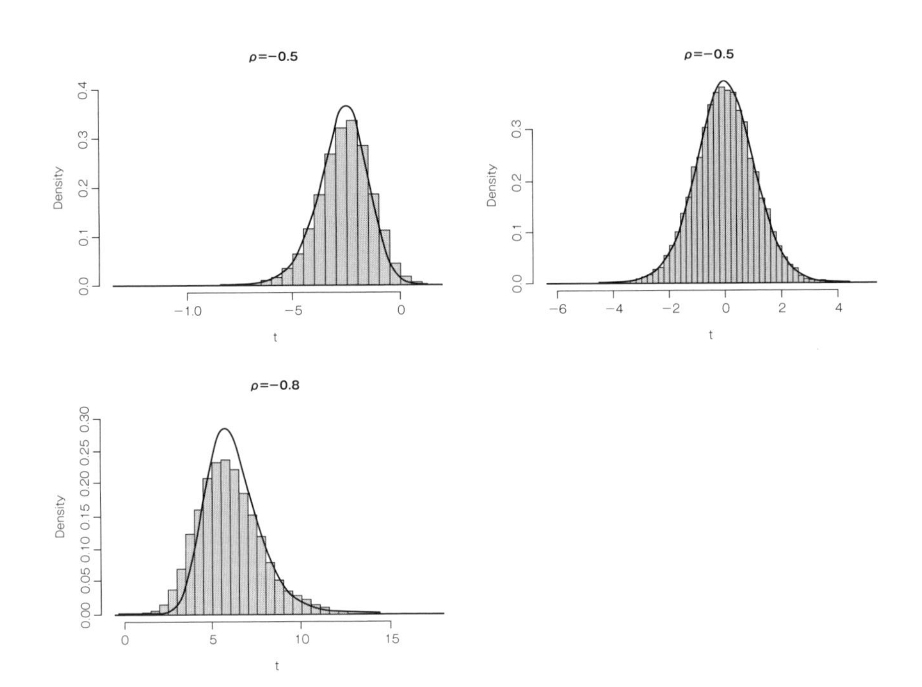

図 4.26 標本相関係数 R を統計量 T に変換したときの標本分布（非心 t 分布を曲線で表している）

これで母相関係数によらず、また2変量正規分布の仮定よりも弱い仮定の下で、標本相関係数を変換した統計量 t が従う確率分布が判明しました。非心度パラメータ $\lambda=\frac{\rho}{\sqrt{1-\rho^2}}\sqrt{n}$ を変形すると $\rho=\frac{\lambda}{\sqrt{n+\lambda^2}}$ になるので[※18]、非心度 λ の信頼区間を求めることが、母相関係数 ρ の信頼区間を求められることにつながります。

非心度 λ は、おおまかには非心 t 分布のピーク付近の位置に対応します。よって非心度 λ が大きくなるほど非心 t 分布は右方向に移動します。

※18 両辺を2乗して逆数をとると（$\frac{1}{\lambda^2}=\frac{1-\rho^2}{n\rho^2}$）、その後の変形がやりやすくなります。

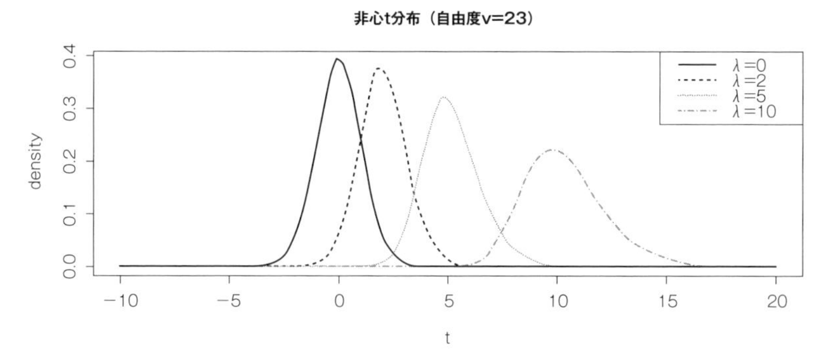

図 4.27 さまざまな非心度の非心 t 分布

どれだけ非心度が大きくなり非心 t 分布が右側に移動したとしても、T の実現値が非心 t 分布の2.5パーセンタイル値を下回らないようにします(図4.28右)。同様に、非心度が小さくなり非心 t 分布が左側に移動したとしても、T の実現値が、非心 t 分布の97.5パーセンタイル値を上回らないようにします（図4.28左)。これによって、非心度 λ の95%信頼区間の上限と下限が推定できます。

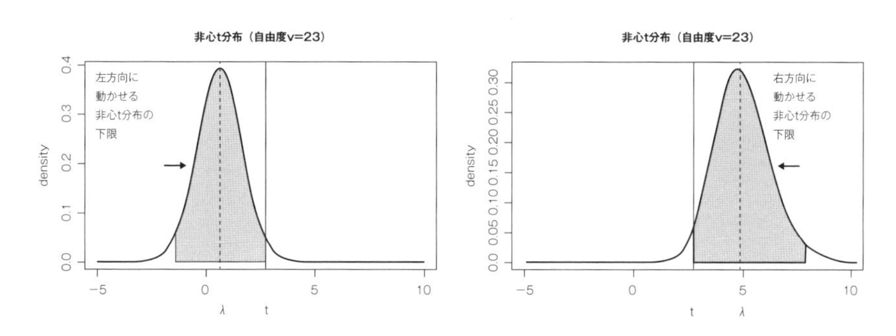

図 4.28 非心度 λ の 95%信頼区間の実現値

$\rho = \frac{\lambda}{\sqrt{n+\lambda^2}}$ より、λ の信頼区間の上限と下限に対応する ρ が求められます。これが、非心 t 分布を用いた母相関係数 ρ の95%信頼区間です。

非心度 λ を推定するには、実践的にはRのパッケージを用いるのがおすすめです。ここでは効率が良いとはいえませんが簡便に実装可能な方法でシミュレーションしてみます。例えば ρ の信頼区間の上限を求める場合、非心度を大きくして非心 t 分布を右方向に動かしていき、「統計量 T の実現値が、ある非心度 λ の非心 t 分布の2.5パーセンタイル値を下回ったら、非心度の変化を停止させる」ようなシミュレーションを行うことになります。そのときの非心度が、λ の信頼区間の上限です。

非心度 λ はおおまかには非心 t 分布のピークの位置に対応するので、$T_{0.025} < \lambda < T_{0.975}$ になります。よって非心度 λ の初期値を「統計量 T の実現値」にして（図4.28で、実線と破線の垂直線が重なるようにするということ）、少しずつ λ を**大きく**していけば、いつかは非心度 λ の信頼区間の上限に到達できるはずです。

```
r <- 0.5 # 標本相関係数の実現値
n <- 25 # サンプルサイズ
nu <- n - 2 # 自由度
t <- (r * sqrt(nu)) / sqrt(1 - r^2) # Tの実現値

lambda_upper <- t # 非心度の初期値
while (TRUE) {
  if (t < qt(p = 0.025, df = nu, ncp = lambda_upper)) {
    break
  }
  # 非心度を1/1000ずつ大きくする
  lambda_upper <- lambda_upper + (1 / 1000)
}

# 非心度λの信頼区間の上限
lambda_upper
```

```
[1] "非心度λの信頼区間の上限 = 4.8589"
```
出力

```
# 母相関係数ρの信頼区間の上限
lambda_upper / sqrt(n + lambda_upper^2)
```

```
[1] "母相関係数ρの信頼区間の上限 = 0.6969"
```
出力

反対に ρ の信頼区間の下限を求めたい場合は、非心度 λ の初期値を「統計量 T の実現値」にして、少しずつ λ を**小さく**していけば、いつかは非心度 λ の信頼区間の下限に到達できる、ということになります。

```
lambda_lower <- t # 非心度の初期値
while (TRUE) {
  if (t > qt(p = 0.975, df = nu, ncp = lambda_lower)) {
    break
```

```
  }
  # 非心度を1/1000ずつ小さくする
  lambda_lower <- lambda_lower - (1 / 1000)
}

# 非心度λの信頼区間の下限
lambda_lower
```

```
[1] "非心度λの信頼区間の下限 = 0.6269"
```
出力

```
# 母相関係数ρの信頼区間の下限
lambda_lower / sqrt(n + lambda_lower^2)
```

```
[1] "母相関係数ρの信頼区間の下限 = 0.1244"
```
出力

「一方の変数の値によらず、他方の変数の値が、分散の等しい正規分布に従って分布している」という回帰分析の仮定を満たすサンプルデータを生成して、非心 t 分布を利用して計算した信頼区間が、母相関係数 ρ を95%の確率で含むことを確認してみましょう。

図4.29のように、確率変数 X は0か1の値しかとらないものとします。$X=0$ と $X=1$ それぞれのとき、もう一方の確率変数 Y は分散 $\sigma^2=1$ の正規分布に従う確率変数として設定しています。

細かな説明は省略しますが、以下のように回帰分析を用いて生成したサンプルデータだと考えてください。

- 変数 X ：$\theta=0.5$ のベルヌーイ分布に従う確率変数
- 変数 Y ：平均 $\mu=2+0.5X$ 、分散 $\sigma^2=1$ の正規分布に従う確率変数

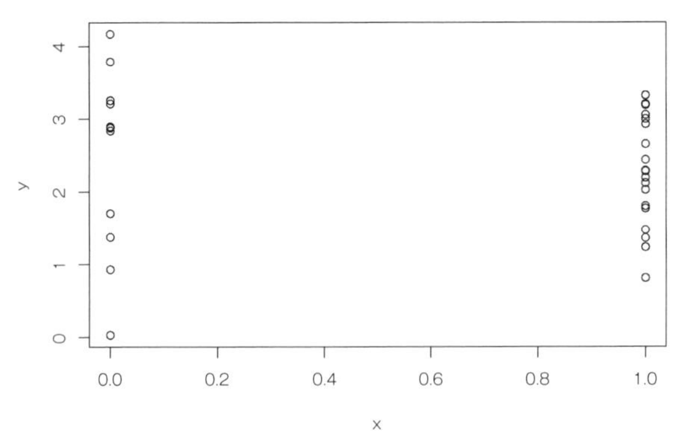

図 4.29 X が 0 か 1 の値しかとらないときの、回帰分析の仮定を満たすサンプルデータ

このベルヌーイ分布に従う確率変数の分散は $V[X] = \theta(1-\theta) = 0.25$ であることから、これら2変数間の母相関係数 ρ は $0.5 \times \sqrt{\frac{0.25}{1}} = 0.25$ です※19。

非心 t 分布を利用して母相関係数 ρ の信頼区間を求め、ρ が95%の割合で含まれるかどうかを確かめてみましょう。なお上述の非心度 λ を求めるシミュレーションは推定効率が悪いので、以下のコードではMBESSパッケージを利用しています（それでも実行に時間がかかるので注意してください）。

シミュレーションの結果、2変数が2変量正規分布に従っていない場合でも、回帰分析の仮定が満たされているなら、たしかに約95%の割合で信頼区間の実現値が母相関係数 ρ の真値を含んでいました。

```
## 設定と準備
# install.packages("MBESS") # 未インストールの場合は事前に実行する
library(MBESS)

n <- 30 # サンプルサイズ
nu <- n - 2 # 自由度
alpha <- 2 # 変数Yを生成するための、切片
b <- 0.5 # 変数Yを生成するための、単回帰係数
theta <- 0.5 # 変数Xが従うベルヌーイ分布のパラメータ
sigma_x <- (theta * (1 - theta)) |> sqrt() # 変数Xの母標準偏差
sigma_y <- 1 # 変数Yの母標準偏差
rho <- b * sigma_x / sigma_y # 母相関係数
```

※19　単回帰係数を β、各変数の分散を σ_X^2, σ_Y^2 としたとき、$\rho = \beta\sqrt{\sigma_X^2/\sigma_Y^2}$ より。

```
iter <- 10000

# 結果を格納するオブジェクト
true_num <- 0 # 信頼区間内に母相関係数が含まれた回数

## シミュレーション
set.seed(123)
for (i in 1:iter) {
  x <- rbinom(n, size = 1, prob = theta) # 変数Xの生成
  y <- a + b * x + rnorm(n, 0, sigma_y) # 変数Yの生成
  r <- cor(x, y) # 標本相関係数Rの実現値

  t <- (r * sqrt(nu)) / sqrt(1 - r^2) # Tの実現値
  # MBESSパッケージで非心度を推定
  lambda <- MBESS::conf.limits.nct(ncp = t, df = nu, conf.level = .95)
  # 非心度の信頼区間の上限
  lambda_upper <- lambda$Upper.Limit
  # 母相関係数の信頼区間の上限
  rho_upper <- lambda_upper / sqrt(n + lambda_upper^2)
  # 非心度の信頼区間の下限
  lambda_lower <- lambda$Lower.Limit
  # 母相関係数の信頼区間の下限
  rho_lower <- lambda_lower / sqrt(n + lambda_lower^2)

  if (rho >= rho_lower & rho <= rho_upper) {
    true_num <- true_num + 1
  }
}

## 結果
true_num / iter
```

出力

```
[1] 0.9522
```

4.3.3 ブートストラップ法を用いた母相関係数の信頼区間

ここまで、2変量正規分布の仮定や、それよりも弱い回帰分析の仮定の下で、母相関係数 ρ の信頼区間を推定する方法を紹介してきました。最後に、**ブートストラップ法**（bootstrap method）による信頼区間の計算を紹介します。これは標本相関係数

のように、標本分布が数学的に扱いやすい確率密度関数を持たない量に対して、有効な選択肢の1つになります。

ブートストラップ法には、**パラメトリック・ブートストラップ法**（parametric bootstrap method）や**ノンパラメトリック・ブートストラップ法**（nonparametric bootstrap method）など複数の方法がありますが、本書では一般的な、ノンパラメトリック・ブートストラップ法を解説します。なお実践的にはbootパッケージなど、さまざまな外部パッケージを利用することが便利ですが、本書ではブートストラップ法を読者自身で実装することを通じて理解を深めることを目指します。

ノンパラメトリック・ブートストラップ法

ここまで解説してきた信頼区間の計算には、母集団分布に関する仮定が必要でした（例えばFisherの Z 変換による信頼区間の計算における、2変量正規分布の仮定）。しかし実践的な統計分析の文脈では、母集団分布について明確な仮定を置けない場合もあります。そのようなときでも、"なんとかして"母数について推論を行いたいとき、ノンパラメトリック・ブートストラップ法は選択肢の1つになります。

ノンパラメトリック・ブートストラップ法では、サンプルサイズ n の標本の実現値 $x_1, ..., x_n$ から、n 個の実現値を**復元抽出**することで、あたかも標本の実現値を母集団かのようにみなし、「確率変数のとりうる値が $x_1, ..., x_n$ であったときの、無作為抽出された標本」を得ます。このとき、$x_1, ..., x_n$ のすべての実現値がそれぞれ等しく選ばれるようにします。この手続きを**標本の再抽出**（resampling）と呼び、再抽出された標本を**ブートストラップ標本**（bootstrap sample）と呼びます。仮に標本内のすべての実現値が異なる値であったとしても、復元抽出の結果、あるブートストラップ標本内に同じ実現値が重複することもあります。それでも問題ありません。具体的例を図示すると図4.30のようになります。

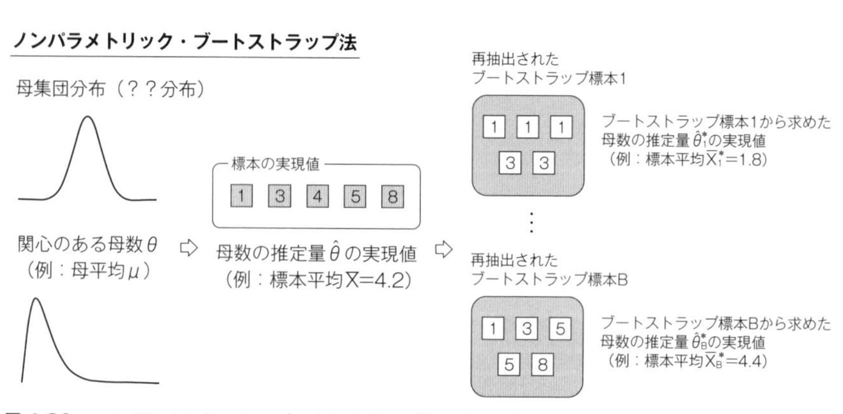

図4.30 ノンパラメトリック・ブートストラップ法のイメージ

ブートストラップ標本の数を B で表したとき、B 個それぞれのブートストラップ標本から、母数の推定量の実現値を求め、これらの集合で母数を推定しようとするのが、ブートストラップ法の発想です。

ノンパラメトリック・ブートストラップ法を実装してみましょう。まずは標本のデータを生成します。母相関係数 $\rho = 0.5$ の2変量正規分布に従う乱数を $n = 30$ 個生成したところ、標本相関係数の実現値 $r \approx 0.65$ でした。

```
library(MASS)
boot_correlation <- function(n, rho, empirical) {
  mu_vec <- c(0, 5) # 2変量の母平均ベクトル
  sigma_vec <- c(10, 20) # 2変量の母標準偏差ベクトル

  rho_matrix <- matrix(
    c(
      1, rho,
      rho, 1
    ),
    nrow = length(sigma_vec)
  )

  dat_2norm <- MASS::mvrnorm(
    n = n,
    mu = mu_vec,
    Sigma = diag(sigma_vec) %*% rho_matrix %*% diag(sigma_vec),
    empirical = empirical # TRUEならρとrが一致する（3.4節を参照）
  )

  # 2変量正規乱数 -------------
  return(
    list(
      data = dat_2norm,
      correlation = cor(dat_2norm)[1, 2]
    )
  )
}


rho <- 0.5 # 母相関係数
n <- 30 # サンプルサイズ
set.seed(123)
```

```
cor_nboot <- boot_correlation(n = n, rho = rho, empirical = FALSE)
cor_nboot$correlation
```

```
[1] 0.6502957
```
出力

この標本から再抽出を行い、ノンパラメトリック・ブートストラップ法による信頼区間を求めましょう。

サイズ n のデータから n 個を復元抽出するには、3.1節で学習したsample()を利用します。$1, ..., n$ という数列から、n 個の数値を復元抽出することで、n 行のデータセットから抽出するべき行番号を決定します。

```
## 設定と準備
dat_obs <- cor_nboot$data
B <- 2000 # ブートストラップ標本数

# 結果を格納するオブジェクト
boot_r <- rep(0, each = B)

## シミュレーション
set.seed(123)
for (i in 1:B) {
  # 1, 2, ..., n（dat_obsの行数）の数列から、n個を復元抽出
  row_num <- sample(1:nrow(dat_obs),
                    size = nrow(dat_obs),
                    replace = TRUE)
  # row_numに合致する行番号を抽出
  resampled_data <- dat_obs[row_num, ]
  # ブートストラップ標本から、標本相関係数の実現値を求める
  boot_r[i] <- cor(resampled_data)[1, 2]
}
```

それぞれのブートストラップ標本から計算した、標本相関係数の実現値の集合を可視化してみると、図4.31のようになりました。これらの平均は（垂直線の位置）、標本 $X_1, ..., X_n$ から計算された標本相関係数の実現値 $r \approx 0.65$ とほぼ同じになっています。

```
## 結果
hist(boot_r, breaks = 30)
abline(v = cor_nboot$correlation, lwd = 3)
mean(boot_r)
```

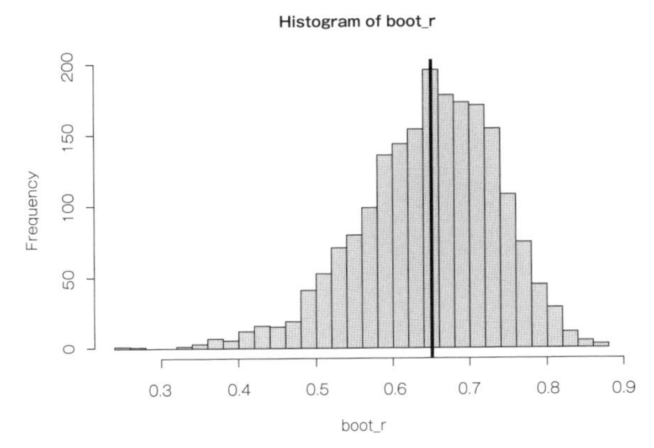

図 4.31 ブートストラップ標本から求めた標本相関係数のヒストグラム

```
mean(boot_r)
```

出力

```
[1] 0.647022
```

ブートストラップ法により「推定量の実現値の集合」が得られた後で、母数の信頼区間を推定する方法には、いくつかの種類があります※20。最もシンプルな方法は、ブートストラップ法により生成した乱数を昇順に並び替え、それらの2.5パーセンタイルと97.5パーセンタイルに位置する値を、母数の95%信頼区間の下限と上限の推定値とする方法です。この方法を**パーセンタイル法**（percentile method）と呼び、パーセンタイル法により推定された信頼区間を**パーセンタイル信頼区間**（percentile confidence interval）と呼びます。

母相関係数 $\rho = 0.5$ の2変量正規分布から生成したサンプルサイズ $n = 30$ の標本を用いて、母相関係数の信頼区間を求めてみましょう。Fisherの Z 変換とノンパラメトリック・ブートストラップ法によるパーセンタイル信頼区間を比較すると、パーセンタイル信頼区間の方が広くなっています。

※20 林（2020）を参照してください。林 賢一著（著）下平 英寿（編）（2020）．Rで学ぶ統計的データ解析 講談社サイエンティフィク

```
# Fisherの$Z$変換
t.test(sample_r)$conf.int[1:2] # t.test()関数で信頼区間を直接求める
```

```
[1] 0.4890356 0.5016704
```
出力

```
# ノンパラメトリック・ブートストラップ法
quantile(boot_r, prob = c(0.025, 0.975))
```

```
     2.5%     97.5%
0.4456557 0.7984381
```
出力

しかしサンプルサイズが大きくなると（$n = 300$)、2つの信頼区間はより類似していきます。FisherのZ変換による信頼区間の下限と上限は以下の通りです。

```
[1] "0.4973"
```
出力

```
[1] "0.5011"
```
出力

ノンパラメトリック・ブートストラップ法によるパーセンタイル信頼区間の下限と上限は以下の通りです。

```
[1] "0.4249"
```
出力

```
[1] "0.591"
```
出力

ブートストラップ標本数

ブートストラップ法を使用する際に、ブートストラップ標本数Bを決定する必要があります。この数について明確な基準はありませんが、あまりにブートストラップ標本数が少ないときには注意が必要です。

標準正規分布から$n = 50$個の乱数を生成したところ、母平均$\mu = 0$の95%信頼区間の実現値は以下の通りでした。

```
n <- 50
set.seed(123)
```

```
rnd <- rnorm(n)
t.test(rnd)
```

出力

```
	One Sample t-test

data:  rnd
t = 0.26275, df = 49, p-value = 0.7938
alternative hypothesis: true mean is not equal to 0
95 percent confidence interval:
 -0.2287258  0.2975329
sample estimates:
 mean of x
0.03440355
```

ノンパラメトリック・ブートストラップ法で母平均 μ のパーセンタイル信頼区間を求める際に、ブートストラップ標本数を $B = 10, 50, 100, 500, 1000, 1500, 2000$ と変化させたところ、ある程度ブートストラップ標本数が大きくなると結果があまり変わらなくなることがわかります。例えば、ブートストラップ標本数が $B = 10$ のときはパーセンタイル信頼区間の下限が -0.36 で、上限が0.269でした。しかしブートストラップ標本数が1,000を超えたあたりから、下限はおおよそ -0.21、上限はおおよそ0.29の付近で変動しています。

```
## 設定と準備
# 関数化
boot_mean <- function(B) {
  boot_n <- rep(0, B)
  for (i in 1:B) {
    row_num <- sample(1:n, size = n, replace = TRUE)
    boot_n[i] <- rnd[row_num] |> mean()
  }
  return(boot_n)
}


B_vec <- c(10, 50, 100, 500, 1000, 1500, 2000)

# 結果を格納するオブジェクト
ci_upper <- rep(0, length(B_vec))
```

```
ci_lower <- rep(0, length(B_vec))

## シミュレーション
set.seed(123)
for (i in 1:length(B_vec)) {
  tmp <- boot_mean(B_vec[i])
  ci_upper[i] <- quantile(tmp, prob = 0.975)
  ci_lower[i] <- quantile(tmp, prob = 0.025)
}

## 結果
data.frame(list(
  B_vec = B_vec,
  ci_lower = ci_lower,
  ci_upper = ci_upper
))
```

出力

```
[1] "B = 10"
      2.5%      97.5%
-0.3602934  0.2691902
[1] "B = 50"
      2.5%      97.5%
-0.2396489  0.2312548
[1] "B = 100"
      2.5%      97.5%
-0.2092630  0.2560274
[1] "B = 500"
     2.5%     97.5%
-0.200772  0.277402
[1] "B = 1000"
      2.5%      97.5%
-0.2188257  0.2845656
[1] "B = 1500"
      2.5%      97.5%
-0.2217322  0.2999382
[1] "B = 2000"
      2.5%      97.5%
-0.2127707  0.2877103
```

　また、ブートストラップ標本数が少ないときは、乱数の種が変わることにより結果も変動しやすいことに注意が必要です。異なる乱数の種のパーセンタイル信頼区間を比較すると、ブートストラップ標本数が1,000を超えたあたりから、下限も上限もおおよそ同程度で安定しているようにみえます。

```
[1] "B = 10"
      2.5%      97.5%
-0.1725469  0.2418295
[1] "B = 50"
      2.5%      97.5%
-0.1970712  0.2816948
[1] "B = 100"
      2.5%      97.5%
-0.2027905  0.3110982
[1] "B = 500"
      2.5%      97.5%
-0.1899751  0.2905690
[1] "B = 1000"
      2.5%      97.5%
-0.2135274  0.2862653
[1] "B = 1500"
      2.5%      97.5%
-0.2202332  0.2944987
[1] "B = 2000"
      2.5%      97.5%
-0.2236060  0.2941786
```

ブートストラップ法には、他にもさまざまな用途や種類、注意点があります。詳細は林（2020）などを参照してください。

4.4 演習問題

4.4.1 演習問題 1

標本分散の正の平方根である標準偏差 $\sqrt{\frac{1}{n}\sum_{i=1}^{n}\left(X_i-\bar{X}\right)^2}$ が母標準偏差 σ^2 の不偏推定量ではないことを、本書と同様のシミュレーションを行い確認してみましょう。

4.4.2 演習問題2

4.2.3項における、母平均の95%信頼区間に関するシミュレーションで、母集団分布を $k=5$ 、 $\theta=0.4$ の二項分布に変えたとき、信頼区間が母平均を含む割合を求めるシミュレーションを行いましょう。

4.4.3 演習問題3

ノンパラメトリック・ブートストラップ法により、母平均のパーセンタイル信頼区間を求め、標本平均が正しく正規分布に従うときの95%信頼区間と比較してみましょう。

第5章 統計的検定の論理とエラー確率のコントロール

5章では、統計的検定を解説します。統計的検定が正しく行われているかどうかは、シミュレーションで確認することができます。視覚的に検定の妥当性を検討する方法を学ぶことで、検定の論理そのものの理解に役立ちます。

5.1 統計的検定の論理

3章、4章では推測統計学の基本的な考え方をもとに、母数の推定を行うための手法を解説しました。本章では心理学の実験データの分析で最もよく使われる、統計的検定について解説します。

統計的検定とは、母数についての仮説を立て、それをデータによって検証するための方法論です。心理学では主に実験効果があるか否かを検証するための方法としてよく使われます。本章では、統計的検定の論理を解説したうえで、検定の背後にある数理的な前提を確かめるための数値シミュレーションの方法を学びます。

5.1.1 帰無仮説と対立仮説

統計的検定は、データを用いて母数についての仮説を検証する方法です。統計的検定では、2つの仮説を設定します。1つが**帰無仮説**（null hypothesis）、もう1つが**対立仮説**（alternative hypothesis）です。帰無仮説は母数に対して等号で表現できる仮説を設定します。例えば $\mu = \mu_0$ といったように、母平均が μ_0 という特定の値であることを示した仮説などがそれにあたります。対立仮説は、帰無仮説の否定によって表現される仮説で、例えば先ほどの帰無仮説に対しては $\mu \neq \mu_0$ が対立仮説となります。心理学で扱われる帰無仮説のほとんどは $\mu_\delta = 0$ という、母平均の差 δ が0であるという仮説です。よって、対立仮説は $\mu_\delta \neq 0$ となります。本章では、この差の検定を主に解説していきます。

ここで帰無仮説と対立仮説が互いに否定の関係になっているのは、統計的検定の独特な推論形式に由来します。統計的検定は、後に説明するように、データによって帰無仮説の真偽を検証します。もし、データによって帰無仮説が間違いだとわかったなら、そのとき自動的に対立仮説は正しいと判断できます。例えばデータによって計算された各群の平均値の差が大きいとき、$\mu_\delta = 0$ という仮説は正しくないだろうことを示唆するでしょう。このように、統計的検定で評価されるのは、帰無仮説です。帰無仮説（差がない）が間違えているなら、対立仮説（差がある）が採択されるというしくみになっています。

5.1.2 帰無仮説のデータによる棄却

それでは､帰無仮説は具体的にどのようにデータによって評価されるのでしょうか。帰無仮説の真偽は、データによって計算される検定統計量が、帰無仮説によって導かれる予測通りに得られているかどうかで判断されます。例えば2群の平均値の差の検定、いわゆる t 検定では、次の式で計算される量を検定に用います。この検定のために用いる統計量を**検定統計量**（test statistics）と呼びます。大文字で書かれている変数はすべて確率変数です。

$$T = \frac{\bar{Y}_\delta - \mu_0}{\sqrt{U_p^2 / \frac{n_1 n_2}{n_1 + n_2}}} \tag{5.1}$$

なお、$\bar{Y}_\delta$ は2つの群の標本平均の差、また U_p^2 は**プールされた不偏分散**（pooled unbiased variance）と呼ばれ、

$$U_p^2 = \frac{n_1 S_1^2 + n_2 S_2^2}{n_1 + n_2 - 2} \tag{5.2}$$

で計算される量です。ここで、プールされたとは、2つの群を合わせて計算された、という意味です。また、n_1 は群1のサンプルサイズ、S_1^2 は群1の標本分散です。検定統計量は、検定したい母数以外の母数が含まれないような統計量である必要があります。なぜなら、未知の母数が含まれていては、検定したい母数についての検定統計量が具体的に計算できないからです。差の検定では、母平均（の差）が検定の対象ですので、それ以外の母数、例えば母分散は式の中に含まれていません。

帰無仮説が正しいとき、データによって計算される検定統計量が従う分布を**帰無分**

布（null distribution）と呼びます。t 検定のときに計算される検定統計量 T は、帰無仮説が正しいときに t 分布に従います。もし帰無仮説が正しいなら、検定統計量は正確に帰無分布に従うため、大抵は分布の灰色のあたり（図5.1では95%の範囲）の範囲内に得られるはずです。

図 5.1　t 検定の帰無分布（t 分布）

逆に、帰無仮説が間違えているなら、別の分布に従うことになります。例えば、母数 μ_δ が0ではなく、正の方向にずれていた場合、検定統計量 T は帰無分布ではなく、図5.2の右側の破線の分布に従って得られることになります。この、実際に検定統計量が従う分布を**非心分布**（noncentral distribution）と呼びます。検定統計量は帰無分布ではなく非心分布に従うので、検定統計量は実際には帰無分布の灰色部分に現れるのではなく、右側の白い部分の範囲に得られる確率が高くなるでしょう。なお、帰無仮説が正しい場合は検定統計量は帰無分布に従うのですが、そのときは帰無分布と非心分布は一致しているので、検定統計量が実際に従っているのは非心分布であることには違いありません。

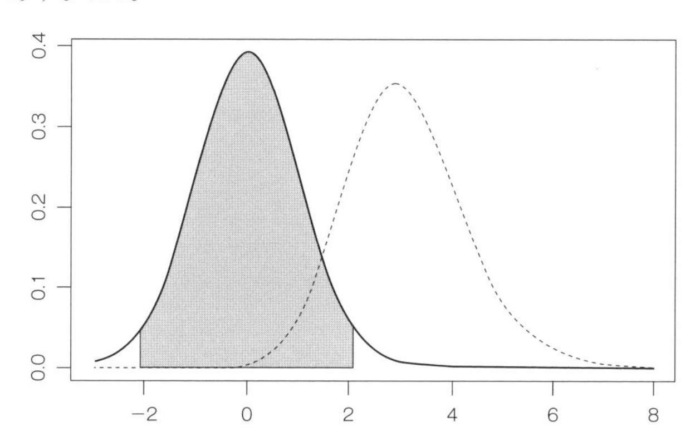

図 5.2　t 検定の帰無分布と非心分布

統計的検定では、帰無分布においてあまり生じなさそうな範囲に検定統計量が得られたとき、帰無仮説を棄却します。棄却とは、仮説が間違えていると判断するということです。もし、本当は帰無仮説が正しいなら、帰無仮説を誤って棄却してしまうことは避けたいものです。そこで心理学を含む社会科学のほとんどの研究は、帰無仮説を誤って棄却してしまう確率を5%以下になるように基準を設けています。誤って帰無仮説を棄却する確率を5%にとどめたいとするなら、図5.1の灰色部分の確率を95%に設定すればいいはずです。そうすれば、両側の白い部分の確率が5%になるため、検定統計量が仮に正しく帰無分布に従っていたとしても、誤って棄却してしまう確率が5%になります。

帰無仮説が棄却されれば、自動的に対立仮説が正しくなるため、$\mu_\delta \neq 0$ が採択され、差があるという主張ができるようになります。逆に、帰無仮説が棄却されなかったときは $\mu_\delta = 0$ が採用されるかといえば、実はそうではありません。というのは帰無仮説が棄却されなかったとしても、実際の母数がどういう値であるかを等号で表現することはできません。等号で表現された仮説を検証するためには無限のサンプルサイズが必要になります(標準誤差を0にしないといけないためです)。図5.2を見ると、実際に検定統計量が従う分布である非心分布から考えても、灰色の範囲に現れる確率は十分高そうです。よって、帰無仮説が棄却されなかったとき、結論は保留されると考えます。結論を保留するということは、帰無仮説である「差がない」を採択するのではなくて、「差がある」と「差がない」のどちらも主張することができない、という状態ということです。すなわち、「差があるとはいえない」という歯がゆい主張しかできなくなります。

5.1.3 2種類の検定のエラー確率

先ほど、帰無仮説を誤って棄却してしまうエラーについて、その確率を5%以下にとどめたいという話をしました。検定には、もう1つ推論のエラーがあります。それは本当は帰無仮説が間違えているのに、誤って帰無仮説を棄却できないエラーです。差の検定の文脈でいえば、本当は差があるのに、その差を検出できないエラーといえます。検定ではこの2つのエラーのことを、それぞれ**タイプⅠエラー**(type I error)、**タイプⅡエラー**(type II error)と呼びます。この2つのエラーは、どちらもできるだけ低い確率にとどめたいものです。先ほど述べたように、心理学では帰無仮説を誤って棄却してしまう確率であるタイプⅠエラー確率を5%以下にするように設計します。この「許容されるタイプⅠエラー確率」のことを**有意水準**(significance level)と呼び、α と表記します。一方、帰無仮説を誤って棄却できずにいる確率であるタイプⅡエラー確率をどれほど許容するかを β と表記します。また、$1-\beta$ のことを**検定力**(power)、あるいは**検出力**と呼びます。検定力は、本当は対立仮説が正しいとき、正しく対立仮説が正しいと主張できる（正しく効果を検出できる）確率のことです。検定力が高いほど、検出したい効果を正しく検出できる検定ができていることになります。心理学では、検定力の基準について決まった設定はありませんが、80%がよく使われます。

検定は、あらかじめ α と β を設定し、その確率にタイプI、IIのエラー確率が抑えられるように手続きを設計することが重要です。以後、タイプI、IIエラー確率を α、β 未満に抑えることを、**エラー確率のコントロール**と呼びます。α と β はもちろん低く設定するに越したことはないのですが、その分、エラー確率を低くするための検定をするためには大きなサンプルサイズが必要になります。よって、α と β については実験で取得できる現実的なサンプルサイズを考慮して、柔軟な変更を必要とすることがあります。繰り返しますが、重要なのは低い α と β を設定することではなく、推論のエラー確率が定めた α と β より小さくなること、すなわちエラー確率が正しくコントロールできていることです。

それでは、実際の統計的検定において、タイプIエラー確率が定めた α 未満になっているかをシミュレーションによって確かめてみましょう。このシミュレーションは、心理統計学の分野では、新しく作った検定方法の検証のために必ず行われます。自分たちが使っている統計的検定が、本当にエラー確率がコントロールされているのかをあらためて確認することもとても重要な作業になるでしょう。なお、タイプIIエラー確率のコントロールの方法については、6章で解説します。

5.2 Rによる統計的検定の実際

検定のエラー確率を確認するためには、検定で使われるデータを想定した確率モデルから生成し、そのデータを用いて検定をRで計算します。3章や4章で学んだ方法を応用して、検定の確率モデルをR上で構築し、データを生成して、実際に検定をしてみましょう。なお、本章では、有意水準 α はすべて5%に設定しています。

5.2.1 対応のない t 検定

まずは、最も基本的な検定である2群の平均値の差の検定、いわゆる t **検定**（t-test）についてシミュレーションをしてみましょう。t 検定では、以下の仮定があります。まず、2つの母集団からそれぞれ独立にサンプルが得られることを想定しています。

ただし、2つのサンプルのサイズは等しい必要はありません。また母集団分布は正規分布を仮定します。そして、2つの母集団の母分散（母標準偏差）は等しいことが仮定されます。いま母集団から人をサンプリングしてデータを得るとすると、個人$i = 1, ..., n$についてデータY_iが得られる確率モデルは、

$$Y_{1i} \sim \text{Normal}(\mu_1, \sigma),$$
$$Y_{2i} \sim \text{Normal}(\mu_2, \sigma)$$

となります。

これをRコードに書くと以下のようになります。

```
n <- c(20, 25) # サンプルサイズここは等しくなくてよい
mu <- c(6, 5) # 母平均
sigma <- 2 # 母標準偏差（ただし、t検定のときは両母集団で等しい）
alpha <- 0.05

## シミュレーション
set.seed(123)
Y1 <- rnorm(n[1], mu[1], sigma) # 群1のデータ生成
Y2 <- rnorm(n[2], mu[2], sigma) # 群2のデータ生成

## 結果
Y1 |> hist()
```

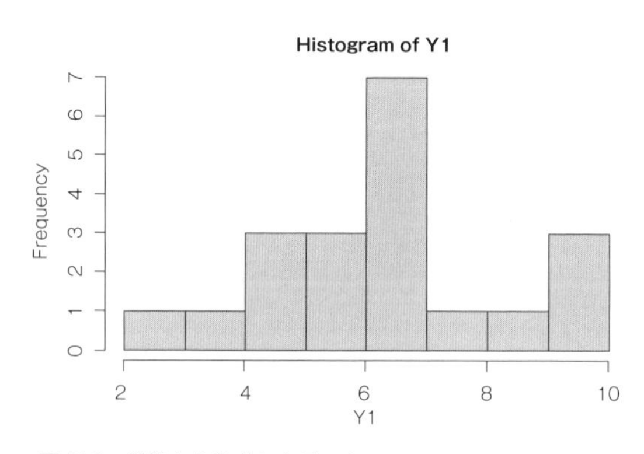

図5.3 乱数から生成したデータ

まず、帰無仮説を設定します。t検定では、帰無仮説は2つの母平均に差がない、つまり$\mu_1 = \mu_2$を仮定します。先述の通り、$\mu_\delta = \mu_1 - \mu_2$と書き換えれば、

$\mu_\delta = 0$ となります。よって対立仮説は、$\mu_1 \neq \mu_2$、あるいは $\mu_\delta \neq 0$ となります。

続いて、検定統計量を計算します。t 検定の検定統計量である T は、式（5.1）から計算され、自由度 $n_1 + n_2 - 2$ の t 分布に従います。

```
# 自由度の計算
df <- n[1] + n[2] - 2

# t値の計算
Ybar_d <- mean(Y1) - mean(Y2) # 群間の標本平均の差
# プールされた分散
# 2章で作成した自作関数var_pを使用
u2_p <- (n[1] * var_p(Y1) + n[2] * var_p(Y2)) / (n[1] + n[2] - 2)
# プールされた標本サイズ
n_p <- n[1] * n[2] / (n[1] + n[2])
t <- (Ybar_d - 0) / sqrt(u2_p / n_p)
# 出力
t
```

出力
```
[1] 2.208599
```

式の内容とRコードが対応していることを確認しながら読み進めてください。

続いて、t 分布に従う確率変数 T が極端な値をとる側から5%の確率で生じる範囲を計算します。この範囲を**棄却域**（rejection region）と呼びます。また、棄却域との境界にあたる実現値を臨界値といいます。臨界値は、Rに入っている t 分布についての関数を用います。棄却域は両側検定の場合、帰無仮説より極端に大きい値と小さい値の両方の可能性を考慮するため、t 分布の上側2.5%と、下側2.5%の範囲を計算します。

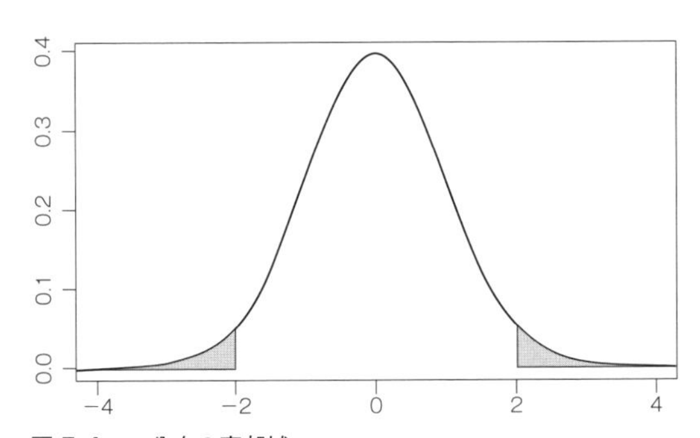

図 5.4 t 分布の棄却域

```
# 臨界値の計算
c <- qt(1 - alpha / 2, df)
```

ここで、qt()は、t 分布の分位数関数です。3章で解説したように、分位数関数は、累積分布関数の逆関数であり、確率変数 X が q という値以下になる確率が入力された確率になるような q を返す関数でした。すなわち、

$$P(X < q) = 1 - \alpha/2$$

となるような q を計算しているということです。

統計的検定では、計算された検定統計量の実現値と臨界値を比較し、検定統計量の実現値が棄却域に含まれているときに帰無仮説を棄却します。t 分布は左右対称の分布であり、上側と下側の臨界値の絶対値は等しくなるため、以下のコードのように臨界値の絶対値よりも検定統計量の実現値の絶対値の方が大きいとき、帰無仮説を棄却することになります。

```
# 有意性の判断
ifelse(abs(t) > abs(c), "帰無仮説の棄却", "帰無仮説の保留")
```

出力

```
[1] "帰無仮説の棄却"
```

ここで、abs()は絶対値を返す関数です。また、Rを含めて多くのソフトウェアでは p **値**（p-valve）と呼ばれる量が報告されます。p 値とは、データから計算された検定統計量と等しいあるいはそれより極端な（t 分布の場合は絶対値が大きい）値が得られる確率と定義されます。計算された検定統計量は2.21であり、（負の値を含め）それよりも極端な値が占める範囲（黒色の部分）が p 値となります。p 値は具体的には累積分布関数を使って以下のように計算されます。

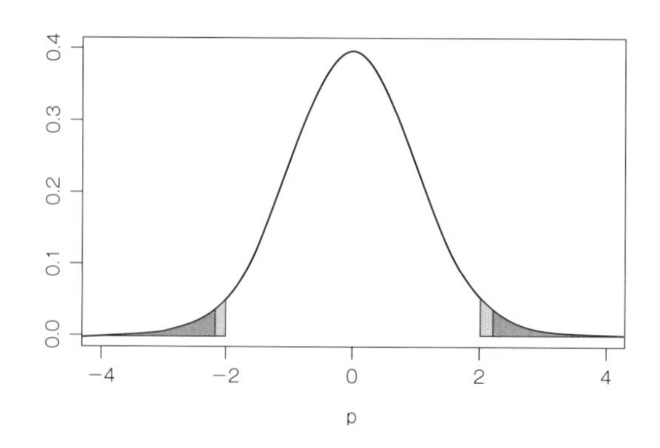

図 5.5　t 分布の棄却域と p 値が示す確率の範囲

```
# p値の計算
pvalue <- (1 - pt(abs(t), df)) * 2
# p値の表示
pvalue
```

出力
```
[1] 0.03258222
```

ここでは両側検定を仮定しているので、最後に2倍している点に注意してください。値は0.033になりました。よって、データから計算された検定統計量よりも極端な値がとりうる確率が5%未満であることから、検定統計量が棄却域に入っていることを意味します。p 値の使い所は、臨界値を計算せずとも、有意水準 α との比較をもって有意性の判断をできる点にあります。すなわち、

```
# p値を使った有意性の判断
ifelse(pvalue < alpha, "帰無仮説の棄却", "帰無仮説の保留")
```

出力
```
[1] "帰無仮説の棄却"
```

というコードで推論できるというわけです。

もちろんRでは、t 検定を行うための関数があらかじめ用意されていますので、それを利用して検定ができます。

```
# t検定関数で実行
t.test(Y1, Y2, var.equal = TRUE)
```

出力
```

	Two Sample t-test

data:  Y1 and Y2
t = 2.2086, df = 43, p-value = 0.03258
alternative hypothesis: true difference in means is not equal to 0
95 percent confidence interval:
 0.1102252 2.4268693
sample estimates:
mean of x mean of y
 6.283248  5.014700
```

t.test()の出力を見ると、p 値が報告されていることがわかります。この p 値と

検定をするときに設定した α とを比較することで、帰無仮説を評価できます。

ただし、すでに述べたように t 検定は2つの母集団の母分散が等しいということを仮定しています。この仮定に基づいた検定結果を得るには、t.test()のvar.equal = TRUEというオプションを入力する必要があります。t.test()のデフォルトのオプションは、等分散を仮定しない**Welchの検定**（Welch test）と呼ばれるものです。Welchの検定は、等分散を仮定する t 検定で生じるバイアスを、標準誤差と自由度を補正することで調整する方法です。

```
# 等分散を仮定しない二群の平均値の差の検定 ( Welch test )
t.test(Y1, Y2)
```

出力

```

	Welch Two Sample t-test

data:  Y1 and Y2
t = 2.2013, df = 40.324, p-value = 0.03349
alternative hypothesis: true difference in means is not equal to 0
95 percent confidence interval:
 0.1041739 2.4329207
sample estimates:
mean of x mean of y
 6.283248  5.014700
```

このように、自由度が t 検定と異なり、整数ではない点に注意してください。

5.3 エラー確率のシミュレーション

5.3.1 タイプⅠエラー確率のシミュレーション

前節で検定をRで実行する方法を解説しました。これらのコードを使って、タイプⅠエラー確率が定めた α 未満になっているかを確認できます。シミュレーションは、「1.帰無仮説が正しい状況からデータ生成を行い」、「2.そのデータから帰無仮説が棄却される確率を計算する」というステップで行います。検定が適切に計算されているならば、タイプIエラー確率は α 未満の確率になるはずです。

実際に、コードを書いて確かめてみましょう。タイプIエラー確率の確認のためのシミュレーションは、2,000回以上は必要です。以下では、もう少し多めに10,000回に設定しました。

```
## 設定と準備
n <- c(20, 20) # サンプルサイズ
mu <- c(0, 0) # 母平均が等しい設定にする
sigma <- 2 # 母標準偏差
iter <- 10000 # シミュレーション回数
alpha <- 0.05 # 有意水準

# 結果を格納するオブジェクト
pvalue <- rep(0, iter) # p値を格納する

# シミュレーション
set.seed(123)
for (i in 1:iter) {
  Y1 <- rnorm(n[1], mu[1], sigma) # 群1のデータ生成
  Y2 <- rnorm(n[2], mu[2], sigma) # 群2のデータ生成
  result <- t.test(Y1, Y2, var.equal = TRUE) # t検定の結果を出力
  pvalue[i] <- result$p.value # p値を取得
}

## 結果
# 誤って帰無仮説を棄却した確率を計算
type1error <- ifelse(pvalue < alpha, 1, 0) |> mean()
# 出力
type1error
```

出力
```
[1] 0.0492
```

シミュレーションの結果、タイプIエラー確率は α 未満に収まっていることが確認できました。また、検定によって計算される p 値も、標本 Y の値によって変動する確率変数であるため、その分布を確認することもできます。確率変数 P は、正しい検定が行われていれば0〜1の範囲で一様分布に従います。例えば、正規分布に従う値の確率の分布を可視化してみましょう。

```
# 正規分布に従う乱数を生成し、その確率のヒストグラムを出力
rnorm(10000, 0, 1) |>
  pnorm(mean = 0, sd = 1) |>
  hist()
```

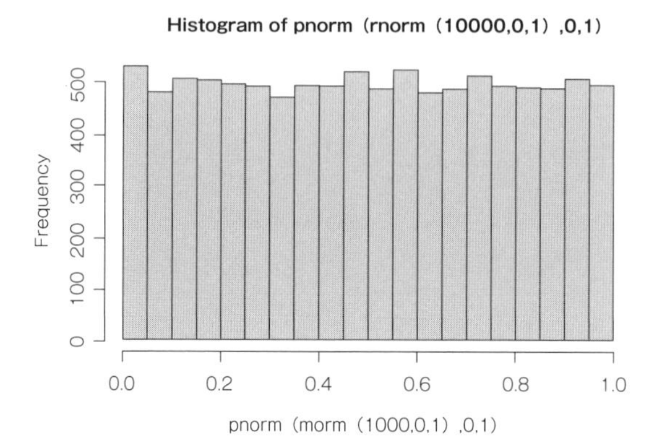

図 5.6 正規乱数に従う値の累積確率の分布

このように、任意の（連続）確率分布に従う値を確率に変換した値は、一様分布に従います。それでは、検定で計算された p 値の分布を確認してみましょう。

```
# p値の分布
pvalue |> hist()
```

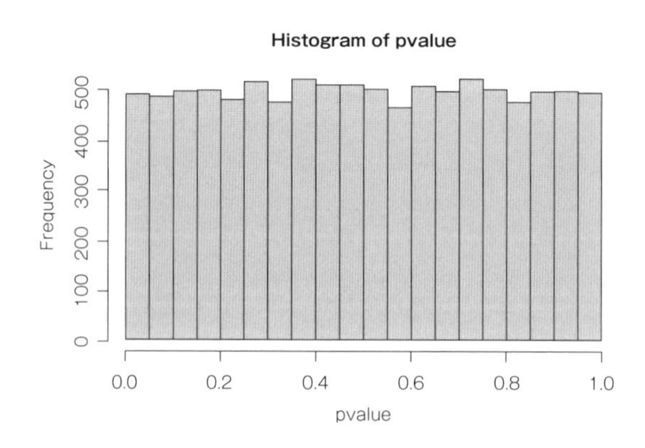

図 5.7 p 値の分布

ほぼ一様分布になっていることが確認できました。

このように、シミュレーションを使うことで検定が正しくエラー確率をコントロールできているかを確認できます。もちろん、それぞれの検定の理論は、理屈からいってエラー確率が一定になるように作っているはずですから、確認するまでもない、と考える人もいるかもしれません。ただ、理屈的にはそうなると思っていても、実際の手続きに落とし込んだときにそうならないこともありえます。また、理論の仮定が満たされないときにどれほど深刻な問題になるのかも確認するとよいでしょう。

5.3.2 t 検定の等分散の仮定からの逸脱

次に、t 検定が想定している理論的仮定を違反しているとき、タイプIエラー確率がどのように変化するのかを確認してみましょう。前述したように、t 検定は2つの母集団の等分散を仮定しています。この仮定が崩れるとタイプIエラー確率はどのように変化するでしょうか。

先ほどとほとんど同じコードですが、母標準偏差であるsigmaを母集団ごとに異なるように設定します。以下では、群2の母標準偏差を群1の4倍に設定してみました。

```
## 設定と準備
sigma <- c(2, 8) # 母標準偏差を2つの群で異なる設定にする
iter <- 10000 # シミュレーション回数
alpha <- 0.05 # 有意水準
n <- c(20, 20) # サンプルサイズ
mu <- c(0, 0) # 母平均が等しい設定にする

# 結果を格納するオブジェクト
pvalue <- rep(0, iter)

## シミュレーション
set.seed(123)
for (i in 1:iter) {
  Y1 <- rnorm(n[1], mu[1], sigma[1]) # 群1のデータ生成
  Y2 <- rnorm(n[2], mu[2], sigma[2]) # 群2のデータ生成
  result <- t.test(Y1, Y2, var.equal = TRUE) # t検定の結果を出力
  pvalue[i] <- result$p.value # p値を取得
}

## 結果
# 誤って帰無仮説を棄却した確率を計算
type1error <- ifelse(pvalue < alpha, 1, 0) |> mean()
```

```
# 出力
type1error
```

```
[1] 0.056
```
出力

このシミュレーションを走らせると、タイプⅠエラー確率は5.6%となりました。αを少し上回っていることがわかります。続いて、かなり大げさに、標準偏差が大きい方の群（群2）の母標準偏差を群1の40倍の大きさにしてみました。すると、タイプⅠエラー確率は5.9%となり、たしかに5%を超えていますが、4倍のときとそれほど大きな変化はないように思えます。

続いて、サンプルサイズの大きさも変えてみます。群1のサンプルサイズを40、群2を20としたうえで、群2の母標準偏差の大きさをいろいろ変えてみました。群1の母標準偏差は1に固定したままです。以下がそのシミュレーションを行うためのコードです。

```
## 設定と準備
n <- c(40, 20) # サンプルサイズを変えた設定
sigma1 <- 1
sigma2 <- c(0.2, 0.5, 0.75, 1, 1.5, 2, 5) # 母標準偏差のパターン
p <- length(sigma2)
iter <- 10000 # シミュレーション回数
alpha <- 0.05 # 有意水準
mu <- c(0, 0) # 母平均が等しい設定にする

# 結果を格納するオブジェクト
pvalue <- array(NA, dim = c(p, iter))

## シミュレーション
set.seed(1234)
for (i in 1:p) {
  for (j in 1:iter) {
    Y1 <- rnorm(n[1], mu[1], sigma1)
    Y2 <- rnorm(n[2], mu[2], sigma2[i])
    result <- t.test(Y1, Y2, var.equal = TRUE)
    pvalue[i, j] <- result$p.value
  }
}

# 結果を格納するオブジェクト
type1error_ttest <- rep(0, p)
```

```
for (i in 1:p) {
  type1error_ttest[i] <- ifelse(pvalue[i, ] < 0.05, 1, 0) |> mean()
}

## 結果
type1error_ttest |>
  plot(type = "b",
       xaxt = "n",
       ylim = c(0, 0.2),
       xlab = "群2の母標準偏差")
axis(side = 1, at = 1:7, labels = sigma2)
abline(h = 0.05, lty = 3)
```

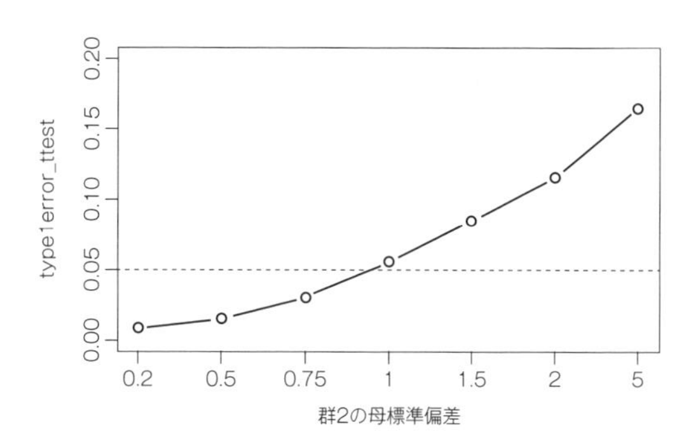

図 5.8 t 検定のタイプIエラー確率の変化

この結果を見ると、サンプルサイズが違う場合に、母標準偏差が大きくなるにつれてタイプIエラー確率が変化することがわかります。サンプルサイズが小さい群の母標準偏差が相対的に大きいとき、タイプIエラー確率が大幅に α を超えています。母標準偏差が5倍のとき、タイプIエラー確率は15%にものぼります。また逆に、群2の母標準偏差が小さいとき、タイプIエラー確率は α よりも小さくなり、想定よりも無駄に厳しい検定となってしまうという問題もあります。ここから、平均値の差の検定において、t 検定は等分散の仮定の逸脱に対して脆弱であることがわかります。特にサンプルサイズが異なる場合は注意が必要です。また、仮定を逸脱することによって具体的にどのような問題が生じるかを、シミュレーションは明らかにしてくれることもわかると思います。さらに、母標準偏差が5倍のときの P の分布も確認しておきましょう。

```
# 母標準偏差が5倍のときのp値
pvalue[6, ] |> hist()
```

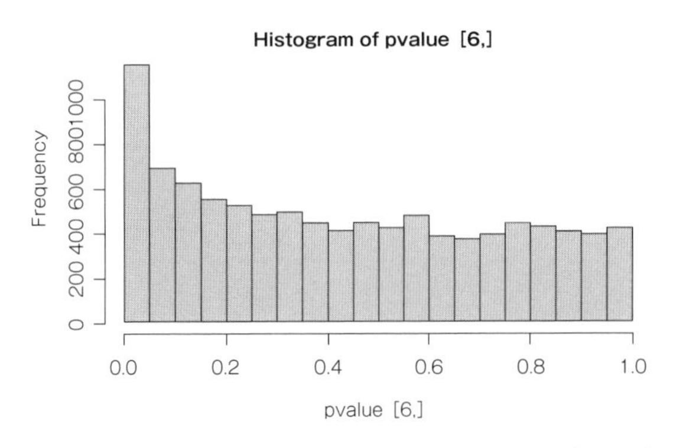

図 5.9 サンプルサイズと母標準偏差が違うときのp値の分布

一様分布に比べて、かなり小さい値に偏っているのがわかります。このことからも、サンプルサイズと母標準偏差が異なる場合、t検定では正しい（タイプⅠエラーがコントロールされた）検定ができないことがわかります。もちろん、t検定では母標準偏差が等しいことが仮定されているわけですから、当然の結果ではあります。重要なのは、検定を行うときにどのような仮定があるのかを理解しておくことです。

2群の平均値の差の検定において、2つの母集団の母分散が異なるとき、その補正方法として前述したWelchの方法が提案されています。Welch検定は、母分散が異なるときに生じるタイプⅠエラー確率のインフレを抑えてくれます。これをシミュレーションを使って確かめてみましょう。Welchの検定は、以下のコードのように`t.test()`のオプションを`var.equal = FALSE`と指定するだけで実行できます。

```
## 設定と準備
n <- c(40, 20) # サンプルサイズを変えた設定
sigma1 <- 1
sigma2 <- c(0.2, 0.5, 0.75, 1, 1.5, 2, 5) # 母標準偏差のパターン
p <- length(sigma2)
iter <- 10000 # シミュレーション回数
alpha <- 0.05 # 有意水準
mu <- c(0, 0) # 母平均が等しい設定にする

## シミュレーション
set.seed(1234)
pvalue <- array(NA, dim = c(p, iter))
for (i in 1:p) {
  for (j in 1:iter) {
    Y1 <- rnorm(n[1], mu[1], sigma1)
```

```
    Y2 <- rnorm(n[2], mu[2], sigma2[i])
    result <- t.test(Y1, Y2, var.equal = FALSE) # WelchではここをFALSEに変更
    pvalue[i, j] <- result$p.value
  }
}

# 結果を格納するオブジェクト
type1error_ttest <- rep(0, p)
for (i in 1:p) {
  type1error_ttest[i] <- ifelse(pvalue[i, ] < 0.05, 1, 0) |> mean()
}

## 結果
type1error_ttest |>
  plot(type = "b",
       xaxt = "n",
       ylim = c(0, 0.2),
       xlab = "群2の母標準偏差")
axis(side = 1, at = 1:7, labels = sigma2)
abline(h = 0.05, lty = 3)
```

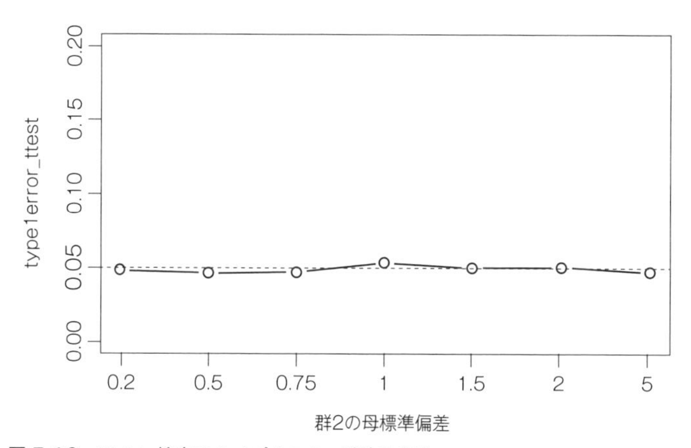

図 5.10 Welch 検定のタイプＩエラー確率の変化

Welch検定を使うと、どのような母標準偏差の状況においても、タイプＩエラー確率がおおよそ5%に抑えられているのがわかります。また、等分散である場合も、ほとんど5%と変わりません。このことから、2群の平均値の差の検定のときは、「常に」Welchの検定を使うのが望ましいことがわかります。検定の実践において t 検定を使う必要はありません。Rのデフォルトで等分散を仮定していないのはそれが理由です。

5.4 一元配置分散分析のシミュレーション

本節では、分散分析に関するデータ生成のためのコードを紹介します。分散分析とは、3群以上の平均値の差を同時に検定するための統計手法です。分散分析も t 検定と同様、データについて対応がある場合と、ない場合に応じて検定手法が異なっています。対応がない（比較する群間で、回答している人が違う）場合を、分散分析は**参加者間計画**（between participant design)、対応がある（比較する群間で、回答している人が同じ）場合を**参加者内計画**（within participant design）と呼びます。また、分散分析は実験計画法の発展とともに発達してきた検定方法でもあるため、複雑な要因計画に対応した検定方法があります。分散分析の詳細については、森・吉田（1990）※1が詳しいです。

本節では一要因参加者間計画の分散分析（これを一元配置分散分析とも呼びます）について、2群の平均値の差を検定する t 検定との違いなども踏まえて解説します。次節では、一要因参加者内計画（反復測定分散分析とも呼びます）について解説します。

5.4.1 検定の多重性

複数の群の平均値を比較するとき、t 検定を繰り返してもいいのでしょうか。いま、複数回 t 検定を繰り返して、有意になったものを報告するとして、それらの結果が同時に成り立つ（例えば、A群とB群、A群とC群に差があった）ということを主張したとしましょう。このとき、タイプIエラー確率はどのようになるでしょうか。統計的検定は、帰無仮説が棄却されたとしても、設定した α だけ、タイプIエラーが生じるのでした。そして「同時に検定結果が成り立つ」ことのエラー確率は、そのうち少なくとも1つが間違えている場合の確率となります。実は、このエラー確率は、α に収まりません。まずそのことをシミュレーションで確認してみましょう。

いま、すべて平均値が同じ3つの群があり、そこからペアを取り出し、それぞれ t 検定を行うことを考えます。最後に、少なくとも1つの検定が間違えている確率を計算しています。少なくとも1つ間違えるということは、論理的には「検定1が間違える、または、検定2が間違える、または、検定3が間違える」と同じですから、論理和を使って計算しています。

※1　森 敏昭・吉田　寿夫（編著）（1990）. 心理学のためのデータ解析テクニカルブック 北大路書房

```
## 設定と準備
alpha <- 0.05
k <- 3 # 群の数
n <- c(20, 20, 20) # サンプルサイズ
mu <- c(5, 5, 5) # 群ごとの母平均
sigma <- c(2, 2, 2) # 群ごとの母標準偏
iter <- 10000

# 結果を格納するオブジェクト
pvalue12 <- rep(0, iter)
pvalue13 <- rep(0, iter)
pvalue23 <- rep(0, iter)

## シミュレーション
set.seed(1234)
for (i in 1:iter) {
  Y1 <- rnorm(n[1], mu[1], sigma)
  Y2 <- rnorm(n[2], mu[2], sigma)
  Y3 <- rnorm(n[3], mu[3], sigma)

  result12 <- t.test(Y1, Y2)
  result13 <- t.test(Y1, Y3)
  result23 <- t.test(Y2, Y3)

  pvalue12[i] <- result12$p.value
  pvalue13[i] <- result13$p.value
  pvalue23[i] <- result23$p.value
}

# 少なくとも1つの検定が間違えている確率を計算
type1error <-
  ifelse(pvalue12 < alpha | pvalue13 < alpha | pvalue23 < alpha,
         1, 0) |> mean()

# 出力
type1error
```

出力
```
[1] 0.1185
```

このように、タイプⅠエラー確率はおよそ12%になってしまいました。数学的には、3つの群の比較において、どれか1つが間違えてしまうタイプⅠエラー確率は、次の

ように計算することができます。ひとつひとつの帰無仮説の保留が正しい確率は $1-\alpha$ で、それが3つ同時に成り立つのは独立を仮定すれば $(1-\alpha)^3$ となります。そして、「3つの主張が同時に正しい」という主張が間違える確率は、それを1から引くことで計算できます。Rで計算すると、

```
1 - (1 - alpha)^3
```

```
[1] 0.142625
```
出力

このようにタイプⅠエラー確率の理論値は14.26%になります。

t 検定に限らず、複数回検定を繰り返して実施し、そのうち有意な結果を報告することによってタイプⅠエラー確率が α を超えてしまう問題を、**検定の多重性の問題**（multiple testing）と呼びます。本質的には、検定によって得られる主張は推論エラーが生じるため、推論結果を同時に主張するときには、トータルのエラー確率が累積してしまうという問題を指します。検定の多重性問題は、前述したような平均値の差を繰り返して検定すること以外に、同時にたくさんの母数を検定するようなときはすべてに当てはまる問題です。平均値の差の検定の文脈では、分散分析と呼ばれる方法によって、部分的に解決されています。

5.4.2 一元配置分散分析のデータ生成

一元配置分散分析は、複数の群の平均値の差を検定するための方法です。いま、3つの群があるとき、それぞれの群の母平均を μ_1、μ_2、μ_3 とします。すると、一元配置分散分析の帰無仮説は、$\mu_1 = \mu_2 = \mu_3$ となります。対立仮説はこの否定ですから、$\neg(\mu_1 = \mu_2 = \mu_3)$ となります。なお、$\neg$ は否定記号で、ここでは文全体を否定しています。すなわち、「すべてが等しくはない」という対立仮説を考えていることになります。論理学的には、これは「どこかに差がある」、すなわち「 $\mu_1 \neq \mu_2$ または、$\mu_2 \neq \mu_3$ または、 $\mu_1 \neq \mu_3$ 」と同値です。分散分析は、有意であると判断された場合でも、どこかに差があるということまでしか主張できませんが、このように対立仮説を設定することで検定の多重性を回避しています。

一元配置分散分析のデータ生成は、基本的には t 検定と同様です。サンプルサイズ、母平均、そして母標準偏差を決め、それぞれ正規分布から生成することで可能になります。ここでは、母平均が6、5、4である3つの群を想定します。また、t 検定と同様、母標準偏差は各群で同じであることが仮定されています。

群を表す変数であるxは確率変数ではないため、乱数から発生させる必要はありません。一般に独立変数と呼ばれる変数は研究者が設定するものであるため定数として扱います。よって、1、2、3という名義尺度変数を適当に決めておいて、それぞれの群について次元数がサンプルサイズのベクトルを用意します。また、後にRで分散分析の関数を利用するために、xはfactor型にしておきます。

```
## 設定と準備
k <- 3 # 群の数
n <- c(20, 20, 20) # サンプルサイズ
mu <- c(6, 5, 4) # 群ごとの母平均
# 群ごとの母標準偏差、ただし分散分析では共通
sigma <- c(2, 2, 2)
# 各群について1,2,3という数列を20ずつ作る
x <- c(rep(1, n[1]), rep(2, n[2]), rep(3, n[3])) |> as.factor()
x # 中身を確認
```

出力
```
 [1] 1 1 1 1 1 1 1 1 1 1 1 1 1 1 1 1 1 1 1 1 2 2 2 2 2 2 2 2 2 2 2 2 2 2
[35] 2 2 2 2 2 2 3 3 3 3 3 3 3 3 3 3 3 3 3 3 3 3 3 3 3 3
Levels: 1 2 3
```

```
set.seed(1234)
Y1 <- rnorm(n[1], mu[1], sigma)
Y2 <- rnorm(n[2], mu[2], sigma)
Y3 <- rnorm(n[3], mu[3], sigma)
Y <- c(Y1, Y2, Y3)
```

分散分析は、Rの関数aov()を使うことで簡単にできます。aov()を使うときは、独立変数はfactor型にしておきましょう。

```
# aov関数で実行
aov(Y ~ x) |> summary()
```

出力
```
            Df Sum Sq Mean Sq F value   Pr(>F)    
x            2   59.8  29.902   8.486 0.000595 ***
Residuals   57  200.9   3.524                     
---
Signif. codes:  0 '***' 0.001 '**' 0.01 '*' 0.05 '.' 0.1 ' ' 1
```

このように関数aov()を使って分散分析ができました。p 値を見れば仮に α が5%水準であるなら、有意であることがわかります。以上がRで一元配置分散分析を実行する手続きです。

それでは、具体的に分散分析の検定統計量の計算方法をみていきましょう。分散分析の検定統計量は F です。F は、群間の平均値の分散がどれほど大きいかを標準化したものです。もしすべての平均値間で差がないなら、群間の分散も0となるはずです。よって、$\mu_1 = \mu_2 = \mu_3$ の帰無仮説の下で、群間の平均値の分散が変動する程度を考えるわけです。t 検定と同様、プールされた不偏分散 U_p^2 を用いて、次のように計算されます。基本的な式の形は t 検定と同じであることがわかります。違うのは2乗になっている点と、群の数だけそれが足されている点です。$k-1$ で割っているのは、群ごとの平均値の不偏分散（群間の変動）を計算するためです。

$$F = \frac{1}{k-1}\sum_{j=1}^{k}\left(\frac{\bar{Y_j} - \bar{Y}}{U_p\sqrt{n_j}}\right)^2.$$

なお、$\bar{Y_j}$ は各群の平均値です。上の式は、以下のように変形できます。

$$F = \frac{\frac{1}{k-1}\sum_{j=1}^{k} n_j(\bar{Y_j} - \bar{Y})^2}{U_p^2}$$

この式は分散分析の解説でよく使われます。分子を群間平均平方、分母を群内平均平方と呼びます。プールされた不偏分散は、群内平均平方と一致します。群間と群内の平均平方（分散のようなもの）の比をとることで **F 値**（F-value）が計算できます。

この F 値は、帰無仮説が正しいとき、F 分布と呼ばれる確率分布に従う検定統計量です。F 分布は群間の自由度と群内の自由度の2つを持ちます。群間の自由度は比較する群の数$-$1、群内の自由度はサンプルサイズ－比較する群の数になります。この例では、群が3つなので、群間の自由度は $k-1=2$、サンプルサイズは60なので、群内の自由度は $60-3=57$ の F 分布に従います。

F 分布を描写するための関数は以下です。棄却域は、$\alpha = 0.05$ の下で、図5.11の灰色の領域になります。

```
curve(df(x, 2, 57), xlim = c(0, 8), xlab = "自由度2,57のF分布")
temp <- function(x) {
  df(x, 2, 57)
}
xx <- seq(qf(alpha, 2, 57, lower.tail = FALSE), 10, length = 200)
```

```
yy <- temp(xx)
polygon(c(xx, rev(xx)), c(rep(0, 200), rev(yy)), col = "grey50")
```

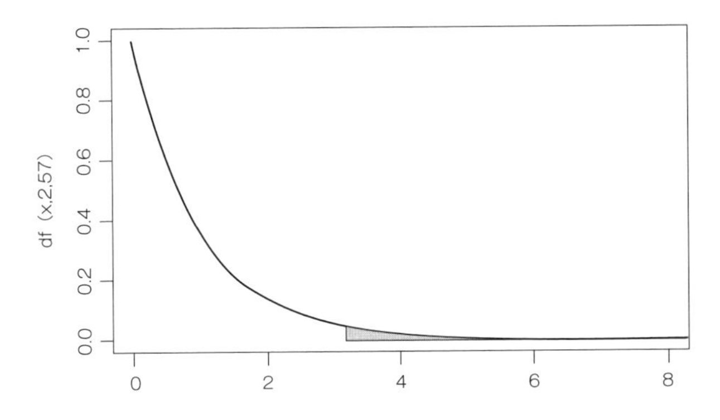

図 5.11 自由度 2,57 の F 分布

実際にデータから F 値を計算してみましょう。以下のコードは、 F 値を計算するための関数です。よく使う処理は関数にしてしまうとシミュレーションが見やすくなります。

```
# F値を計算するための関数を定義
Fvalue_cul <- function(Y, x) {
  # 群の数
  k <- unique(x) |> length()

  # プールされた不偏分散
  u2_p <- 0
  for (j in 1:k) {
    u2_p <- u2_p + n[j] * var_p(Y[x == j])
  }
  u2_p <- u2_p / (sum(n) - k)

  # F値の計算
  Fvalue <- 0
  for (j in 1:k) {
    Fvalue <- Fvalue + (mean(Y[x == j]) - mean(Y))^2 / (u2_p / n[j])
  }
  Fvalue <- Fvalue / (k - 1)
  return(Fvalue)
}
```

続いて、F 値と p 値の計算です。p 値は F 分布の累積分布関数であるpf()を使って計算できます。分散分析は、検定統計量の元になっているのは群間の分散なので、検定統計量自体も負になることはありません。よって、常に片側の検定となります。また、pf()は累積分布関数であるため、デフォルトでは p 値ではなくて $1-p$ 値が計算されてしまいます。そこで、lower.tail = FALSEとすることで p 値が計算されるようになります。

```
# F値の計算
Fvalue <- Fvalue_cul(Y, x)
Fvalue
```

```
[1] 8.485519
```
出力

```
# p値の計算
pf(Fvalue, k - 1, sum(n) - k, lower.tail = FALSE)
```

```
[1] 0.0005945312
```
出力

計算された F 値と p 値は、aov()の結果と一致しました。

5.4.3 分散分析のタイプIエラー確率のシミュレーション

それでは、F 分布を用いた分散分析の検定が、タイプIエラー確率を α 未満にコントロールできているかを確認するシミュレーションをしてみましょう。基本的な方法は、t 検定のときと同じです。

```
## 設定と準備
alpha <- 0.05
k <- 3
n <- c(20, 20, 20)
mu <- c(5, 5, 5) # すべて差がない
sigma <- c(2, 2, 2)
x <- c(rep(1, n[1]), rep(2, n[2]), rep(3, n[3])) |> as.factor()
iter <- 10000
```

```
# 結果を格納するオブジェクト
pvalue <- rep(0, iter)

## シミュレーション
set.seed(1234)
for (i in 1:iter) {
  Y1 <- rnorm(n[1], mu[1], sigma)
  Y2 <- rnorm(n[2], mu[2], sigma)
  Y3 <- rnorm(n[3], mu[3], sigma)
  Y <- c(Y1, Y2, Y3)
  Fvalue <- Fvalue_cul(Y, x)
  pvalue[i] <- pf(Fvalue, k - 1, sum(n) - k, lower.tail = FALSE)
}

## 結果
# 有意になった割合
ifelse(pvalue < alpha, 1, 0) |> mean()
```

出力

```
[1] 0.0482
```

```
# p値の分布
pvalue |> hist()
```

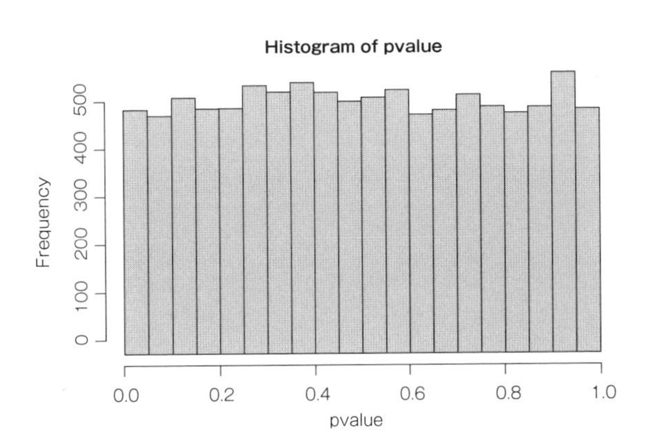

図 5.12 分散分析の p 値の分布

ちゃんとタイプ I エラー確率は α にとどまっていました。p 値の分布もほぼ一様分布になっているのがわかります。

5.5 反復測定分散分析のシミュレーション

前述のように分散分析は、参加者間計画だけでなく、参加者内計画もあります。また、対象に独立な複数回の試行を反復して行い、条件による反応の違いを検討することから、**反復測定分散分析**（repeated ANOVA）と呼ぶこともあります。反復測定分散分析では、同じ個人から複数回データを取得することから、個人ごとのデータ変動を群内変動から取り除くことができます。そのため、うまくデザインできれば、一元配置分散分析よりも検出力が高くなる特徴があります。

5.5.1 反復測定データの生成

反復測定分散分析のデータ生成のコードは以下です。反復測定分散分析は、データ生成について「すべての群間の差の分散が等しい」ということが仮定されます。この仮定を**球面性**（sphericity）の仮定と呼びます。ただ、球面性を厳密に満たすデータ生成は難しいので、ここではその十分条件である、「すべての群の分散が等しく、また測定間の相関も等しい」という設定にしています。この仮定は**複合対称性**（compound symmetry）と呼ばれ、球面性よりも厳しい仮定です。以下のコードでは、すべての相関を0.5に設定しています。

反復測定分散分析は、多変量正規分布からデータ生成を行います。3章で解説したように、多変量正規分布からの乱数生成はMASSパッケージのmvrnorm()で可能です。多変量正規分布には、平均値ベクトルと共分散行列の2つをパラメータとして指定する必要があります。平均値ベクトルは、母平均である各群の平均を入れればいいですが、共分散行列は、母標準偏差と母相関行列から計算する必要があります。

```
# データ生成の設定
m <- 4 # 測定回数
n <- 20 # サンプルサイズ
# 1つだけ差が大きい平均値を設定
mu <- c(6, 5, 5, 5)
# すべての群で等分散を仮定
sigma <- c(2, 2, 2, 2)
# すべての反復測定間の相関も等しいことを仮定
rho <- 0.5
```

```
# 要因計画
x <- c(rep(1, n), rep(2, n), rep(3, n), rep(4, n)) |> as.factor()
# 参加者ID
id <- c(seq(1, n), seq(1, n), seq(1, n), seq(1, n)) |> as.factor()

# 母分散共分散行列の作成
sigma_mat <- array(NA, dim = c(m, m)) |> as.matrix()
index <- 0
for (i in 1:m) {
  for (j in 1:m) {
    if (i > j) {
      sigma_mat[i, j] <- rho * sigma[i] * sigma[j]
      sigma_mat[j, i] <- sigma_mat[i, j]
    }
  }
  sigma_mat[i, i] <- sigma[i]^2
}
# 表示
sigma_mat
```

出力

```
     [,1] [,2] [,3] [,4]
[1,]    4    2    2    2
[2,]    2    4    2    2
[3,]    2    2    4    2
[4,]    2    2    2    4
```

母分散共分散行列は上のようになりました。すべての測定間で共分散が等しくなっています。

続いて、多変量正規分布からの乱数の生成です。

```
# データ生成
library(MASS)
set.seed(1234)
Y <- MASS::mvrnorm(n, mu, sigma_mat)
Y |> head()
```

出力

```
         [,1]     [,2]     [,3]     [,4]
[1,] 8.072762 5.134186 7.152932 8.274273
[2,] 4.960381 3.552968 7.924071 2.807964
[3,] 3.745789 4.191985 3.682064 2.521554
```

```
[4,] 10.271754 9.297128 7.858234 8.408379
[5,]  4.471864 5.422789 4.893389 3.497935
[6,]  3.426174 4.130888 7.062611 3.179748
```

```
Y_vec <- Y |> as.vector() # Yを1つのベクトルに並び替える
```

Rに最初から入っている関数aov()だけでは、簡単にp値を取り出すことができないので、carパッケージによる分散分析方法を解説します。carパッケージのcar::aov()を利用するには、これまで通りaov()でモデルを推定した後、Anova()に入れます。Anova()は、分析後にp値を取り出すことができるので、いちいち自分でF値やp値を計算する関数を作らなくてもよいのが利点です。

```
library(car)
# aov関数で実行
result <- car::aov(Y_vec ~ x + id) |> Anova()
# 結果の表示
result
```

出力
```
Anova Table (Type II tests)


Response: Y_vec
           Sum Sq Df F value    Pr(>F)
x          11.245  3  2.0419    0.1182
id        195.283 19  5.5988 2.005e-07 ***
Residuals 104.639 57
```

```
# F値
result$`F value`[1]
```

出力
```
[1] 2.041858
```

```
# p値
result$`Pr(>F)`[1]
```

出力
```
[1] 0.1181867
```

このように、carパッケージの関数aov()を使うと F 値や p 値を簡単に取り出すことができます。

5.5.2 球面性の仮定

前述したように、反復測定分散分析にはデータ生成に「すべての群間の差の分散が等しい」という球面性の仮定がありました。もしこの仮定が満たされなかったとき、タイプIエラー確率はどのように変化するでしょうか。反復測定は、測定が独立であることが仮定されています。同じ個人が試行を繰り返すので、ほかの人と比べれば測定間には相関があって当然ですが、個人内の類似性を統制すれば無相関になることが想定されます。しかし、実際の実験では練習効果（課題に慣れることで反応が徐々に早くなるなどの効果）などによって、前回の試行と完全に独立であるとみなせないことがあります。すなわち、行われた試行が近いほど相関が高く、離れるほど相関が小さくなっていくということが起こりえます。このような現象を、自己相関といいます。なお、発達データや株価のデータなど、時間の経過順に等間隔に並んだデータを**時系列データ**（time series data）と呼びます。時系列データの多くは、自己相関があります。反復測定データと時系列データの違いは、この自己相関の存在にあるといえるでしょう。

以下では、自己相関が生じている場合に反復測定分散分析を適用してしまうと、どのような問題が生じるかをシミュレーションで試してみます。なお、自己相関にもさまざまなパターンがありえますが、ここでは時期が遠くなるにつれて相関が、自己相関の累乗になっていくという1次自己相関を仮定します。1次自己相関は、隣の試行が $r = \tau$ の相関があるとき、2つ離れた場合に相関が $r = \tau^2$ となり、3つ離れると $r = \tau^3$ となります。

```
library(MASS)
m <- 4 # 測定回数
n <- 20 # サンプルサイズ
mu <- c(5, 5, 5, 5)
sigma <- c(2, 2, 2, 2)
rho <- 0.5
tau <- 0.3 # 自己相関

# 要因計画
x <- c(rep(1, n), rep(2, n), rep(3, n), rep(4, n)) |> as.factor()
# 参加者ID
id <- c(seq(1, n), seq(1, n), seq(1, n), seq(1, n)) |> as.factor()

sigma_mat <- array(NA, dim = c(m, m)) |> as.matrix()
```

```
index <- 0
for (i in 1:m) {
  for (j in 1:m) {
    if (i > j) {
      index <- index + 1
      sigma_mat[i, j] <- (rho + tau^(i - j)) * sigma[i] * sigma[j]
      sigma_mat[j, i] <- sigma_mat[i, j]
    }
  }
  sigma_mat[i, i] <- sigma[i]^2
}

# 母分散共分散行列
sigma_mat
```

出力
```
      [,1] [,2] [,3]  [,4]
[1,] 4.000 3.20 2.36 2.108
[2,] 3.200 4.00 3.20 2.360
[3,] 2.360 3.20 4.00 3.200
[4,] 2.108 2.36 3.20 4.000
```

計算された母分散共分散行列を見ると、試行が離れるほど共分散が小さくなっていっているのがわかると思います。これが自己相関があるデータの特徴です。

この設定で、反復測定分散分析のシミュレーションを行います。多変量正規分布からの乱数生成はやや時間がかかるので、$m = 2000$ に変更しています。p 値は先ほど同じく Anova() から取り出しています。

```
## 設定と準備
iter <- 2000
alpha <- 0.05
pvalue <- rep(0, iter)

# シミュレーション
set.seed(1234)
for (i in 1:iter) {
  Y <- MASS::mvrnorm(n, mu, sigma_mat)
  Y_vec <- Y |> as.vector()
  result <- car::aov(Y_vec ~ x + id) |> Anova()
  pvalue[i] <- result$`Pr(>F)`[1]
}
```

```
## 結果
# 有意になった割合
ifelse(pvalue < alpha, 1, 0) |> mean()
# p値の分布
pvalue |> hist()
```

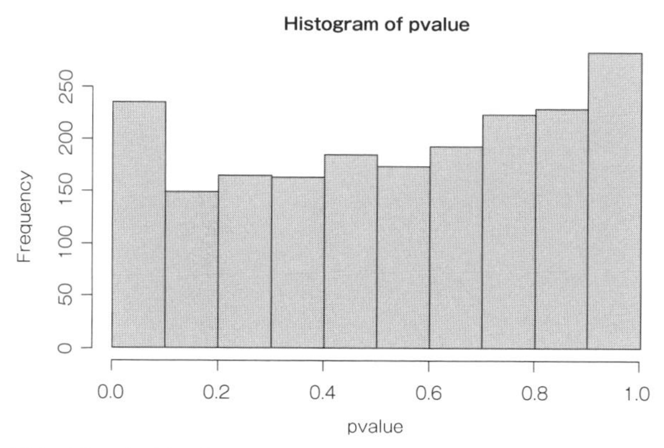

図 5.13 球面性が満たされない場合の p 値の分布

```
ifelse(pvalue < alpha, 1, 0) |> mean()
```

出力

```
[1] 0.068
```

シミュレーションの結果、タイプⅠエラー確率がおよそ7%程度となり、α を超えてしまっているのがわかります。また p 値の分布も、確率が低いところと高いところの歪みが大きいことがわかります。このように、実際は自己相関があるにもかかわらず、それを仮定しない反復測定分散分析を実行するのは危険であることがわかります。

5.5.3 自由度補正による球面性仮定から逸脱を修正

反復測定分散分析にも仮定の逸脱に対する補正方法があります。それは、F 分布の自由度を調整することで、p 値の分布を補正する方法です。自由度補正は、ε と呼ばれる量を推定し、この値を効果と誤差の両方の自由度に乗算します。ε は0～1の範囲をとります。1なら補正の必要がないということです。分散分析における自由度の補正方法の詳細については、入戸野(2004)※2の論文が参考になります。ここでは、

※2 入戸野 宏 (2004). 心理生理学データの分散分析 生理心理学と精神生理学, 22, 275-290.

各補正方法の計算方法と、シミュレーション方法について解説するにとどめます。

自由度補正で初めに提案されたのは、**Greenhouse & Geisserの方法**※3です。これを ε_{GG} と表記することがあります。ただ、GGの方法はやや保守的すぎるという批判もあります。そこで、GGをさらに補正したものとして**Huynh & Feldtの方法**があります。これを ε_{HF} と表記し、HFの方法※4と呼びます。また、さらにHFの補正として**Chi & Mullerの方法**※5があります。これはCMと呼びます。

これらの方法の ε を計算するためのコードは以下です。

```
# Greenhouse & Geisser
GG <- function(Y) {
  p <- ncol(Y)
  sigma_mat <- cov(Y)
  sig1 <- diag(sigma_mat) |> mean()
  sig2 <- sigma_mat |> mean()
  sig3 <- sigma_mat^2 |> sum()
  temp <- sigma_mat |> apply(1, mean)
  sig4 <- temp^2 |> sum()
  sig5 <- sig2^2
  GG <- p^2 * (sig1 - sig2)^2 / ((p - 1) * (sig3 - 2 * p * sig4 + p^2 * sig5))
  return(GG)
}

# Huynh & Feldt
HF <- function(Y) {
  d <- ncol(Y) - 1
  n <- nrow(Y)
  gg <- GG(Y) # GGの補正についての関数をここで使っている
  HF <- min(1, (n * d * gg - 2) / (d * (n - 1 - d * gg)))
  return(HF)
}
```

※3 Greenhouse SW, Geisser S.(1959). On methods in the analysis of profile data. Psychometrika,24,95-112.

※4 Huynh H, Feldt LS.(1976). Estimation of the Box correction for degrees of freedom from sample data in randomized block and split-plot designs. Journal of Educational Statistics,1,69-82.

※5 Chi, Y-Y., Gribbin, M.J., Johnson, J.L., & Muller, K.E. (2014). Power calculation for overall hypothesis testing with high-dimensional commensurate outcomes.Statistics in Medicine, 33, 812-827.

```
# Chi & Muller
CM <- function(Y) {
  hf <- HF(Y) # HFの補正についての関数をここで使っている
  temp <- n - 1
  temp <- (temp - 1) + temp * (temp - 1) / 2
  CM <- hf * (temp - 2) * (temp - 4) / temp^2
  return(CM)
}
```

これらの関数を使って、1次自己相関があるデータに対してεを計算してみましょう。すると、GGの方がHFよりも小さいεであることがわかります。εは小さいほど、F分布の自由度を小さくするため、よりp値は大きくなるように補正します。よって、GGの方が保守的な補正であるといえます。

```
set.seed(1234)
Y <- MASS::mvrnorm(n, mu, sigma_mat)
# Greenhouse & Geisser の補正値
GG(Y)
```

```
[1] 0.7380806
```
出力

```
# Huynh & Feldtの補正値
HF(Y)
```

```
[1] 0.8396967
```
出力

```
# Chi & Mullerの補正値
CM(Y)
```

```
[1] 0.8132277
```
出力

それでは、HFのεをそれぞれの自由度と乗算してF分布を補正したうえで、タイプIエラー確率のシミュレーションをしてみましょう。このコードでは、2,000回のシミュレーションを行い、F値とεの値を保存しておきます。そのあと、GGとHFについてのp値を計算します。

```
## 設定と準備
iter <- 2000
alpha <- 0.05

# 結果を格納するオブジェクト
Fvalue <- rep(0, iter)
e_GG <- rep(0, iter)
e_HF <- rep(0, iter)
e_CM <- rep(0, iter)

## シミュレーション
set.seed(1234)
for (i in 1:iter) {
  Y <- MASS::mvrnorm(n, mu, sigma_mat)
  Y_vec <- Y |> as.vector()
  result <- car::aov(Y_vec ~ x + id) |> Anova()
  Fvalue[i] <- result$`F value`[1]
  e_GG[i] <- GG(Y)
  e_HF[i] <- HF(Y)
  e_CM[i] <- CM(Y)
}
```

```
# 補正しない場合
pvalue <- rep(0, trial)
for (i in 1:trial) {
  pvalue[i] <- pf(Fvalue[i], (m - 1), m * (n - 1), lower.tail = FALSE)
}

## 結果
# p値の分布
pvalue |> hist()
```

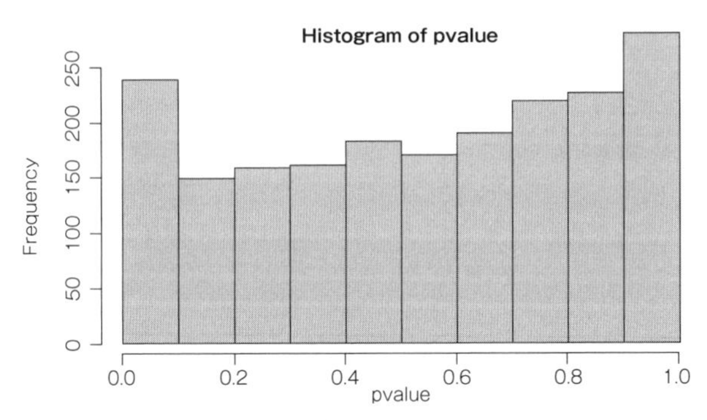

図 5.14 補正しないときの p 値の分布

```
# 有意になった割合
ifelse(pvalue < alpha, 1, 0) |> mean()
```

```
[1] 0.0705
```
出力

```
# GGによる補正
pvalue <- rep(0, trial)
for (i in 1:trial) {
  pvalue[i] <- pf(Fvalue[i],
                  (m - 1) * e_GG[i],
                  m * (n - 1) * e_GG[i],
                  lower.tail = FALSE)
}

## 結果
# p値の分布
pvalue |> hist()
```

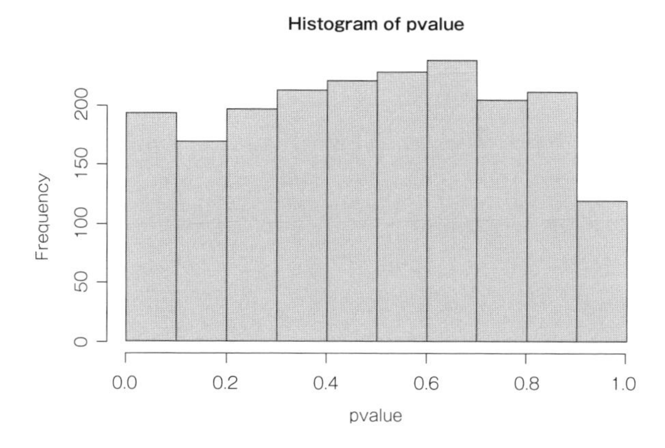

図 5.15 GG による補正を行ったときの p 値の分布

```
# 有意になった割合
ifelse(pvalue < alpha, 1, 0) |> mean()
```

```
[1] 0.047
```
出力

```
# HFによる補正
pvalue <- rep(0, trial)
for (i in 1:trial) {
  pvalue[i] <- pf(Fvalue[i],
                  (m - 1) * e_HF[i],
                  m * (n - 1) * e_HF[i],
                  lower.tail = FALSE)
}

## 結果
# p値の分布
pvalue |> hist()
```

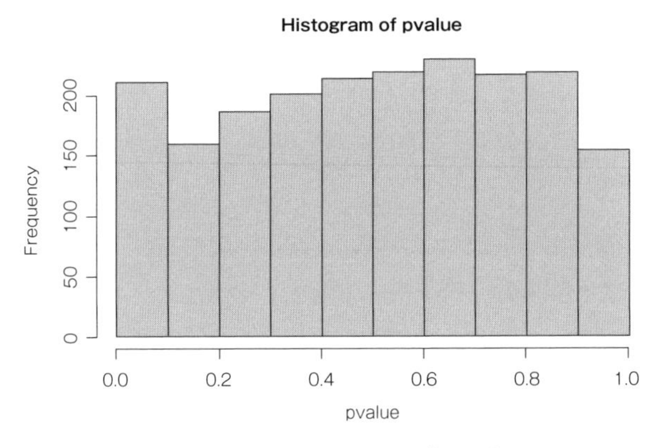

図 5.16 HF による補正を行ったときの p 値の分布

```
# 有意になった割合
ifelse(pvalue < alpha, 1, 0) |> mean()
```

```
[1] 0.0525
```
出力

```
# CMによる補正
pvalue <- rep(0, trial)
for (i in 1:trial) {
  pvalue[i] <- pf(Fvalue[i],
                  (m - 1) * e_CM[i],
                  m * (n - 1) * e_CM[i],
                  lower.tail = FALSE)
```

```
}

## 結果
# p値の分布
pvalue |> hist()
```

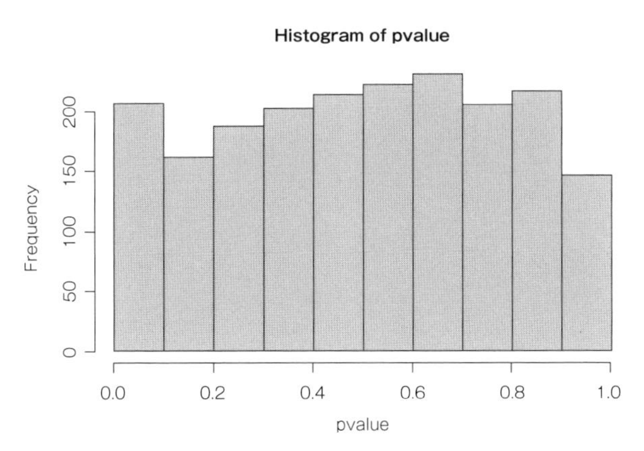

図 5.17 CMによる補正を行ったときのp値の分布

```
# 有意になった割合
ifelse(pvalue < alpha, 1, 0) |> mean()
```

```
[1] 0.05
```
出力

シミュレーションの結果、どの補正方法もタイプIエラー確率をうまく補正できていました。ただ、GGのp値の分布は補正しすぎて、逆に確率が高いところが歪んでいます。一方HFやCMは相対的には一様分布に補正できているように見えます。

以上のように、球面性の仮定からの逸脱は、分散分析の検定結果大きな影響を及ぼします。今回のシミュレーションの結果からは、HFやCMの補正がよさそうでした。さまざまな設定においてそれぞれの補正方法の有効性をご自身で確認してみてください。

5.6 演習問題

5.6.1 演習問題 1

母標準偏差が異なる場合（$\sigma = 1, 5, 10$）の3群の分散分析で、タイプIエラー確率がどのような値になるかをシミュレーションで確認してみましょう。また群ごとのサイズが変化したときのタイプIエラー確率の変化も確認してみましょう。

適切な検定のためのサンプルサイズ設計

本章では、統計的検定におけるサンプルサイズ設計を解説します。分析結果を見てからサンプルサイズを変更することの問題を、シミュレーションを通して解説します。また、サンプルサイズを事前に設計するための方法を、いくつかの検定タイプごとに解説します。

6.1 統計的検定とQRPs

心理学において、実験結果が再現されないという問題が2010年代に話題を呼び、それに対して数多くの「改革」がなされてきました。その中でも、心理学内で統計的検定が不適切に使われてきたことが指摘され、**問題のある研究実践**（questionable research practices；QRPs）を避けるための枠組みが整理されてきました。本章では、より適切に統計的検定を行うために、いったい何が検定においてQRPsになりえるか、そしてQRPsを避けるためにどのように検定を行えばいいのかについて、シミュレーションを通して解説することが目的となります。特に、適切な検定のためにはサンプルサイズ設計が重要になるため、後半はさまざまな統計的手法においてサンプルサイズを設計するためのシミュレーション方法も解説します。

6.1.1 結果を見てから帰無仮説を変更する（HARKing）ことの問題

5章で解説したように、統計的検定はあらかじめ許容できるタイプⅠエラーとタイプⅡエラーの確率（これを α と β というのでした）を定め、検定したい母数とその帰無仮説（および対立仮説）をあらかじめデザインすることが重要です。検定の前に決めておくべきことを以下に挙げます。

1. 確率モデルと検定する母数
2. その母数についての帰無仮説

3. α と β
4. 計算する検定統計量
5. サンプルサイズ

この5つが定まれば、帰無分布の形状と棄却域が自動的に定まります。逆に、これらを検定統計量を計算してから変更してしまうと、エラー確率のコントロールができなくなってしまいます。このことをシミュレーションで確かめてみましょう。

まずは、検定統計量を見てから帰無仮説を変更する問題について考えます。例えば、次のような実践を想定します。

統制群が1つ、実験群が2つある3つの群の平均値を比較し、その差を分散分析で検定したいとします。有意な結果が得られたら、有意であったことを報告します。しかし、分散分析が有意ではないけど、特定の実験群だけ統制群と有意な差が見られたとします。その場合は、最初から差がでなかった方の実験群は設定していなかったことにして、有意差が出た実験群との比較だけを報告します。

一般に、結果を見てから仮説を変更することをHypothesizing After the Results are Knownの頭文字をとって、**HARKing**と呼びます。特に検定の文脈においては、検定結果を見てから帰無仮説を変更することを指します。上の例でいえば、帰無仮説は当初、$\mu_1 = \mu_2 = \mu_3$ であったものが、有意でないという結果を見ることによって、$\mu_1 = \mu_2$ に変更されているということになります。

さて、この実践（HARKing）はどのように問題があるでしょうか。実際に2つの群ではたしかに有意な差が出ているのだから、そこだけを報告するのは悪いことではないと考える人がいるかもしれません。しかし、これは5章で解説した検定の多重性に関わる問題が内在しています。本来は分散分析で検定を1回だけしかしないはずなのに、有意でない場合だけ t 検定を繰り返しているということになります。当然これでは有意な結果が出やすくなるため、定めた α よりもタイプⅠエラー確率が上昇することが考えられます。

それでは、シミュレーションを行うことで、この検定におけるHARKingによって本当にタイプⅠエラー確率が上昇してしまうのかを確認してみましょう。以下では、5章で解説した分散分析のコードをもとに、当初想定した帰無仮説に基づいた分散分析で有意にならなかった場合に t 検定を繰り返すという営みを追加しています。例えば統制群が1つあり、2つの実験群があるとします。もし分散分析が有意にならなかったとき、統制群との差が有意な方だけの結果を報告し、差がなかった方は「はじめからその条件はなかったことにする」ということにします。

```
# 設定と準備
# install.packages("car") # 未インストールの場合は最初に一度実行する
library(car)
alpha <- 0.05
k <- 3
n <- c(20, 20, 20)
mu <- c(5, 5, 5) # すべて差がない
sigma <- 2 # 等分散を仮定
X <- c(rep(1, n[1]), rep(2, n[2]), rep(3, n[3])) |> as.factor()
iter <- 10000

# 結果を格納するオブジェクト
pvalue <- rep(0, iter)
type1error <- 0

# シミュレーション
set.seed(123)
for (i in 1:iter) {
  Y1 <- rnorm(n[1], mu[1], sigma)
  Y2 <- rnorm(n[2], mu[2], sigma)
  Y3 <- rnorm(n[3], mu[3], sigma)
  Y <- c(Y1, Y2, Y3)
  result <- aov(Y ~ X) |> Anova()
  pvalue <- result$`Pr(>F)`[1]
  if (pvalue < alpha) { # 有意だった場合はその結果を報告する
    type1error <- type1error + 1
  } else { # 有意にならなかった場合にt検定を繰り返す
    pvalue12 <- t.test(Y1, Y2)$p.value
    pvalue13 <- t.test(Y1, Y3)$p.value
    if (pvalue12 < alpha | pvalue13 < alpha) {
      type1error <- type1error + 1
    }
  }
}

# 結果
type1error / iter
```

出力

```
[1] 0.0959
```

繰り返しHARKingを実践してしまうと、タイプⅠエラー確率は、$\alpha = 5\%$であったにもかかわらず9.59%まで上昇してしまいます。同じデータなのだから、それをどのように分析しても結果は変わらないのではないかという疑問が残るかもしれませ

ん。しかし、統計的検定の正当性は、手続き全体が持つエラー確率をコントロールする点にあります。HARKingを行うことは、その手続き全体での推論のエラーを、定めた基準に収めることができないという問題を持ちますので、QRPsの1つとして考えられています。

HARKingの問題は帰無仮説の事後設定にありますが、ここで挙げた例だけでなく、例えば有意な従属変数だけの結果を報告する、実験効果が有意になる共変量を選択するといったことも含みます。つまり、分析する側にとって自由度を大きくすることで、結果を見てから見かけ上有意になりやすいように帰無仮説を選択することはすべてHARKingになります（これらのQRPsはp-hackingとも呼ばれます）。ただ、人間の行うことですから、結果を見てしまうとついつい「そうそう、はじめからそう思っていたのだ」と後知恵を働かせてしまうこともあります。このような問題を避けるために、統計的検定の文脈では事前登録を行うことが推奨されています。事前登録については長谷川ら（2021）[※1]の論文が詳しいです。

6.1.2　サンプルサイズの事後決定

QRPsはHARKingだけではありません。結果を見てからサンプルサイズを変更することもQRPsにあたります。すでに説明したように、適切にエラー確率をコントロールするためには、帰無仮説だけでなくサンプルサイズも事前に決定しておく必要があります。そうでなければ、帰無分布の棄却域が定まらないためです。1章でも簡単にデモンストレーションをしましたが、結果を見てからサンプルサイズを変更する手続きを繰り返すと、タイプⅠエラー確率がどのように変化するのかを確認していきましょう。このシミュレーションはSimmons et al.（2011）[※2]の研究を参考にしています。

例えば、次のような実践を想定します。

統制群と実験群の差を検定するために、20人を対象に10回の実験を行う。有意な場合はそのまま報告するが、有意でなかった場合はサンプルサイズを各条件で1つずつ大きくし、もう一度検定を行う。これを有意になるまで検定と実験を繰り返していく。

この実践をシミュレーションするために、5章で行ったt検定のシミュレーションのコードを応用します。いくら有意になるまで実験を繰り返すといっても、際限なく

※1　長谷川龍樹，多田奏恵，米満文哉，池田鮎美，山田祐樹，高橋康介，近藤洋史（2021）．実証的研究の事前登録の現状と実践，心理学研究，92, 188-196.

※2　Simmons, J.P., Nelson, L.D., & Simmonsohn, U.（2011）. False-positive psychology: Undisclosed flexibility in data collection and analysis allows presenting anything as significant. Psychological Science, 22, 1359-1366.

実験をするのは現実的ではないので、当初のサンプルサイズの倍を上限にし、有意になるか上限に達するまで実験を繰り返すことにします。

```
# 設定と準備
n <- c(10, 10) # サンプルサイズ
mu <- c(0, 0) # 母平均が等しい設定にする
sigma <- 2 # 母標準偏差
iter <- 10000 # シミュレーション回数
alpha <- 0.05 # 有意水準

# 結果を格納するオブジェクト
pvalue <- rep(0, iter) # p値を格納する

# シミュレーション
set.seed(123)
for (i in 1:iter) {
  # 最初の実験
  Y1 <- rnorm(n[1], mu[1], sigma) # 群1のデータ生成
  Y2 <- rnorm(n[2], mu[2], sigma) # 群2のデータ生成
  result <- t.test(Y1, Y2, var.equal = TRUE) # t検定の結果を出力
  pvalue[i] <- result$p.value # p値を取得
  count <- 0
  while (pvalue[i] >= alpha && count < 10) {
    # p値がαより大きい、かつ、countが10未満のときに反復
    Y1 <- c(Y1, rnorm(1, mu[1], sigma))
    Y2 <- c(Y2, rnorm(1, mu[2], sigma))
    result <- t.test(Y1, Y2, var.equal = TRUE)
    pvalue[i] <- result$p.value # 新たにp値を取得
    count <- count + 1
  }
}

## 結果
# 誤って帰無仮説を棄却した割合
type1error <- ifelse(pvalue < alpha, 1, 0) |> mean()
# 表示
type1error
# p値の分布
pvalue |> hist()
```

出力

```
[1] 0.134
```

以下のコードでは、1,000回のシミュレーションを行っています。最初の実験を行う箇所は t 検定のコードと同じです。その後、while文を使って繰り返し処理をする箇所が、データを見てからサンプルサイズを増やしている部分です。ここでは、「p 値が α より大きい、かつ、countが10未満の間」繰り返し処理を続行する、と書いています。countという変数で繰り返し処理を制御している点に注意しましょう。countを足し忘れるといつまで経っても処理が終わらない可能性があるので気をつけてください。

```
pvalue |> hist()
```

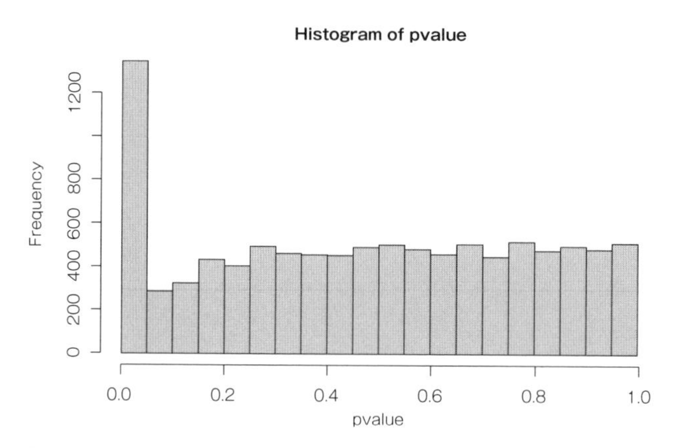

図6.1 HARKingによる検定の p 値の分布

シミュレーションの結果、タイプIエラー確率はなんと13.4%まで膨れ上がりました。p 値の分布も、値が小さい実現値が特異的に確率が高くなっているのがわかります。このシミュレーションから、検定結果を見てからサンプルサイズを大きくしていくという実践は、有意になりそうな範囲の結果を無理やり有意にすることで、p 値の分布を歪めていることがわかります。

結果を見てからサンプルサイズを増やすとき、p 値がまったく α に近くない場合に「もうちょっと実験をしたら有意な結果が出そうだ」とは思わないでしょう。そこで、p 値が α の2倍、すなわち10%以下の場合だけサンプルサイズを増やしていくという実践を繰り返す場合を考えましょう。実験追加の上限は考えないものとします。ただし、シミュレーションを終わらせるために、かなり大きい100回を上限に設定しておきます。なお、このシミュレーションはMurayama et al.(2014) を参考にしています[※3]。

※3 Murayama, K., Pekrun, R., & Fiedler, K. (2014). Research Practices That Can Prevent an Inflation of False-Positive Rates. Personality and Social Psychology Review, 18(2), 107-118.

```
## 設定と準備
n <- c(10, 10) # サンプルサイズ
mu <- c(0, 0) # 母平均が等しい設定にする
sigma <- 2 # 母標準偏差
iter <- 10000 # シミュレーション回数
alpha <- 0.05 # 有意水準

# 結果を格納するオブジェクト
pvalue <- rep(0, iter) # p値を格納する変数を宣言

# シミュレーション
set.seed(123)
for (i in 1:iter) {
  # 最初の実験
  Y1 <- rnorm(n[1], mu[1], sigma) # 群1のデータ生成
  Y2 <- rnorm(n[2], mu[2], sigma) # 群2のデータ生成
  result <- t.test(Y1, Y2, var.equal = TRUE) # t検定の結果を出力
  pvalue[i] <- result$p.value # p値を取得
  for (j in 1:100) {
    if (pvalue[i] < alpha) {
      # 有意なときは実験を終了する
      break
    } else if (pvalue[i] < (alpha * 2)) {
      # αの2倍にp値が収まったとき、それぞれの条件で1回実験を追加する
      Y1 <- c(Y1, rnorm(1, mu[1], sigma))
      Y2 <- c(Y2, rnorm(1, mu[2], sigma))
      result <- t.test(Y1, Y2, var.equal = TRUE)
      pvalue[i] <- result$p.value # 新たにp値を取得
    } else {
      # αの2倍にも収まらない場合はあきらめる
      break
    }
  }
}

## 結果
# 誤って帰無仮説を棄却した割合
type1error <- ifelse(pvalue < alpha, 1, 0) |> mean()
# 結果の表示とプロット
type1error
pvalue |> hist()
```

```
[1] 0.0694
```
出力

```
pvalue |> hist()
```

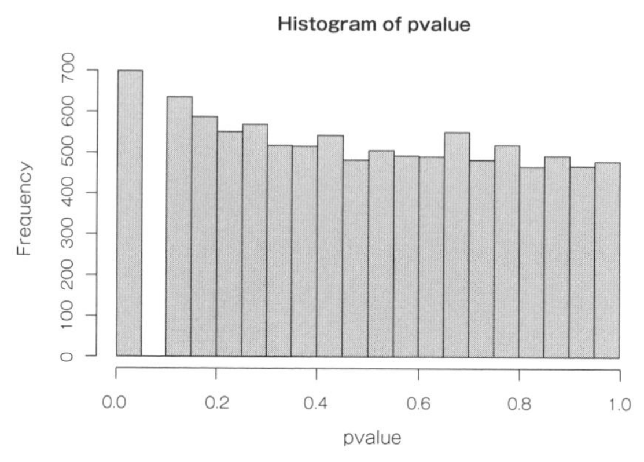

図6.2 p 値が5%より大きく10%未満のときだけサンプルサイズを増やしたときの p 値の分布

このような実践でも、やはりタイプⅠエラー確率は α を超えました。p 値の分布も、5～10%の場合はすべて有意になるまで実験を繰り返しているので度数が0になっています。これは p 値が5%以下になってそこで検定が終わったか、p 値が10%以上になってしまって途中であきらめたか、のどちらかになるためです。その結果、有意になる確率が不当に大きくなってしまうのです。

6.2 タイプⅡエラー確率のコントロールとサンプルサイズ設計

これまで、QRPsによってタイプⅠエラー確率が α を超えてしてしまうさまざまな状況をシミュレーションで示してきました。しかし、タイプⅡエラー確率をコントロールする方法については議論していませんでした。タイプⅡエラーは、帰無仮説が偽のとき（すなわち対立仮説が真のとき）、誤って帰無仮説を保留してしまう誤りのことでした。本節では、タイプⅡエラー確率をコントロールする重要性と、その設計方法について解説します。

新事実の発見という目的において、本当は効果がないのに誤って効果があるといってしまうことは、社会的にも大きなリスクがあります。例えば、新薬を作るとき、本当は薬効がないのに効果があるといってしまった場合、何の役にも立たない薬を販売してしまうことになりますし、場合によっては副作用のリスクも負うことになってしまいます。科学的実践においては、タイプⅠエラー確率を一定以下に収めることが最重要であると考えられています。

一方で、タイプⅡエラーは、本当は効果があるのにそれを見逃してしまうことなので（もったいないことではありますが）、特に心理学ではそれほど重要視されてきませんでした。しかし、再現性問題が持ち上がってから、追試実験の重要性に再び注目が集まりました。それにより、一度論文などで有意だと報告された実験効果が本当にあるのかを確かめるため、最初の実験を行った研究チームとは異なるチームが実験を行い、結果が再現されるかを確認することの必要性が共有されつつあります。そのとき、タイプⅡエラー確率がとても高い（すなわち正しく効果が検出できない）実験をしてしまうと、本当は効果があるのに「追試失敗」という烙印が押されてしまいます。研究者同士の協働を考えるうえで、追試の精度を上げるためにタイプⅡエラー確率も適切にコントロールすることが求められます。

また、タイプⅡエラー確率を適切にコントロールすることは、別の観点からも必要です。そもそも実験や調査というのは社会の資源を活用して行われますし、また人間や動物を対象にする研究の場合は、参加者・被検体の負担もあります。特に、医療や臨床のデータでは、患者を対象にすることもあるため、そもそも対象者が少ない、研究参加の負担が大きい、などの問題もありえます。すなわち、許容できるエラー確率（ここでは β ）を極端に小さくすることは、資源や負担を過剰に高めてしまうという問題があるのです。

このような背景から、タイプⅡエラー確率を適切にコントロールするための理論と手続きを理解することが重要であるといえます。以下では、タイプⅡエラー確率を計算するための理論的背景について解説します。

6.2.1　非心分布

帰無仮説が正しいとき、検定統計量が従う分布を帰無分布といいました（5章参照）。しかし、帰無仮説は検定の手続き上、仮に定められたものにすぎず、多くの場合は帰無仮説は正しくはありません。では、実際に検定統計量が従う分布はどのような分布でしょうか。5章でも解説したように、実際に検定統計量が従う分布のことを**非心分布**と呼びます。検定統計量を計算するとき、実際の母数とは違う値で標準化されているため、このように名付けられています。例えば、母平均 μ を推定するとき、一致かつ不偏推定量になる標本平均を使います。4章で解説したように、標本平均 $\bar{Y}$ は母集団分布が正規分布で近似できるとき、あるいはサンプルサイズが十分に大きいとき、正規分布に従います。母分散が未知の場合は、分析する側は標本平均の正確な標本分布を知ることができませんが、標本平均を母平均 μ と不偏分散の平方根 U で標準化した、以下の量

$$T' = \frac{\bar{Y} - \mu}{U/\sqrt{n}}$$

は t 分布に従うことはわかります。よって、分析者は標本平均そのものではなく、この値を用いることで、信頼区間などを計算できるのでした（4章参照）。

さて、5章で解説したように、検定統計量 t 値は実際の母数ではなくて帰無仮説で想定されている μ_0 で標準化しています。つまり、

$$T = \frac{\bar{Y} - \mu_0}{U/\sqrt{n}}$$

です。このように標準化している母平均が違っているため、検定統計量 t 値は t 分布には従わず、μ と μ_0 のズレの分だけ、違った分布に従います。その分布のことを非心 t 分布というのです。非心とは、いわば母数で中心化されてない量が従う分布ということです。非心 t 分布の他に、非心 F 分布や非心 χ^2 分布などがあります。これらの非心分布は、非心 t 分布同様、帰無仮説が F 分布、χ^2 分布のときに、実際に検定統計量が従う分布となっています。

非心 t 分布には、非心度というパラメータがあり、λ と表記します。これは上で解説したように、μ と μ_0 のズレを反映したもので、

$$\lambda = \frac{\mu - \mu_0}{\sigma/\sqrt{n}} \tag{6.1}$$

で計算できる量です。分母に含まれているのは σ ですから、不偏分散の平方根ではなく、母標準偏差であることに注意してください。この非心度の大きさの分だけ、非心 t 分布は t 分布からズレた分布になります。

非心分布は、確率密度関数はとても複雑ですが、Rでは簡単に使うことができます。例えば非心 t 分布であれば、はじめから入っているdt関数を使うだけで描画することができます。

```
# t分布と非心t分布
curve(dt(x, 25, ncp = 0), xlim = c(-4, 8), lty = 2) # t分布
curve(dt(x, 25, ncp = 3), add = TRUE) # 非心度3の非心t分布
legend("topright", legend = c("t分布", "非心t分布"), lty = c(2, 1))
```

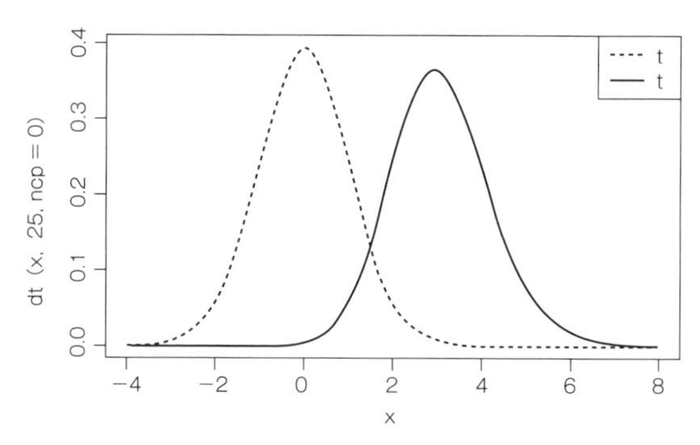

図 6.3 t 分布と非心 t 分布

6.2.2 タイプⅡエラー確率の計算

さて、非心分布を使うことでタイプⅡエラー確率の計算ができるようになります。繰り返しになりますがタイプⅡエラーは「対立仮説が正しいとき、帰無仮説を保留してしまうエラー」でした。これを言い換えると、「非心分布に従う検定統計量が、帰無仮説によって設定された棄却域に入らない」ことを指します。いま、非心度 $\lambda = 3$ の場合のタイプⅡエラー確率を考えます。すると、タイプⅡエラー確率は、図6.4の濃い灰色の部分が占める面積に対応します。また薄い灰色の部分はタイプⅠエラーの確率を表しています。

```
lambda <- 3 # 非心度
df <- 25 # 自由度
alpha <- 0.05 # 有意水準
i <- 200 # 描画の細かさ

curve(dt(x, df),
  xlim = c(-2, 7),
  lty = 2,
  xlab = "非心度=3のときのタイプⅠエラー確率(薄)とタイプⅡエラー確率(濃)"
)
# 帰無分布の描画
# 臨界値から8までの値を200区切りで用意
xx <- seq(qt(1 - alpha / 2, df), 7, length = i)
yy <- dt(xx, df) # xxに対応したt分布の密度を得る
# タイプⅠエラー確率を色付け
polygon(c(xx, rev(xx)), c(rep(0, i), rev(yy)), col = rgb(0.7, 0.7, 0.7, 0.5))
```

```
curve(dt(x, df, ncp = lambda), add = TRUE) # 非心t分布の描画
#-2から臨界値までの値を200区切りで用意
xx <- seq(-2, qt(1 - alpha / 2, df), length = i)
yy <- dt(xx, df, ncp = lambda) # xxに対応した非心t分布の密度を得る
# タイプⅡエラー確率を色付け
polygon(c(xx, rev(xx)), c(rep(0, i), rev(yy)), col = rgb(0.3, 0.3, 0.3, 0.5))
```

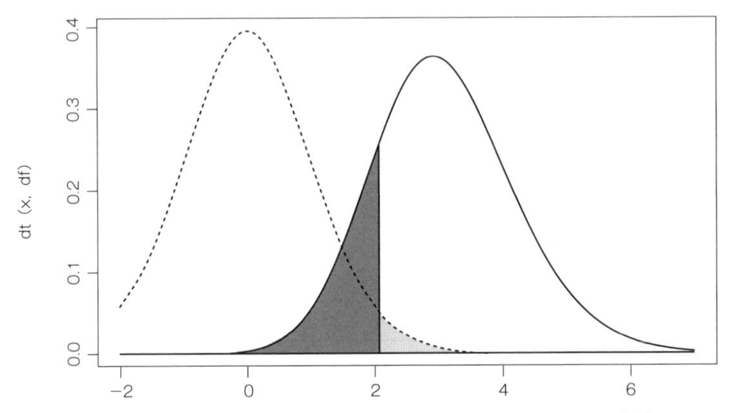

図6.4 非心度=3のときタイプⅠエラー確率(薄)とタイプⅡエラー確率(濃)

図6.4のように、2つのエラー確率は臨界値を境にして、帰無分布と非心分布からそれぞれ求めることができます。続いて、非心度を変えるとタイプⅡエラーがどのように変化するかを見てみましょう。

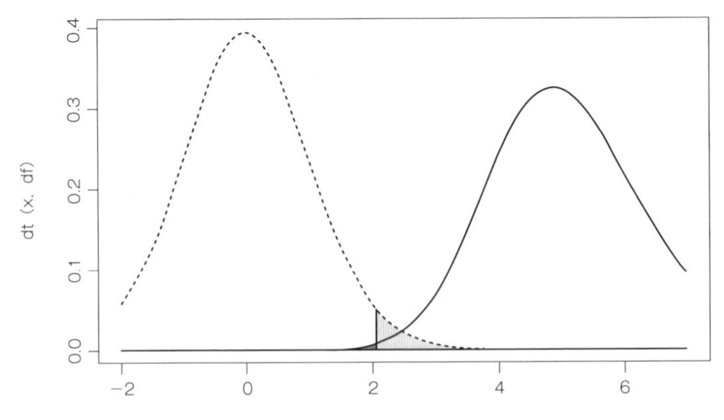

図6.5 非心度=5のときのタイプⅠエラー確率(薄)とタイプⅡエラー確率(濃)

図6.5では、タイプⅠエラー確率は変化がありませんが、タイプⅡエラー確率はずいぶん小さくなったことがわかります。タイプⅡエラー確率のコントロールには非心度が重要な意味を持つことがわかります。

そこで式（6.1）について、

$$\delta_0 = \frac{\mu - \mu_0}{\sigma}$$

という量、δ_0 を考えます。この量を**標準化平均値差**と呼びます。式からわかるように、標準化平均値差は帰無仮説で仮定されている μ_0 と母数の差を母標準偏差で標準化したものです。また一般に、標準化された μ_0 と母数 μ の差のことを**母効果量**(population effect size）と呼びます。母効果量は実験などによって検出したい効果の母集団における値です。

この母効果量 δ_0 を用いると、非心度 λ を次のように書き直すことができます。

$$\lambda = \delta_0 \sqrt{n}.$$

すなわち、非心度は母効果量とサンプルサイズの関数であることがわかります。したがって、母効果量が大きい、あるいはサンプルサイズが大きいときに非心度が大きくなり、それにともなってタイプⅡエラー確率も小さくなっていきます。タイプⅡエラー確率をコントロールするためには、母効果量とサンプルサイズを適切に設定する必要があるわけです。例えば、タイプⅡエラー確率を20%未満に設定する、つまり β を0.2にするなら、濃い灰色の面積が0.2になるように非心度を定めます。サンプルサイズを設計する目的であるなら、非心度を構成するもう1つの要素である母効果量も決めておかなければなりません。もし母効果量が見積もれているなら、タイプⅡエラー確率が β 未満になるような（最小の）サンプルサイズを決めればよいことになります。この考え方が、サンプルサイズ設計の基本的な理論になっているのです。

6.2.3 母効果量の見積もりとサンプルサイズ設計

これまでの議論によって、タイプⅡエラー確率を β 未満に抑えるようにサンプルサイズを設計するためには、あらかじめ母効果量を見積もっておく必要があることがわかりました。しかし、母集団における効果量を事前に知ることは基本的にはできません。ではどのようにそれを見積もればいいのでしょうか？

エラー確率のコントロールは、定めた α、β「未満」にすることです。よって正確な母効果量を知っておく必要はありません。例えばサンプルサイズが25で δ_0 が0.5

のとき、非心度は

$$\lambda = 0.5\sqrt{25} = 2.5$$

となります。そこで、分析者が δ_0 を小さめに見積もって、0.2だと考えたとします。すると分析者が見積もった非心度は

$$\lambda = 0.2\sqrt{25} = 1$$

となります。このように母効果量を小さく見積もれば、非心度も当然小さくなります。タイプⅡエラー確率は非心度が大きいほど小さくなるのですから、母効果量を小さく見積もった状態で分析者の定めた β に従ってサンプルサイズを設計したとしても、タイプⅡエラー確率は β 未満になることがわかります。

また検定におけるサンプルサイズ設計では、必ずしも母効果量に基づいて仮説を評価する必要があるとも限りません。ある特定の効果量より大きい場合にだけ、有意差が検出できればいいという場合もあります。実際に母効果量が見積もった δ_0 より小さいとしても、そのような小さな効果は検出できなくてもいいと考えることで、検定の実践を正当化することができるためです。この「最低限検出したい効果」のことを、**最小関心効果量**（Smallest Effect Size of Interest；SESOI）と呼びます。

SESOIの見積もりも簡単ではありませんが、先行研究の情報などから、これぐらいは効果が出ないと意味がないなと思える量を設定します。追試の場合は、追試の対象となっている研究で報告された効果量に設定するのが一番わかりやすいと思います。

6.3 サンプルサイズ設計の実践

前節では、非心分布と非心度によるタイプⅡエラー確率の計算と、それに基づくサンプルサイズ設計の理論的な解説を行いました。本節では、具体的にさまざまな検定におけるサンプルサイズ設計の実践について解説します。

6.3.1 1標本の t 検定のサンプルサイズ設計

1標本の t 検定におけるサンプルサイズ設計の理論的な話は前述の通りです。つまり、非心 t 分布を使ってタイプⅡエラー確率を計算し、それが設定した β 未満になるように非心度を調整すればいいわけです。Rを使ってサンプルサイズ設計をするための方法を以下のステップごとに解説していきます。

1. 小さめの(最低でもこれぐらいはとる) サンプルサイズ n を適当に決める
2. 見積もった効果量 δ_0 と n から非心度 λ を計算する
3. n から帰無分布 (t 分布) の自由度を計算し、定めた α から臨界値を計算する
4. 2で求めた臨界値と非心度からタイプⅡエラー確率を計算する
5. タイプⅡエラー確率が定めた β を下回っていればそこで終了。上回っていれば $n = n + 1$ をして2に戻る

上記のステップをコードにしてみましょう。サンプルサイズは小さめに $n = 5$ からはじめてみましょう。これだけサンプルサイズが小さいと、タイプⅡエラー確率はとても大きくなります。まずそれを計算してみます。

```
alpha <- 0.05
beta <- 0.20
delta <- 0.5 # 見積もった効果量
n <- 5 # 最初に定めたサンプルサイズ

df <- n - 1 # 自由度の計算
lambda <- delta * sqrt(n) # 非心度の計算
cv <- qt(p = 1 - alpha / 2, df = df) # 臨界値の計算
# タイプⅡエラー確率の計算
type2error <- pt(q = cv, df = df, ncp = lambda)
# 出力
type2error
```

```
[1] 0.8615472
```
出力

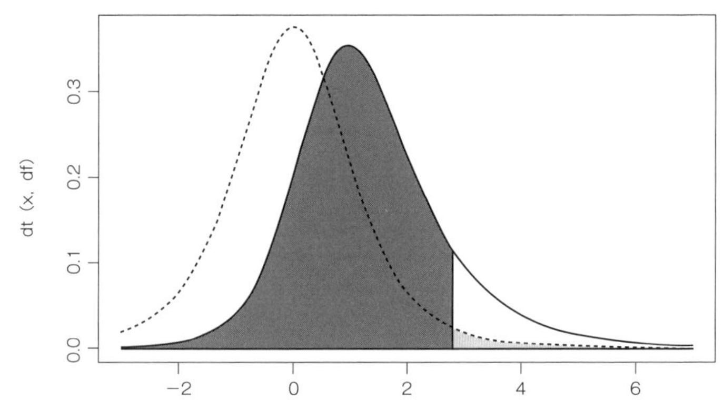

図 6.6 $n = 5$ のときのタイプⅡエラー確率

このように、タイプⅡエラー確率は86%となりました。β の20%からはまだ遠い値です。ここから、順番にサンプルサイズを大きくしていきます。以下で示すように、タイプⅡエラー確率の計算を関数にまとめてみましょう。

```
t2e_ttest <- function(alpha, delta, n) {
  df <- n - 1 # 自由度の計算
  lambda <- delta * sqrt(n) # 非心度の計算
  cv <- qt(p = 1 - alpha / 2, df = df) # 臨界値の計算
  # タイプⅡエラー確率の計算
  type2error <- pt(q = cv, df = df, ncp = lambda)
  return(type2error)
}
```

$n = 10$ から5ずつ増やしていった場合、タイプⅡエラー確率はどう変化するでしょうか。

```
alpha <- 0.05
beta <- 0.20
delta <- 0.5 # 見積もった効果量
# n=10の場合
t2e_ttest(alpha, delta, n = 10)
```

```
[1] 0.7071714
```
出力

```
# n=15の場合
t2e_ttest(alpha, delta, n = 15)
```

```
[1] 0.5621534
```
出力

```
# n=20の場合
t2e_ttest(alpha, delta, n = 20)
```

```
[1] 0.4355171
```
出力

徐々にタイプⅡエラー確率が下がっているのがわかります。あとはfor文を使ってnを順に増やしていく処理を書いてみましょう。そして、タイプⅡエラー確率がβを下回ったら、for文を抜けるようにしてみます。ここでは上限を1,000人にしていますが、場合によっては必要サンプルサイズが1,000を超えることもあるので、必要に応じて大きい値を指定してください。

```
## 設定と準備
alpha <- 0.05
beta <- 0.20
delta <- 0.5

iter <- 10000

## シミュレーション
for (n in 5:iter) {
  type2error <- t2e_ttest(alpha, delta, n)
  if (type2error <= beta) {
    break # for文を抜ける処理
  }
}

## 結果
# 条件を満たすn
n
# そのときのタイプIIエラー
type2error
```

```
[1] 34
```

```
type2error
```

```
[1] 0.1922233
```

サンプルサイズは34人で、β の20%を下回りました。そのときのタイプIIエラー確率は19.2%です。

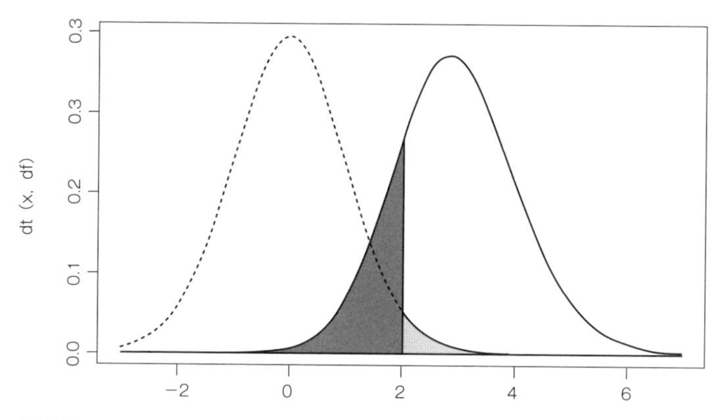

図 6.7 $n = 34$ のときのタイプIIエラー確率

1標本の t 検定における基本的なサンプルサイズ設計の方法を解説しました。設計したい検定に合わせてt2e_ttestの関数を変えれば、同じ枠組みでサンプルサイズを決めることができます。対応のある t 検定も1標本の t 検定と同じく方法で設計することができます。

6.3.2 対応のない t 検定

対応のない t 検定におけるサンプルサイズ設計について解説します。対応のない t 検定も、基本的には1標本の t 検定と同じ枠組みでサンプルサイズ設計が可能です。ただし、非心度の計算方法が異なります。対応のない t 検定では、各群の標本平均の差の分散は、

$$V[\bar{Y}_1 - \bar{Y}_2] = \frac{\sigma_1^2}{n_1} + \frac{\sigma_2^2}{n_2}$$

のようにそれぞれの標本平均の分散の和で計算できます（独立な確率変数の和（差）の分散の公式を使います）。ここで、t 検定では両群の母分散が等しいと仮定するので（ここでは理論的な解説のために、母分散が等しい場合の話をしています）、

$$V[\bar{Y}_1 - \bar{Y}_2] = \frac{\sigma^2}{n_1} + \frac{\sigma^2}{n_2} = \sigma^2\left(\frac{1}{n_1} + \frac{1}{n_2}\right) = \sigma^2/\left(\frac{n_1 n_2}{n_1 + n_2}\right)$$

となります。すなわち、差の分散に対応するサンプルサイズは $\left(\frac{n_1 n_2}{n_1+n_2}\right)$ になるわけです。よって、非心度 λ は

$$\lambda = \delta_0\sqrt{\left(\frac{n_1 n_2}{n_1 + n_2}\right)}$$

で計算することができます。

ここから、対応のある t 検定のタイプⅡエラー確率の計算のための関数は以下のようになります。自由度の計算と、非心度の計算が1標本のときと違っている点に注意しましょう。

```
t2e_ttest_ind <- function(alpha, delta, n1, n2) {
  df <- n1 + n2 - 2 # 自由度の計算
  lambda <- delta * sqrt((n1 * n2) / (n1 + n2)) # 非心度の計算
  cv <- qt(p = 1 - alpha / 2, df = df) # 臨界値の計算
  # タイプⅡエラー確率の計算
  type2error <- pt(q = cv, df = df, ncp = lambda)
  return(type2error)
}
```

基本的にシミュレーションの方法は同じですが、対応のない t 検定では2つの群のサンプルサイズを決める必要があるので、少し工夫が必要です。よく使われるのは、n_1 に対する n_2 のサイズの比率を決める方法です。もし両群を同じサイズにするならratio=1としておきます。

```
## 設定と準備
alpha <- 0.05
beta <- 0.20
delta <- 0.5
ratio <- 1 # n1に対するn2の大きさを表す比率
```

```
iter <- 10000

## シミュレーション
for (n1 in 5:iter) {
  n2 <- ceiling(n1 * ratio) # ceilingは切り上げの関数
  type2error <- t2e_ttest_ind(alpha, delta, n1, n2)
  if (type2error <= beta) {
    break
  }
}

## 結果
# 必要サンプルサイズ
n1 + n2
```

```
[1] 128
```
出力

```
# そのときのタイプIIエラー
type2error
```

```
[1] 0.1985414
```
出力

このように、128人という意外に大きいサンプルが必要であることがわかります。効果がある現象をしっかり有意差として検出するためには、十分な大きさのサンプルが必要なのです。逆に、社会調査データではもっとたくさんのデータを集めることもあります。すでに集めたデータの場合でも、検定をするときにどれくらいの検出力があるのかを計算しておくことは、検定結果の理解のためにも重要なことです。

6.4 いろいろな検定におけるサンプルサイズ設計の実践

6.4.1 相関係数のサンプルサイズ設計

4章で解説したように、相関係数の検定統計量は t 値で、以下の式で計算できるのでした。

$$t = \frac{r}{\sqrt{1-r^2}}\sqrt{n-2}.$$

この値は帰無仮説 $\rho = 0$ が正しいとき、自由度 $n-2$ の t 分布に従います。すなわち、母相関係数が0のときにだけ、この検定統計量が t 分布に従うということです。しかし、実際に母相関係数が0になることはまれです。実際にこの値が従うのは、帰無仮説と母相関係数のズレを反映した、非心 t 分布です。母相関係数 ρ において、非心度 λ は次の式で計算できます。

$$\lambda = \frac{\rho}{\sqrt{1-\rho^2}}\sqrt{n}.$$

このことから、非心度 λ を持つ非心 t 分布を使って、相関係数のサンプルサイズ設計もできることがわかります。相関係数のタイプⅡエラー確率を計算するための関数を以下に示します。

```
t2e_cor <- function(alpha, rho, n) {
  df <- n - 2 # 自由度の計算
  lambda <- rho / sqrt(1 - rho^2) * sqrt(n) # 非心度の計算
  cv <- qt(p = 1 - alpha / 2, df = df) # 臨界値の計算
  # タイプⅡエラー確率の計算
  type2error <- pt(q = cv, df = df, ncp = lambda)
  return(type2error)
}
```

ここで作成したt2e_cor関数を使って、以下のようにして相関係数のサンプルサイズ設計を行います。

```
## 設定と準備
alpha <- 0.05
beta <- 0.20
rho <- 0.3 # 検出したい効果量

## シミュレーション
for (n in 5:1000) {
  type2error <- t2e_cor(alpha, rho, n)
  if (type2error <= beta) {
```

```
    break
  }
}


## 結果
# 必要サンプルサイズ
n
```

```
[1] 82
```
出力

```
# そのときのタイプIIエラー
type2error
```

```
[1] 0.1966964
```
出力

検出したい相関係数の大きさを0.3に見積もった場合に、$\alpha = 0.05$、$\beta = 0.20$ の下で、必要サンプルサイズは82となりました。

6.4.2 一元配置分散分析のサンプルサイズ設計

5章で、一元配置分散分析の検定統計量 F 値の計算方法を解説しました。分散分析は、帰無仮説が正しくないとき、検定統計量は非心 F 分布と呼ばれる確率分布に従います。

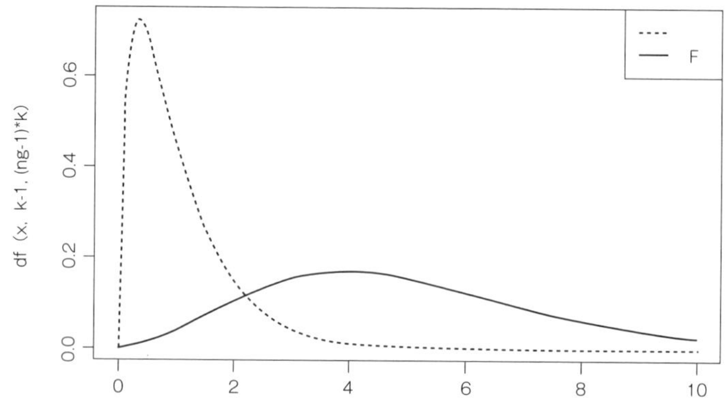

図 6.8 F 分布（破線）と非心 F 分布（実線）

分散分析で使われる母効果量として、η^2 があります。η は相関比とも呼ばれ、量的変数と質的変数の相関係数のようなものです。その2乗が分散分析で使われる効果量である、η^2 です。η^2 の推定値 $\hat{\eta^2}$ は、全体の平方和のうち、要因の効果の平方和の比となります。よって、

$$\hat{\eta^2} = \frac{\sum_{i=1}^{a} n_j(\bar{y_i}. - \bar{y})^2}{\sum_{i=1}^{a}\sum_{j=1}^{n_i}(y_{ij} - \bar{y})^2} = \frac{SS_A}{SS_{total}}$$

で計算できます。ここで SS_A は要因の平方和を意味します。

非心 F 分布の非心度は、この母効果量 η^2 から、次の式で計算できます。

$$\lambda = \frac{\eta^2}{1 - \eta^2} n \tag{6.2}$$

この式は、相関係数の非心度を計算するときの式によく似ています。これは、ρ と η が本質的には同じ効果量であることに起因しています。

さて、この非心度の計算式から、一元配置分散分析のタイプⅡエラー確率を以下で示すように計算できます。必要な情報は、群の数 k 、群ごとのサンプルサイズ n_g 、そして母効果量 η^2 です。ただし、ここでは簡単のためにサンプルサイズが群ごとに等しいこを仮定します。よって、サンプルサイズ n は $n = n_g k$ で計算されます。

```
t2e_1way <- function(alpha, eta_sq, k, ng) {
  df1 <- k - 1 # 群間の自由度
  df2 <- (ng - 1) * k # 群内の自由度
  lambda <- eta_sq / (1 - eta_sq) * ng * k # 非心度の計算
  cv <- qf(p = 1 - alpha, df1 = df1, df2 = df2) # 臨界値の計算
  # タイプⅡエラー確率の計算
  type2error <- pf(q = cv, df1 = df1, df2 = df2, ncp = lambda)
  return(type2error)
}
```

この関数を使って、一元配置分散分析のサンプルサイズ設計のコードは以下のように書けます。

```
## 設定と準備
alpha <- 0.05
beta <- 0.20
k <- 3
```

```
eta_sq <- 0.06 # 検出したい効果量

iter <- 10000

## シミュレーション
for (ng in 5:iter) {
  type2error <- t2e_1way(alpha, eta_sq, k, ng)
  if (type2error <= beta) {
    break
  }
}

## 結果
# 必要サンプルサイズ(各群)
ng
```

```
[1] 52
```
出力

```
# 必要サンプルサイズ(全体)
ng * k
```

```
[1] 156
```
出力

```
# そのときのタイプIIエラー
type2error
```

```
[1] 0.1944356
```
出力

3群で検出したい効果量を $\eta = 0.06$ で設定したとき、必要サンプルサイズは $\alpha = 0.05$、$\beta = 0.20$ の下で各群52人、全体で156人でした。

6.4.3 反復測定分散分析

反復測定分散分析でも、母効果量 η^2 を使ってサンプルサイズを設計できます。しかし、反復測定分散分析では、5章で解説したように測定間の相関を仮定します。複合対称性が成り立っていれば、測定間の相関はすべて一致しているため、1つだけ見積もればいいことになります。ただし、複合対称性、あるいは球面性が成り立っていない場合は5章で解説したように、自由度の補正を行う必要があります。そのときに自由度の補正項である ε もあらかじめ見積もっておく必要があります。このように反復測定分散分析では、サンプルサイズを設計するために見積もっておくべき値が多いのが特徴です。

反復測定分散分析も、一元配置分散分析と同様に、検定統計量に F 値を用いるのでした。よって、検定統計量が実際に従う分布は非心 F 分布です。そのとき、非心度 λ は以下の式で計算することができます。

$$\lambda = \frac{\eta^2}{1-\eta^2} n \frac{m}{1-\rho}$$

ここで、m は反復測定数、ρ は測定間の相関係数です。この式を使って、反復測定分散分析のタイプⅡエラー確率の計算は次のコードで行います。自由度補正項の ε は非心度にもかかる点に注意が必要です。

```
t2e_repeated <- function(alpha, eta_sq, m, rho, epsilon, n) {
  df1 <- m - 1 # 要因の自由度
  df2 <- (n - 1) * (m - 1) # 誤差項の自由度
  lambda <- eta_sq / (1 - eta_sq) * n * m / (1 - rho) # 非心度の計算
  cv <- qf(p = 1 - alpha, df1 * epsilon, df2 * epsilon) # 臨界値の計算
  # タイプⅡエラー確率の計算
  type2error <- pf(
    q = cv, df1 * epsilon, df2 * epsilon,
    lambda * epsilon
  )
  return(type2error)
}
```

あとは、必要な値をそれぞれ設定すれば、反復測定分散分析のサンプルサイズ設計ができます。以下では、4回の測定を行い、それぞれの測定間に $\rho = 0.5$ の相関を、検出したい効果量として $\eta^2 = 0.06$ を見積もった場合のサンプルサイズ設計を行うコードを記載しています。また、自由度補正項として $\varepsilon = 0.8$ を見積もっています。

```
## 設定と準備
alpha <- 0.05
beta <- 0.20
m <- 4 # 測定数
eta_sq <- 0.06 # 検出したい効果量
```

```
rho <- 0.5 # 測定間の相関係数
epsilon <- 0.8 # 自由度補正項

iter <- 10000

## シミュレーション
for (n in 5:iter) {
  type2error <- t2e_repeated(alpha, eta_sq, m, rho, epsilon, n)
  if (type2error <= beta) {
    break
  }
}

## 結果
# 必要サンプルサイズ
n
```

出力
```
[1] 27
```

```
# そのときのタイプIIエラー
type2error
```

出力
```
[1] 0.1890943
```

分散分析のサンプルサイズ設計は、1要因以外の計画でも実行できます。ただ、多要因計画の場合のサンプルサイズ設計は効果量の考え方などがとても複雑になるので、本書では割愛します。

6.5 非心分布を使わないサンプルサイズ設計のシミュレーション

これまで､さまざまな統計的検定のサンプルサイズ設計について解説してきました。サンプルサイズ設計はタイプⅡエラー確率が計算できれば、あとはそれが β 未満になるまでサンプルサイズを大きくしていくことで設計することができます。

ただし、複雑なモデルになってくるとタイプⅡエラー確率の計算ができなくなることもあります。そこで本節では、タイプⅡエラー確率もシミュレーションで計算する方法を解説しましょう。この方法は、データ生成に必要なパラメータを決めて、そのパラメータに基づいてデータを何度も発生させ、検定を繰り返し実施します。ここで、母数が0ではないモデルからデータを発生させているのに有意にならなければタイプⅡエラーに該当するので、その回数を試行数で割ったものがタイプⅡエラー確率の推定値になります。

以下のコードでは、対応のない t 検定において、差 δ と各群の標準偏差 σ を設定し、そこからデータを何回も（ここではiter_t2e=20,000回）繰り返し発生させています。そして、有意になったら0、非有意であれば1をコードして平均値を計算することで、タイプⅡエラー確率を推定しています。

```
t2e_ttest <- function(alpha, delta, sigma, n, iter_t2e) {
  X <- c(rep(0, n), rep(1, n))
  pvalue <- rep(NA, iter_t2e)
  for (i in 1:iter_t2e) {
    Y <- c(rnorm(n, 0, sigma), rnorm(n, delta, sigma))
    result <- lm(Y ~ X) |> summary()
    pvalue[i] <- result$coefficients[2, 4]
  }
  t2e <- ifelse(pvalue < alpha, 0, 1) |> mean()
  return(t2e)
}

## 設定と準備
delta <- 1
sigma <- 2
n <- 50
## シミュレーション
t2e_ttest(alpha, delta, sigma, n = n, iter_t2e = 20000)
```

出力
```
[1] 0.30275
```

このようにタイプⅡエラー確率は30.2%と計算できました。β を20%としているので、まだサンプルサイズは足りないようです。

iter_t2eの回数を多くするほどタイプⅡエラー確率の推定精度は正確になっていきますが、その分の時間がかかります。n を1つずつ変化させていると時間がかかるので、いくつか適当な n を入れてみて、近そうな範囲で1回ずつ変化させれば時間の節約になります。

```
set.seed(123)
n <- 100
t2e_ttest(alpha, delta, sigma, n = n, iter_t2e = 20000)
```

出力
```
[1] 0.05935
```

```
n <- 64
t2e_ttest(alpha, delta, sigma, n = n, iter_t2e = 20000)
```

出力
```
[1] 0.20355
```

サンプルサイズが100では確率が小さすぎましたが、64人のときに20.4%と、かなりβに近づきました。なお、t検定の正確なタイプⅡエラー確率は非心分布で計算できました。そこではβが20%のとき、1つの群が64人ずつ（合計128人）という計算結果になりました。上の計算では、理論値の64人のときに、ほぼ正しいタイプⅡエラーが計算できたことがわかります。ただし、乱数を用いた近似計算なので、正確な値にならないこともありえます。その誤差はシミュレーション回数を増やせば小さくすることができます。この例では、50人と100人の間ぐらいにあることを目星をつけておいて、できるだけ狭い範囲のnでシミュレーションするのがいいでしょう。

この方法を使えば、非心分布からの計算方法がわからなくても、データ生成さえできればサンプルサイズ設計が可能になります。例えば、ロジスティック回帰分析などでもサンプルサイズ設計ができます。ここでは、切片と回帰係数を入力して内部でデータ生成をしています。ただし、このコードでは説明変数は2群のダミー変数（すなわち非確率変数）であることを想定しています。

```
t2e_logistic <- function(alpha, b0, b1, n, iter_t2e) {
  logistic <- function(x) 1 / (1 + exp(-x))
  # 説明変数の生成。ここでは非確率変数を想定
  X <- c(rep(0, n), rep(1, n))
  pvalue <- rep(NA, iter_t2e)
  for (i in 1:iter_t2e) {
    Y <- c(rbinom(n, 1, logistic(b0)), rbinom(n, 1, logistic(b0 + b1)))
    result <- glm(Y ~ X, family = binomial) |> summary()
    pvalue[i] <- result$coefficients[2, 4]
  }
```

```
  t2e <- ifelse(pvalue < alpha, 0, 1) |> mean()
  return(t2e)
}

# 設定と準備
b0 <- -1.5
b1 <- 0.8
n <- 100
# シミュレーション
set.seed(123)
t2e_logistic(alpha, b0, b1, n = 98, iter_t2e = 20000)
```

出力
```
[1] 0.33365
```

説明変数も正規分布から生成するのであれば、その平均と標準偏差もあらかじめ決めておく必要があります。この方法はデータ生成のためにさまざまなパラメータを設定する必要はありますが、もしパイロットスタディ（予備調査）の分析結果があるなら、そこで推定されたパラメータを設定すればいいだけなので比較的簡単に計算できるでしょう。

6.6 演習問題

6.6.1 演習問題1

相関係数のサンプルサイズ設計を、非心分布を使わずに計算するためのコードを書いてみましょう。

必要なパラメータは、 α と β 、2つの変数それぞれの母平均と母標準偏差、そして母相関係数です。

実際にみなさんの手元にあるデータの情報からサンプルサイズ設計をしてみたら、どのような結果になるのか確認してみましょう。

第7章 回帰分析とシミュレーション

前章までに解説してきた群間の平均値差の検定と本章で扱う回帰分析は、説明変数が連続変数か離散変数かという違いはありますが、正規分布を仮定した線形モデルという意味では同じモデルです。統計モデルは理想化された模型であり、データを生み出す元となる**データ生成プロセス**（data-generating process）を表現したものです。そこから確率的なゆらぎをともなって実際のデータが現れていると仮定して分析を行なっています。

分析に使用するモデルがこのデータ生成プロセスと合致している場合、つまり分析モデルがデータ生成プロセスの仮定を満たしており、同じ数式で表現されているならば、正しい推定値や判定結果が得られるでしょう。しかし分析モデルがデータ生成プロセスと合致していない場合、つまり仮定を満たさない場合や違うモデルで検証しようとしているならば、推定値や判定結果、結果の解釈が誤ったものになります。

本章ではシミュレーションを通じて、問題とその対処法をみていくことにします。

7.1 回帰分析と確率モデル

7.1.1 確率モデルとしての回帰分析

回帰分析はある変数を目的変数、別の変数を説明変数として、説明変数を使った関数で目的変数を表現する方法です。

数式で表現するならば、目的変数 y に対して説明変数 x があり、その関数関係 $y=f(x)$ を考えることになります。$f(x)$ を単純な関数で考えるならば、$\hat{y}=\beta_0+\beta_1 x$ という1次関数になるでしょう。1次関数はグラフで書くと直線を示すので、**線形モデル**（linear model）とも呼ばれます。

この線形モデルをデータに当てはめることを考えます。確率的なゆらぎがあるため、データのひとつひとつはこのモデルに従うわけではありません。ずれが生じます。モデルの値と実現値のずれは**残差**(residuals)と呼ばれます。残差も含めて定式化すると、

$$y_i = \hat{y}_i + e_i = \beta_0 + \beta_1 x_i + e_i$$

と表現できます。

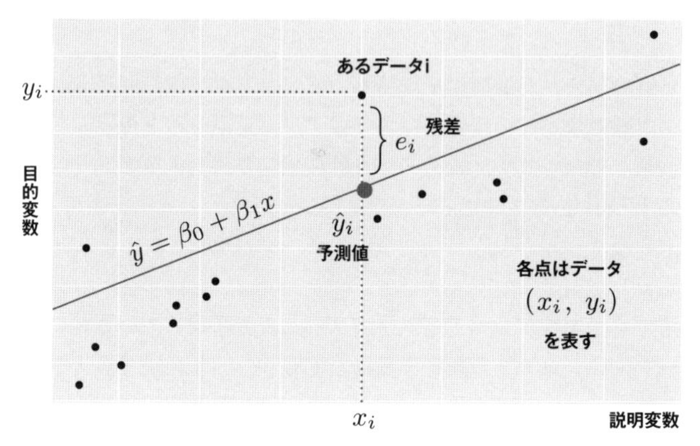

図 7.1　線形モデルとデータの関係

ここでは添え字 i が各データ点を表しており、残差 e_i は各データに付随するモデルからのずれの部分を表します。この残差が偶然生じる傾向のないゆらぎ(偶然誤差)であるなら、平均0、標準偏差 σ の正規分布に従う確率変数 E であると仮定できます。すなわち、

$$e_i \sim \mathrm{Normal}(0, \sigma)$$

です。

さて、元のモデルである1次関数、 $\hat{y}_i = \beta_0 + \beta_1 x_i$ は、確率的に変動するものではありません。しかしこれに付随する誤差が確率的に振る舞うため、結果的に目的変数 y_i も確率的に変わることになります。この両者を併せて考えると、目的変数 y_i は、位置が $\beta_0 + \beta_1 x_i$ 、幅が σ の正規分布に従うといえるでしょう。すなわち、

$$Y_i \sim \mathrm{Normal}(\beta_0 + \beta_1 x_i, \sigma)$$

と表すことができます。これが回帰分析の確率モデルです。

この確率モデルは、いわばデータ y_i を作るための生成モデルだと考えることができます。3章で学んだように、rnorm()関数を使って任意の位置と幅を持つ正規分布に従う残差を発生させることができますから、 β_0 や β_1 の値を適当に決めれば、

x_i から y_i を作ることができます。

しかし実際のデータ解析の場面ではアプローチが逆で、この β_0 、 β_1 と、誤差の分布の幅 σ をデータから求めよという問題になります。数学的な解法として、誤差の2乗和を最小にする**最小2乗法**（ordinary least squares）[※1]や、正規分布から誤差が生じているという仮定に基づきそのパラメータを最適化する**最尤推定法**(maximum likelihood estimate）などが知られています。確率分布として正規分布を仮定した線形モデルの場合、この2つの手法から得られる回帰係数は一致します。Rでは関数lm()で回帰分析を実行でき、係数や適合度などの結果を得ることができます。

7.1.2 シミュレーションとパラメータリカバリ

以上を踏まえて、回帰分析のシミュレーションを考えてみましょう。

これから考えるシミュレーションの目標は、回帰分析モデル、具体的には関数lm()が思うように動作しているかを確認することです。先ほど述べたように、確率モデルを使うことで仮想データを生成することができます。そのとき、我々は係数や誤差の範囲、サンプルサイズなどを任意で設定できます。そうしてさまざまな仮想データを生成し、各データセットに関数lm()を適用して、データを生み出した事前の設定を正しく再現できるかをチェックします。直観的には、サンプルサイズが小さければ、係数を正しく再現することは難しいように思えます。では、どの程度あれば母数を正確に再現できるでしょうか。この考え方がサンプルサイズ設計という概念と直結していることは、すぐに理解してもらえると思います。

母数を係数などのモデルのパラメータ推定によって正しく復元できるかどうかのチェックを、**パラメータリカバリ**（parameter recovery）と呼びます。回帰分析モデルは、適切に運用されていれば母数を正しく再現できることが知られていますので、ここであらためて確認する必要性を想像しにくいかもしれません。しかし、回帰分析モデルは**一般化線形モデル**（generalized linear model)、**階層線形モデル**（hierarchical linear model。multilevel modelとも呼ぶ）へと展開するモデルの最も単純な形式です。まずは最も基本的なモデルを使って、推定量の信頼性やサンプルサイズ設計について理解しましょう。

さっそく回帰分析の確率モデルから、データ生成メカニズムをモデル化してシミュレーションしていきます。回帰分析モデルにおいて、データなど既知の数字が得られていない未知数は、1次関数の切片 β_0 と傾き β_1 、残差の確率分布の幅、すなわち標

※1　最小2乗法は重み付き最小2乗法など、数多くのバリエーションがあります。ここで言及しているのは「いわゆる普通の、一般的な」最小2乗法ですから、区別のために、Ordinaryを付けることが慣例になっています。

準偏差 σ です。これに任意の値を与えます。ここでは $\beta_0 = 1$、$\beta_1 = 0.5$、$\sigma = 2$ にしてみました。

説明変数 x は一様乱数から生成し、残差標準偏差を指定して残差を正規乱数から生成すると、あとはこれを組み合わせたものが目的変数 y になります。ここではサンプルサイズ（n）を500にしましたが、自由に決めてかまいません。これで仮想的なデータセット x 、 y ができあがりました。回帰分析の関数lm()にこれらのデータをモデル式で与え、結果を確認してみましょう。

```
set.seed(123)
# サンプルサイズ
n <- 500
# 推定したい値を設定(任意の値)
beta0 <- 1
beta1 <- 0.5
sigma <- 2
# 説明変数の生成
x <- runif(n, -1, 1)
# 残差の生成
e <- rnorm(n, 0, sigma)
# 目的変数の生成
y <- beta0 + beta1 * x + e

# 統計モデルによる検証
model <- lm(y ~ x)
summary(model)
```

出力

```
Call:
lm(formula = y ~ x)

Residuals:
    Min      1Q  Median      3Q     Max
-5.6559 -1.2366  0.0711  1.3873  5.3612

Coefficients:
            Estimate Std. Error t value Pr(>|t|)
(Intercept)  1.04386    0.09002  11.596  < 2e-16 ***
x            0.54389    0.15839   3.434 0.000645 ***
---
Signif. codes:  0 '***' 0.001 '**' 0.01 '*' 0.05 '.' 0.1 ' ' 1
```

```

Residual standard error: 2.013 on 498 degrees of freedom
Multiple R-squared:  0.02313,	Adjusted R-squared:  0.02117
F-statistic: 11.79 on 1 and 498 DF,  p-value: 0.0006447
```

回帰分析の結果を見てみます。Coefficientsと出力されている箇所に、Estimate(推定値)とStd. Error(標準誤差)、t value(回帰係数に対する検定統計量)とPr(>|t|)(p 値)が出力されています。推定値を見ると、切片(Intercept)は1.0439、傾き(x)は0.5439となっています。1と0.5が設定値であり、小数第1桁まで合っていますから、ほぼリカバリーに成功したといっていいかもしれません。

最も簡単な分析モデルだからリカバリーできたわけではありません。例えば同じ係数や誤差の設定で、サンプルサイズを $n = 20$ にしたときの結果は以下のようになります。

```
# n <- 20のとき
summary(model)
```

出力

```
Call:
lm(formula = y ~ x)

Residuals:
    Min      1Q  Median      3Q     Max 
-2.8189 -1.2640 -0.1737  1.3732  3.7852 

Coefficients:
            Estimate Std. Error t value Pr(>|t|)  
(Intercept)   0.9177     0.4311   2.129   0.0473 *
x            -0.8149     0.6959  -1.171   0.2568  
---
Signif. codes:  0 '***' 0.001 '**' 0.01 '*' 0.05 '.' 0.1 ' ' 1

Residual standard error: 1.902 on 18 degrees of freedom
Multiple R-squared:  0.07079,	Adjusted R-squared:  0.01917 
F-statistic: 1.371 on 1 and 18 DF,  p-value: 0.2568
```

今度は切片が0.9177、傾きは－0.8149となっており、大きくずれてしまいました。これまでも論じてきたように、サンプルサイズを変えると推定精度に影響があることは明らかです。では、サンプルサイズだけが問題なのでしょうか。続いてサンプルサイズを500に戻し、誤差の標準偏差（sigma）を10に大きくしてみましょう。

```
# n <- 500のとき
summary(model)
```

出力

```
Call:
lm(formula = y ~ x)

Residuals:
     Min       1Q   Median       3Q      Max
-28.2796  -6.1831   0.3553   6.9367  26.8062

Coefficients:
            Estimate Std. Error t value Pr(>|t|)
(Intercept)   1.2193     0.4501   2.709  0.00698 **
x             0.7194     0.7919   0.908  0.36409
---
Signif. codes:  0 '***' 0.001 '**' 0.01 '*' 0.05 '.' 0.1 ' ' 1

Residual standard error: 10.06 on 498 degrees of freedom
Multiple R-squared:  0.001654,  Adjusted R-squared:  -0.0003503
F-statistic: 0.8253 on 1 and 498 DF,  p-value: 0.3641
```

今度の推定値は、切片が1.2193、傾きは0.7194になりました。これも母数から0.2～0.3ほどずれており、リカバリーできたとはいえません。サンプルサイズを大きくすれば、設定値に近づけられるかもしれませんが、少なくともサンプルサイズが500程度では母数を復元できるわけではありません※2。

このように、統計モデルは「データを大量に取得して、単純なモデルに当てはめれば、正しい答えが出せる」というものではないのです。その理由はもちろん、サンプルが確率的にゆらぐからです。実際のデータを使ったとしても、単に関数lm()を適用するだけでは、ありえた他の可能性を見ることができません。このとき、係数や適合度などのモデルの性質も見えてきません。

幸いにして、実際のデータを取得するのとは違い、シミュレーションを用いれば、数百件のデータを生成することも、それを使った回帰分析にもほとんど時間はかかりません。

※2 ちなみにサンプルサイズnを1,000,000にすると、この設定でも小数点下3桁まで近似します。

7.2 シミュレーションデータで統計指標の意味を理解する

7.2.1 係数の標準誤差

先ほどの例で使った関数lm()の出力にはさまざまなものがあります。これらがどんな数字なのかを以下のシミュレーションによって確認してみます。

ここではパラメータリカバリの過程を何度も繰り返すという手順をとり、例として1,000回繰り返すことにします。サンプルサイズとは違いますので注意してください。

繰り返しの中では、事前に決めた任意のパラメータを使って、サンプルサイズ分のデータを生成し、そのデータを用いて回帰分析を行います。各回の分析結果、すなわち係数や標準誤差などをオブジェクトに保存していきます。これにより、分析結果の統計的な性質がわかります。データの生成、分析および結果の取り出しを何度も実行しますので、以下のように関数にしておきます。

```
lm_simulation <- function(n, beta0, beta1, sigma) {
  # 説明変数の生成
  x <- runif(n, -1, 1)
  # 残差の生成
  e <- rnorm(n, 0, sigma)
  # 目的変数の生成
  y <- beta0 + beta1 * x + e
  # 回帰モデルの実行
  model <- lm(y ~ x)
  # 標準誤差の計算
  ses <- vcov(model) |>
    diag() |>
    sqrt()
  # 残差平方和
  sigma_tmp <- model$residuals^2 |> sum()
  rds <- (sigma_tmp / model$df.residual) |> sqrt()
  results <- c(
    beta0 = model$coefficients[1], # 切片の推定値
    beta1 = model$coefficients[2], # 傾きの推定値
    se0 = ses[1], # 切片の標準誤差
    se1 = ses[2], # 傾きの標準誤差
    residual = rds # 残差標準偏差
```

```
  ) |> unname()
  return(results)
}
```

この関数の中で標準誤差の計算をしています。vcov()という関数は、推定された係数間の分散共分散行列を計算するものです。関数diag()でその対角要素を取り出し、関数sqrt()で平方根をとることで、係数の標準誤差（標本分布の標準誤差）を算出しています。また残差の散らばりを示す標準偏差は、残差の平方和を自由度で割り、平方根をとったものになります。summary(model)として出力される値は、モデルの返す結果をこのように計算したものになります。

ここで作成した関数にデータのサイズをはじめ、各種設定を引数として渡すと、結果が1行の行列で返ってきます。実行してみましょう。

```
lm_simulation(n = 500, beta0 = 1, beta1 = 0.5, sigma = 2)
```

```
[1] 1.05333760 0.32136279 0.08877603 0.15408754 1.98501033
```
出力

これをfor文で反復しましょう。作成した関数が返す結果を格納するオブジェクトを準備し、1行ずつ代入してきます。最後に、以後の分析で扱いやすいように、結果をデータフレーム型に変換します。

```
## 設定と準備
iter <- 1000

# 結果を格納するオブジェクト
results <- array(NA, dim = c(iter, 5))

## シミュレーション
set.seed(123)
for (i in 1:iter) {
  results[i, ] <- lm_simulation(
    n = 500,
    beta0 = 1,
    beta1 = 0.5,
    sigma = 2
  )
}
```

```
## 結果(データフレームオブジェクトに)
df <- as.data.frame(results)
names(df) <- c(
  "beta0", "beta1",
  "beta0se", "beta1se",
  "residuals"
)
```

さて、サンプルサイズ500のデータセットを使って、回帰分析を1,000回行いました。係数の平均を見てみましょう。

```
df$beta0 |> mean()
```

```
[1] 1.001437
```
出力

```
df$beta1 |> mean()
```

```
[1] 0.4918526
```
出力

設定したのは $\beta_0 = 1$ 、 $\beta_1 = 0.5$ でした。平均をとると、ほぼ一致していることがわかります。データの数が多くなると推定値が真の値に近似する性質が4章で解説した一致性でした。これは推定量の望ましい性質の1つとされていますが、ここで試してみた通り、回帰係数は一致性を持っているといえます※3。

とはいえ、同じデータを何度も取得するということは、実践上ではほぼありえません。この機会に、仮想空間上で1,000回データを取得した、毎回の切片、傾きの値をヒストグラムで確認しておきましょう。

※3　推定量の持つ望ましい性質については、4章を再確認してください。

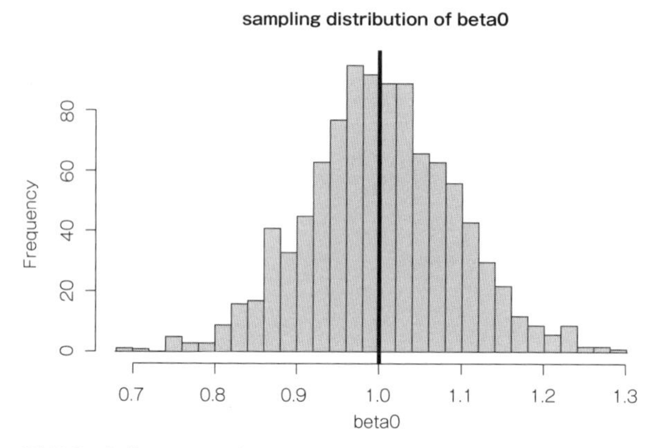

図 7.2 切片のヒストグラム

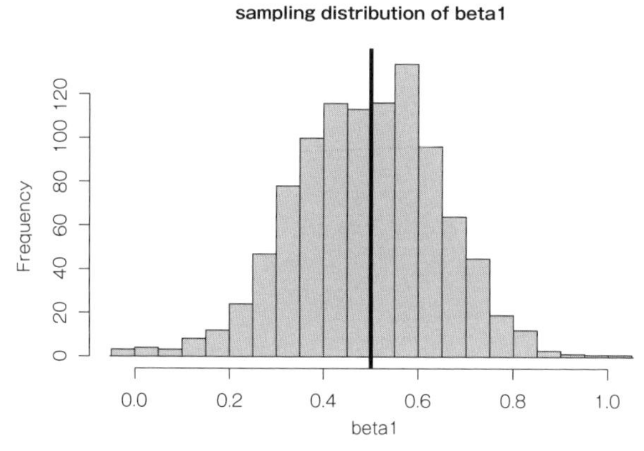

図 7.3 傾きののヒストグラム

図中にある垂直線が平均であり、平均値はほぼ設定した理論値になっています。しかしヒストグラムに幅があることからわかるように、まれに大きく外れた値をとることもあります。この分布の幅、つまり標準偏差を見積もることで、推定値の精度を表現できるでしょう。これが関数`lm()`の出力`Estimate`（推定値）の隣に表示されていた`Std.Error`（標準誤差）に対応します。

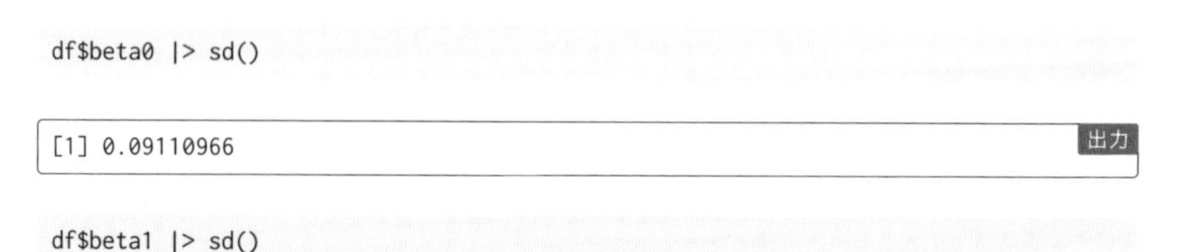

```
df$beta0 |> sd()
```

```
[1] 0.09110966
```
出力

```
df$beta1 |> sd()
```

```
[1] 0.1544476
```
出力

7.2.2　係数の検定

関数lm()の出力には、推定値とその標準誤差に続き、回帰係数の検定が確認できました。続いてはこの検定のロジックについてみていきましょう。

先ほど確認した回帰係数の標準誤差を利用して回帰係数の信頼区間を計算することができます。ある回帰係数は特定のデータセットに対する最良の推定値である一方で、同じサンプルサイズでも別のデータであれば変わりうるものですから、点推定ではなく区間推定の方がより正しく推論できる可能性が高くなるでしょう。回帰係数の信頼区間の算出は、回帰係数が従う理論的な確率分布から確率点を計算することになりますが（4章参照）、確率分布は検定結果に t 値があることからわかる通り t 分布です。

5％水準で検定すると考えると、t 分布の97.5パーセンタイル点は関数qt()で求められます。t 分布は自由度 ν パラメータを持ち、ここではサンプルサイズからモデルで用いる係数の数2を引いた値となります。この分布の上限と下限から、次のように信頼区間の上限と下限を算出します。

```
df$upper <- df$beta1 + qt(0.975, df = n - 2) * df$beta1se
df$lower <- df$beta1 - qt(0.975, df = n - 2) * df$beta1se
```

この信頼区間の中に、モデルの母数 $\beta_1 = 0.5$ が本当に含まれているのでしょうか。含まれていればTRUE、含まれていなければFALSEとなるようなオブジェクトを作って、その割合を計算してみましょう。

```
df$trueIn <- ifelse(df$lower <= beta1 & beta1 <= df$upper, TRUE, FALSE)
# 95%信頼区間が真値を含んだ割合
sum(df$trueIn) / iter
```

```
[1] 0.953
```
出力

結果は0.953となりました。シミュレーションではおよそ95％の割合で信頼区間の中に正解を含めることに成功しており、ほぼ理論通りです。反復回数やサンプルサイズをさまざまに変えることで、どういう違いが出てくるかを検証できますから、ぜひ一度試してみてください。

また、この信頼区間の中に0が含まれる割合を数えてみましょう。

```
df$Null_In <- ifelse(df$lower <= 0 & 0 <= df$upper, TRUE, FALSE)
# 95%信頼区間が0を含んだ割合
sum(df$Null_In) / iter
```

```
[1] 0.109
```

出力

回帰係数の傾きが0であるというのは、説明変数が目的変数をまったく説明しないということです。帰無仮説が $\beta_1 = 0$ であれば、信頼区間に0が含まれていれば有意ではない、含まれていなければ有意である、と判断することになります。

シミュレーションでは10.9%の割合で、有意ではないと判定されました。母数は $\beta_1 = 0.5$ であり、当然 $\beta_1 = 0$ ではありません。しかし10.9%の割合で有意であるという判断をし損ねたことになります。帰無仮説が正しくないときに、帰無仮説を棄却できないエラーのことを**タイプⅡエラー**と呼び、β で表すことを思い出してください（5章参照）。逆に $1 - \beta$ 、つまり正しく帰無仮説を棄却できた割合が89.1%ともいえます。これまでの章で見てきたように、 $1 - \beta$ を検定力と呼び、心理学などではこれを0.8に設定することが一般的です。その基準から考えれば、この状況での検定力は十分だったといえます。

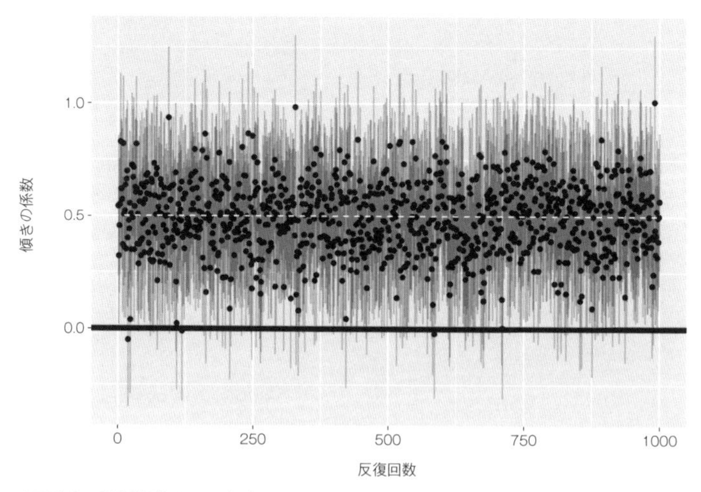

図 7.4 回帰係数とその信頼区間

タイプⅡエラーの確率はサンプルサイズによって変わりますし、傾きの大きさにもよります。傾きはまた、説明変数と目的変数の相関係数と、両者の標準偏差の比で算出されるので、これらが変動するにつれて変動する値でもあります。傾きが実際どれぐらいなのかは、分析者がコントロールできるところではありませんが、サンプルサイズはデータを取得する前にコントロールできますので、サンプルサイズ設計が重要であることは線形モデルでも同様です。

7.2.3 回帰分析のサンプルサイズ設計

それでは、回帰分析におけるサンプルサイズ設計についてシミュレーションを用いてみていきます。ここまで解説してきたように、仮想的なデータを作るには、サンプルサイズ n 、切片 β_0 、傾き β_1 、そして残差標準偏差 σ を事前に決める必要があります。これらが定まると、説明変数 x を乱数で適当に生成し、数式に基づいて予測変数 $\hat{y}$ を算出、それに正規分布の乱数として作られた残差を加えて目的変数 y を作ることができるのでした。

サンプルサイズ設計のシミュレーションでは、事前に決めるべき設定のうち、サンプルサイズをさまざまな値にして、その結果を確認します。ここでは回帰係数が0.5ぐらいはあるはずという予想の下でのサンプルサイズ設計を考えます。切片や傾きの相対的な大きさを考えるために、データは標準化されているものとして、説明変数を標準正規分布から作ってみましょう。誤差にも標準正規分布を仮定します。

そのうえで、サンプルサイズが10人だったら、20人だったら、50人、...、100人......といういくつかのパターンを考えて、それぞれの条件で仮想データを作り、毎回の検定結果を確認します。 $\beta_1 = 0.5$ の設定でデータを作ったので、これが0であるという帰無仮説は正しくありません。検定結果は常に有意であると判定して欲しいのですが、サンプルによってはそうならないこともありえます。これを検証するために、各パターンで1,000回のデータ生成を行います。この1,000回のうち、有意にならなかった割合を算出することで、タイプⅡエラーの確率の見積もりとします。

まずはシミュレーションで反復する中身を関数化しておきましょう。先ほどの`lm_simulation()`関数は毎回の係数を返す関数でしたが、 t 値や p 値のゆらぎからタイプⅡエラー確率を推定し、その値を返す関数`t2e_lm()`に書き換えます。

```
t2e_lm <- function(alpha, beta1, sigma, n, iter_t2e) {
  pValue <- rep(NA, iter_t2e)
  for (i in 1:iter_t2e) {
    # 説明変数の生成
    x <- rnorm(n, mean = 0, sd = 1)
    # 残差の生成
    e <- rnorm(n, 0, sigma)
    # 目的変数の生成
```

```
    y <- beta1 * x + e
    # 回帰モデルの実行
    model <- lm(y ~ x)
    # p値を取り出す
    pValue[i] <- summary(model)$coefficients[2, 4]
  }
  t2e <- ifelse(pValue <= alpha, 0, 1) |> mean()
  return(t2e)
}

# 設定と準備
alpha <- 0.05
beta1 <- 1
sigma <- 2
n <- 100
# シミュレーション
set.seed(123)
t2e_lm(alpha, beta1, sigma, n, iter_t2e = 10000)
```

```
[1] 0.0029
```
出力

関数t2e_lm()は回帰分析の設定（β_1, σ）とサンプルサイズn、有意水準αを与えると、タイプⅡエラーの割合を計算します。タイプⅡエラーはデータを何回も繰り返し発生させて（反復回数をiter_t2eで指定）計算しており、推定精度はこの反復回数に依存します。また、サンプルサイズを1単位つずつ変えていくと時間がかかるので、精度や増加間隔を設定できるようにしましょう。以下のコードでは、サンプルサイズを10から200まで10間隔で変化させながら、毎回10,000回のシミュレーションをしています。

```
# 設定と準備
alpha <- 0.05
beta1 <- 0.5
sigma <- 1
beta <- 0.2

# シミュレーション
set.seed(123)
for (n in seq(from = 10, to = 200, by = 10)) {
  type2error <- t2e_lm(alpha, beta1, sigma, n, iter_t2e = 10000)
```

```
  print(paste("n = ", n, "type2error = ", type2error))
  if (type2error <= beta) {
    break
  }
}
```

出力

```
[1] "n =  10 type2error =  0.7391"
[1] "n =  20 type2error =  0.4781"
[1] "n =  30 type2error =  0.275"
[1] "n =  40 type2error =  0.1566"
```

結果を見ると、サンプルサイズが10のときはタイプⅡエラー確率が74%もありますが、サンプルサイズが増えるにつれてその数字がどんどん下がっていきます。サンプルサイズ40を超えると、0.2を下回ります。許容されるタイプⅡエラーの確率である β が0.2である、つまり検出力を0.8にしたいのであれば、サンプルサイズは40以上にするべきです※4。先行研究などを参考に、影響力の大きさがどれぐらいあるかを見積もって β_1 の値に代入すると、どの程度サンプルサイズがあればいいかの目安が事前に計算できます。

7.2.4 回帰分析（重回帰分析）のサンプルサイズ設計

仮想データを用いて回帰分析におけるサンプルサイズを算出しましたが、実際には回帰係数の予測が困難な場合もあるでしょう。そこで回帰分析における仮説検定の考え方から、サンプルサイズを設計することを考えてみましょう。

回帰分析を実行すると、最後に F 統計量とともに検定の結果が示されます。これは重相関係数に対する検定であり、「母集団におけるモデル全体としての説明力が0」という帰無仮説を検証していることになります。回帰分析や複数の説明変数を持つ重回帰分析における議論では、個々の説明変数にかかる係数の大きさや有意性が焦点になることが一般的であり、モデル全体の説明力は当然0ではないものとして考えられますが、最低限のチェックをするという意味で検定を行うことは有用でしょう。

重相関係数の有意性検定には、p 個の説明変数、サンプルサイズ n 、重相関係数 R^2 を用い、以下の数式で表される検定統計量 F を算出します。詳しくは、南風原(2014)※5を参照してください。

※4　サンプルサイズを10単位ずつ増やしていますので40としていますが、1単位ずつ増やすと35でストップします。大まかな目安だと思ってください。

※5　南風原朝和（2014）. 続・心理統計学の基礎 有斐閣

$$F = \frac{R^2}{1 - R^2} \times \frac{n - p - 1}{p}$$

右辺の左は、Cohenの f^2 という効果量であり、小さい効果量として $f^2 = 0.02$（ $R^2 = 0.02$ ）、中程度の効果量として $f^2 = 0.15$ （ $R^2 = 0.13$ ）、大きい効果量として $f^2 = 0.35$ （ $R^2 = 0.26$ ）が目安になるとされています（Cohen,1988）※6。

サンプルサイズの算出には、非心 F 分布を使いますが、そのときの非心度は効果量にサンプルサイズを乗算したもの（ $f^2 \times n$ ）です。あとは自由度 p と $n - p - 1$ を使って臨界値を計算できます。これらを使って、6章と同じようにタイプⅡエラーの確率を計算し、十分な検定力が発揮できるサンプルサイズを計算するコードを以下に示します。

```
t2e_MRA <- function(alpha, R2 = NULL, f2 = NULL, nParam, n) {
  if (is.null(R2) & is.null(f2)) {
    stop("効果量か重相関係数を入力してください。")
  }
  if (is.null(f2)) {
    f2 <- R2 / (1 - R2)
  }
  lambda <- f2 * n
  df1 <- nParam
  df2 <- n - nParam - 1
  cv <- qf(p = 1 - alpha, df1, df2)
  type2error <- pf(q = cv, df1, df2, lambda)
  return(type2error)
}
```

このコードでは、効果量か重相関係数のいずれかを引数として与え、alphaと説明変数の数nParam、サンプルサイズnをもとにタイプⅡエラー確率を返します。重相関係数しか与えられなければ効果量に変換して使い、効果量が指定されていればそれを優先して使います。

中程度の効果量（ $f^2 = 0.15$ ）で、説明変数の数が10個あったときに必要なサンプルサイズは、以下のコードで計算できます。ここでは最低サンプルサイズを20、最大サンプルサイズを2,000に設定しました。

※6 Cohen,J. 1988 Statistical power analysis for the behavioral sciences (2nd.ed). Hilssdale, NJ:Lawrence Erlbaum.

```
## 設定と準備
f2 <- 0.15
alpha <- 0.05
beta <- 0.2
p <- 10
## シミュレーション
for (n in 20:2000) {
  type2error <- t2e_MRA(alpha, f2 = f2, nParam = p, n = n)
  if (type2error <= beta) {
    break
  }
}
## 出力
n
```

```
[1] 118
```
出力

この設定では、$n = 118$であれば条件を満たすことがわかりました。もっとも、これは重回帰分析が全体として無関係ではないという最低ラインを満たす数値にすぎないことを心にとどめておいてください。

7.3 回帰分析における仮定と注意点

回帰分析は関数の形が1次式であり、重回帰分析は説明変数が増えるだけなので、比較的わかりやすいモデルといえるかもしれません。しかし、回帰分析のモデルにはいくつかの仮定が含まれていますし、それが満たさなければ正しい推定値にはならず、判断を間違う危険性があります。

回帰分析は残差の平均が0で等分散性を持ち、正規分布に従っていることを仮定しています。さらに、説明変数同士が無相関であることが望ましく、説明変数同士の相関が強すぎると多重共線性の問題が起こるとされています。ほかにも、説明変数に測定誤差が含まれていないことや、説明変数が過不足なく含まれていることなどが仮定されます。

これらがすべて満たされているかを確認しておかないと、回帰係数の推定値は不正確であり、信頼性の低下につながります[※7]。ここでは天下り的に問題点や注意点を指摘するだけでなく、仮想データを使って具体的にどういう問題が、どの程度生じるのかを確認してみましょう。

7.3.1 残差についての仮定

まずは残差の分散についての仮定です。回帰分析では、残差すなわち e_i の分散 σ^2 が、説明変数の値に対して一定であることが仮定されています。残差とは目的変数 y_i と予測値 $\hat{y}_i$ の差分であり、これが説明変数の値によって変化することは想定していません。つまり、$e_i \sim \mathrm{Normal}(0, \sigma)$ という1つの正規分布で表現できるはずなのです。

残差が一定ではなく説明変数の値に応じて変わる場合はこの仮定が満たされません。例えば測定方法が原因で、測定値が大きくなると精度が悪くなるようなことがあるかもしれません。これは説明変数 x_i の大きさに応じて、残差が大きくなることを意味します。この影響力の大きさを τ でパラメータとして変化できるようにし、また分散はマイナスになることはありえないので、指数関数を使って $\exp(x_i \tau)$ と表現してみましょう。この不均一分散を表すモデルは以下のようになります。

$$\text{均一の場合} \qquad e_i \sim \mathrm{Normal}(0, \sigma)$$

$$\text{不均一の場合} \qquad e_i \sim \mathrm{Normal}(0, e^{x_i \tau})$$

イメージをつかむために、不均一分散の場合における残差の散らばりを図にしてみましょう。説明変数の値の大きさに応じて、残差が大きく生成されているのが確認できます。

※7　これらの問題はいずれもモデルの問題であり、実践的にはこれに加えてモデルの解釈にも注意が必要です。相関に基づくモデルなのに因果的に解釈したり、偏回帰係数を単回帰係数と同様に解釈したりすることは適切ではありません。

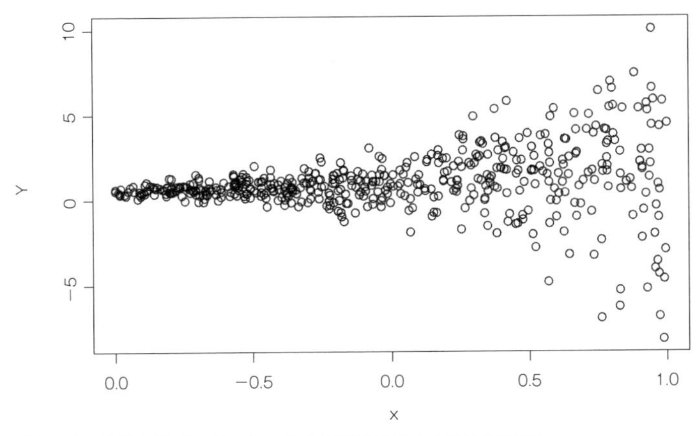

図 7.5 残差分散が一様でないときの説明変数と目的の散布図

ではこの前提に基づいて、サンプルデータをたくさん作り、β_0、β_1 などの推定値にどのような影響を与えるか確認します。反復部分は先に関数化しておきます。

```
lm_hetero <- function(n, beta0, beta1, sigma, tau) {
  # 説明変数の生成
  x <- runif(n, min = -1, max = 1)
  # 均一な残差の生成
  e_homo <- rnorm(n, 0, sigma)
  # 不均一な残差の生成
  e_hetero <- rnorm(n, 0, exp(x * tau))
  # 均一分散の目的変数(理論値)
  y_Homo <- beta0 + beta1 * x + e_homo
  # 不均一分散の目的変数(理論値)
  y_Hetero <- beta0 + beta1 * x + e_hetero
  # 各々分析
  model_Homo <- lm(y_Homo ~ x)
  model_Hetero <- lm(y_Hetero ~ x)
  ## 結果の格納
  SEs_Homo <- vcov(model_Homo) |>
    diag() |>
    sqrt()
  SEs_Hetero <- vcov(model_Hetero) |>
    diag() |>
    sqrt()
  ## 返却する結果の格納
  result <- c(
```

```
    model_Homo$coefficients[1], # 均一分散のbeta0
    model_Homo$coefficients[2], # 均一分散のbeta1
    SEs_Homo[1], # 均一分散のbeta0のSE
    SEs_Homo[2], # 均一分散のbeta1のSE
    model_Hetero$coefficients[1], # 不均一分散のbeta0
    model_Hetero$coefficients[2], # 不均一分散のbeta1
    SEs_Hetero[1], # 不均一分散のbeta0のSE
    SEs_Hetero[2] # 不均一分散のbeta1のSE
  ) |> unname()
  return(result)
}
```

この関数は、サンプルサイズ、切片、傾き、誤差の標準偏差と不均一パラメータを与えると、分散が均一だったときと不均一だったときそれぞれの推定値と標準誤差を返します。これを使って、シミュレーションをしてみましょう。

```
## 設定と準備
iter <- 1000
n <- 500
beta0 <- 1
beta1 <- 0.5
sigma <- 1
tau <- 1.5

# 結果を格納するオブジェクト
results <- array(NA, dim = c(iter, 8))

## シミュレーション
set.seed(123)
for (i in 1:iter) {
  results[i, ] <- lm_hetero(n, beta0, beta1, sigma, tau)
}

## 結果(データフレームオブジェクトに)
df <- data.frame(results)
colnames(df) <- c(
  "beta0Homo", "beta1Homo", "se0Homo", "se1Homo",
  "beta0Hetero", "beta1Hetero", "se0Hetero", "se1Hetero"
)
```

ここでは切片 β_0 を1、傾き β_1 を0.5に設定しました。サンプルサイズ500のデータを1,000回作り、推定値とその標準誤差を格納します。結果から、均一なとき(Homo)と不均一なとき（Hetero）の平均値はほとんど変わらず、またそれぞれ設定した値とほぼ一致しているように見えます。しかし問題はその標準誤差で、不均一分散の標準誤差は大きくなっていることが確認できます。

```
plot(0, 0,
  type = "n", xlim = c(0.5, 1.5),
  ylim = c(0, 10), xlab = "beta0",
  ylab = "density",
  frame.plot = FALSE,
  main = "density plot of beta0"
)
lines(density(df$beta0Homo))
lines(density(df$beta0Hetero), lty = 2)
legend("topleft", legend = c("Homo", "Hetero"), lty = c(1, 2))
abline(v = 1, col = "black", lwd = 2)
```

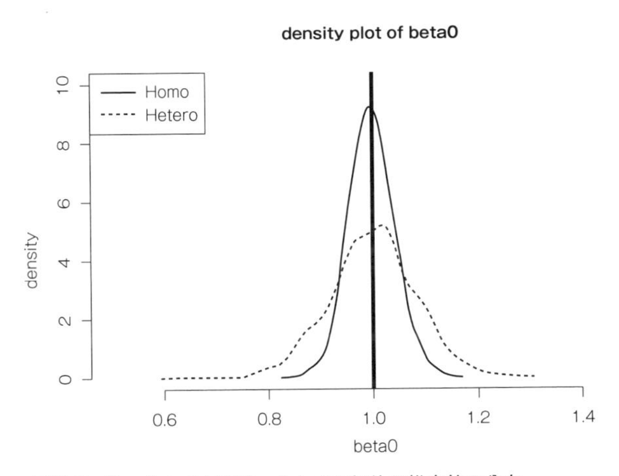

図 7.6 均一なときと不均一なときの切片の推定値の分布

```
plot(0, 0,
  type = "n", xlim = c(0, 1),
  ylim = c(0, 8), xlab = "beta1",
  ylab = "denisty",
  frame.plot = FALSE,
  main = "density plot of beta1"
```

```
)
lines(density(df$beta1Homo))
lines(density(df$beta1Hetero), lty = 2)
legend("topleft", legend = c("Homo", "Hetero"), lty = c(1, 2))
abline(v = 0.5, col = "black", lwd = 2)
```

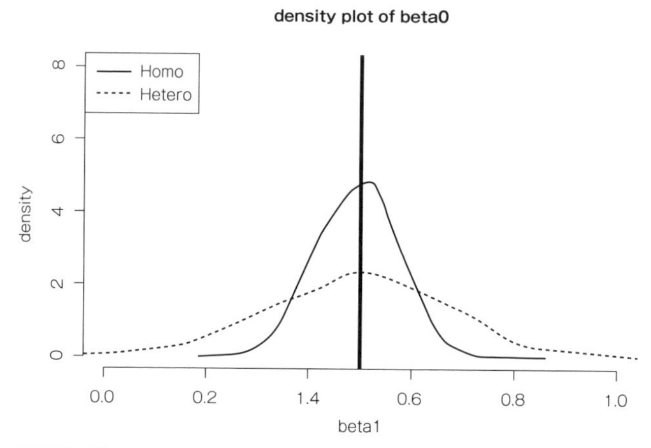

図 7.7 均一なときと不均一なときの傾きの推定値の分布

分析結果としての標準誤差は、この係数の散らばりを過小評価しています。関数lm()の分析モデルは、均一分散を仮定したモデルだからです。このことは、このデータセットで見られる標準偏差と、回帰式で推定した標準誤差の平均値とを比較すると明らかです。この影響は、係数の検定におけるタイプⅠエラーの増加につながります。

```
### 不均一分散データの係数の標準偏差
sd(df$beta1Hetero)
```

```
[1] 0.1788275
```
出力

```
### 不均一分散データを回帰分析して推定した標準誤差の平均値
mean(df$se1Hetero)
```

```
[1] 0.1414909
```
出力

このことからもわかるように、回帰分析を実行した後に残差を確認することは重要な作業です。分散の等質性については、残差分散を確認することで気づくことができます。

Rでは関数lm()の結果を関数plot()に渡すと、散布図を描く代わりに残差に関する情報を提示してくれます。キー入力に応じて次々と違う図が確認でき、順に予測値と残差の散布図、Q−Qプロット、予測値と標準化された残差、クックの距離が確認できます。これらの図は、回帰分析の診断に役立ちます。先ほど作った不均一分散の例を確認すると、Q−Qプロットでは横軸の両端において直線から外れる値が多く存在し、モデルの仮定が満たされていないことがわかります。

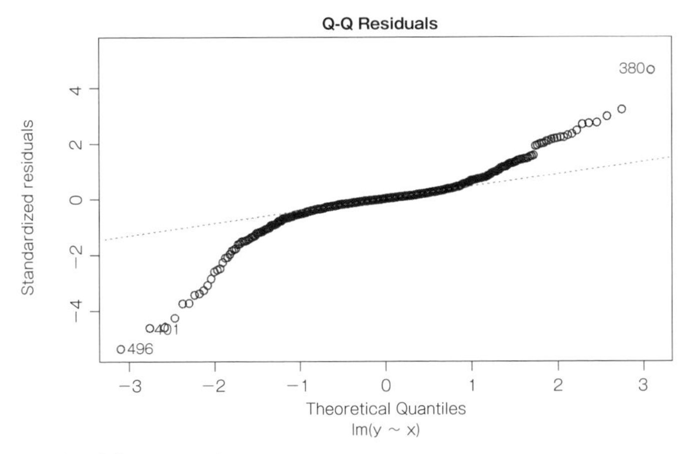

図 7.8 残差のQ−Qプロット

では実際にデータを取得したときに、均一分散の仮定が満たされていない疑いが見られたらどうすればよいでしょうか。幸いにして、不均一性に強い（ロバストな）推定方法の1つ、サンドイッチ推定を使えば、残差誤差が一定の分散を持つという通常の仮定を必要とせずに、線形回帰の係数の有効な標準誤差を推定できることがわかっています。詳しくは、White（1980）※8を参照してください。サンドイッチ推定法は、モデルの共分散の表現を個々の説明変数 X_i で条件付けられた残差分散 $V(\epsilon_i \mid X_i)$ に置き換えるもので、添え字 i が付いていた説明変数に条件付けられていることからわかるように、個々の残差の大きさに応じた調整をすることで、補正された分散の推定値を算出します。計算過程において、モデルの共分散行列が予測式の行列に挟まれた形で表現されることから、サンドイッチ法と呼ばれています。ロバストな推定法としては、他にもブートストラップを使うことも考えられ、Rではsandwichパッケージを用いることでそれらを簡単に利用できます。ここではsandwichパッケージの関数

※8 White.H (1980) A Heteroskedasticity-Consistent Covariance Matrix Estimator and a Direct Test for Heteroskedasticity. Econometrica,28,817-838.

vcovHC()を使って、補正した標準誤差を計算する例を示します。

```
# install.packages("sandwich") # 未インストールの場合は事前に実行する
library(sandwich)

lm_sandwich <- function(n, beta0, beta1, sigma, tau) {
  # 説明変数の生成
  x <- runif(n, min = -1, max = 1)
  # 不均一な残差の生成
  e_hetero <- rnorm(n, 0, exp(x * tau))
  # 不均一分散の目的変数(理論値)
  y_Hetero <- beta0 + beta1 * x + e_hetero
  # 分析
  model_Hetero <- lm(y_Hetero ~ x)
  ## 結果の格納
  SEs_Hetero <- vcov(model_Hetero) |>
    diag() |>
    sqrt()
  SEs_Sandwitch <- sandwich::vcovHC(model_Hetero, type = "HC") |>
    diag() |>
    sqrt()
  ## 信頼区間
  beta1est <- model_Hetero$coefficients[2]
  UpperCI <- beta1est + 1.96 * SEs_Hetero[2]
  LowerCI <- beta1est - 1.96 * SEs_Hetero[2]
  UpperCIsand <- beta1est + 1.96 * SEs_Sandwitch[2]
  LowerCIsand <- beta1est - 1.96 * SEs_Sandwitch[2]
  ## 判定
  FLG_lm <- ifelse(LowerCI < 0 & 0 < UpperCI, 0, 1)
  FLG_sand <- ifelse(LowerCIsand < 0 & 0 < UpperCIsand, 0, 1)
  ## 返却する結果の格納
  result <- c(FLG_lm, FLG_sand)
  return(result)
}
```

これを使って、タイプＩエラーの確率、すなわち傾きが0であるときに誤って有意であると判定してしまう確率を比較してみます。

```
## 設定と準備
iter <- 1000
n <- 500
beta0 <- 1
beta1 <- 0
sigma <- 1
tau <- 1.5

# 結果を格納するオブジェクト
results <- array(NA, dim = c(iter, 2))

### シミュレーション
set.seed(123)
for (i in 1:iter) {
  results[i, ] <- lm_sandwich(n, beta0, beta1, sigma, tau)
}

### 補正しないときのType I error
mean(results[, 1])
```

出力
```
[1] 0.114
```

```
### sandwich補正をしたときのType I error
mean(results[, 2])
```

出力
```
[1] 0.051
```

補正によって、ほぼ正しく5%水準が維持できていることがわかります。

7.3.2 多重共線性の問題

多重共線性（multicollinearity）は、俗に「マルチコ」と呼ばれます。説明変数同士に強い相関があると標準誤差が大きくなり、推定値の信頼性を大きく損なってしまうという問題です。説明変数に相関がある仮想データを作って、このことを確かめてみましょう。

説明変数が2つある仮想データの生成は、$y_i = \beta_0 + \beta_1 x_{1i} + \beta_2 x_{2i} + e_i$ で表現できます。データの生成と分析結果を返す箇所は何度も反復するので、先に関数化しておきましょう。引数にはサンプルサイズと2つの回帰係数、誤差分散の大きさ、そして説明変数間の相関をとるようにします。

```
lm_corr <- function(n, beta1, beta2, sigma, cor) {
  if (abs(cor) > 1.0) {
    stop("相関係数は-1.0から1.0の間で指定してください。")
  }
  ## 説明変数の分散共分散行列と説明変数の生成
  SIGMA <- matrix(c(1, cor, cor, 1), ncol = 2)
  x <- MASS::mvrnorm(n, mu = c(0, 0), Sigma = SIGMA)
  ## 残差
  e <- rnorm(n, 0, sigma)
  ## 目的変数の生成
  y <- beta1 * x[, 1] + beta2 * x[, 2] + e
  ## 重回帰分析
  model <- lm(y ~ x[, 1] + x[, 2])
  ## 結果の格納
  SEs <- vcov(model) |>
    diag() |>
    sqrt()
  ## 返却する結果の格納
  result <- c(
    model$coefficients[2], # beta1
    model$coefficients[3], # beta2
    SEs[2], # beta1のSE
    SEs[3] # beta2のSE
  ) |> unname()
  return(result)
}
```

この関数にそれぞれの引数を渡すと、重回帰モデルの係数、係数の標準誤差、残差の標準誤差が返ってきます。引数corは説明変数間の相関係数を指定します。

```
lm_corr(n = 1000, beta1 = 1, beta2 = 2, sigma = 3, cor = 0.5)
```

出力

```
[1] 1.0451910 1.8845570 0.1111580 0.1089543
```

さて、これを何度も繰り返し、特に説明変数間の相関係数をいろいろなパターンで試してみます。以下のコードでは、相関係数のパターンをfor文で変化させながら、毎回のシミュレーションを実行できます。

```
## 設定と準備
iter <- 1000
# 説明変数間相関のパターン
CorPattern <- c(
  0.00, 0.1, 0.2, 0.3, 0.4, 0.5,
  0.6, 0.7, 0.8, 0.9, 0.95, 0.97, 0.99
)
# 結果を格納するオブジェクト
Ln <- length(CorPattern)
results <- array(NA, dim = c(iter, Ln, 4))
beta1 <- rep(0, Ln)
beta2 <- rep(0, Ln)
se1 <- rep(0, Ln)
se2 <- rep(0, Ln)
## シミュレーション
set.seed(123)
for (i in 1:Ln) {
  for (j in 1:iter) {
    results[j, i, ] <- lm_corr(
      n = 100,
      beta1 = 0.5,
      beta2 = 0.7,
      sigma = 1,
      cor = CorPattern[i]
    )
  }
  beta1[i] <- results[, i, 1] |> mean()
  beta2[i] <- results[, i, 2] |> mean()
  se1[i] <- results[, i, 3] |> mean()
  se2[i] <- results[, i, 4] |> mean()
}
```

ここではサンプルサイズ100、第1説明変数の係数 β_1 を0.5、第2説明変数の係数 β_2 を0.7にしました。いずれの係数の推定値も平均的にはリカバリーできていますが、標準誤差が大きくなっていくことがわかります。

表 7.1 回帰係数と標準誤差の平均

説明変数間相関	第1説明変数の係数	第2説明変数の係数	第1説明変数のSE	第2説明変数のSE
0.00	0.4990	0.6987	0.1012	0.1014
0.10	0.5028	0.7002	0.1023	0.1023
0.20	0.4971	0.6989	0.1036	0.1035
0.30	0.4956	0.7023	0.1067	0.1068
0.40	0.5067	0.6985	0.1111	0.1110
0.50	0.5036	0.6929	0.1167	0.1170
0.60	0.4995	0.6989	0.1272	0.1269
0.70	0.4986	0.7042	0.1425	0.1430
0.80	0.5084	0.6969	0.1693	0.1692
0.90	0.4995	0.6971	0.2344	0.2342
0.95	0.4823	0.7180	0.3251	0.3249
0.97	0.5132	0.6901	0.4171	0.4168
0.99	0.4784	0.7171	0.7183	0.7182

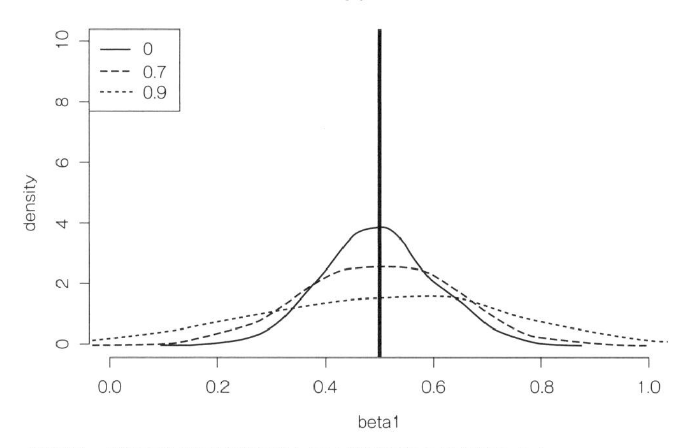

図 7.9 説明変数間の相関係数と第1説明変数の推定値の分布

「幅が広くなっても平均はだいたい合っているので、問題ないでははないか」と思われるかもしれませんが、先ほどのシミュレーションは母数をこちらが設定し、1,000回もの仮想データを作ったものであったことに注意してください。研究実践における分析では、そのうちのたった1回でしかなく、その1回が母数から大きく外れているときに、大きく解釈を間違ってしまうかもしれないのです。例えば、本当の係数が+0.5であっても、0に近い推定値が得られたために効果がないと判断してしまうかもしれません。あるいは、負の推定値が得られて、逆の効果があると考えてしまうかもしれません。実践的には真値がわからないのでデータを取得するのですから、推定値の信頼性が低いことは大きな問題になります。

そもそも説明変数同士の相関が高くなると、なぜ標準誤差が大きくなってしまうのでしょうか。これを本格的に説明するには、線形代数の知識が必要となりますが、直観的な理解のために連立方程式の問題として考えてみましょう。回帰分析は説明変数と目的変数のデータセットから、未知数である回帰係数を求める方程式を解くことでもあります。代数的な連立方程式とは違って、未知数よりもデータ数が多くなりますから、最小2乗法や最尤法といった方法を追加することも必要ですが、本質的には連立方程式を解くことです。

多重共線性が生じるのは、2つの説明変数 x_1、 x_2 がかなり高い相関をしている状況でした。相関が高いということは、2つの変数がほとんど見分けがつかない状態ともいえます。究極的な例として、 $x_1 = x_2$ のように完全に一致している場合を考えてみましょう。すると重回帰分析の式、

$$y = \beta_0 + \beta_1 x_1 + \beta_2 x_2 + e$$

において x_2 を x_1 で置き換えてもよいことになります。

$$y = \beta_0 + \beta_1 x_1 + \beta_2 x_1 + e$$

これはまとめると、

$$y = \beta_0 + (\beta_1 + \beta_2) x_1 + e$$

という形になります。

最後の方程式を見ると、もはや1つの説明変数でできあがる単回帰分析の式です。単回帰分析の回帰係数も、同じようにとある基準で一意に定めることができますが、ここで説明変数 x_1 の係数 β は $\beta = \beta_1 + \beta_2$ と任意の2つの係数に分割できることになります。ある数字 β を別の2つの数字の和（ $\beta_1 + \beta_2$ ）に分割する方法は、無数に考えられてしまいますから、この場合は解を一意に定めることができません。

完全一致とまでいかない場合では、統計パッケージはなんとかそれぞれの係数を算出しますが、そうした無理があることが推定値の信頼性を下げ、標準誤差の大きさとなって現れるといえます。

説明変数同士の相関係数が高くなるにつれて、標準誤差の大きさは急激に増大します。この標準誤差が肥大化する程度を診断する**VIF**（variance inflation factor）と呼

ばれる指標があり、2変数の場合は以下の式で計算されます。

$$VIF = \frac{1}{1 - r_{12}^2}$$

ここで r_{12} は2つの説明変数間の相関係数です。目安としてVIFが3、あるいは10より大きいと注意が必要です※9。相関係数とVIFの関係は図7.10のようになります。VIFという数字のイメージができるかと思います。

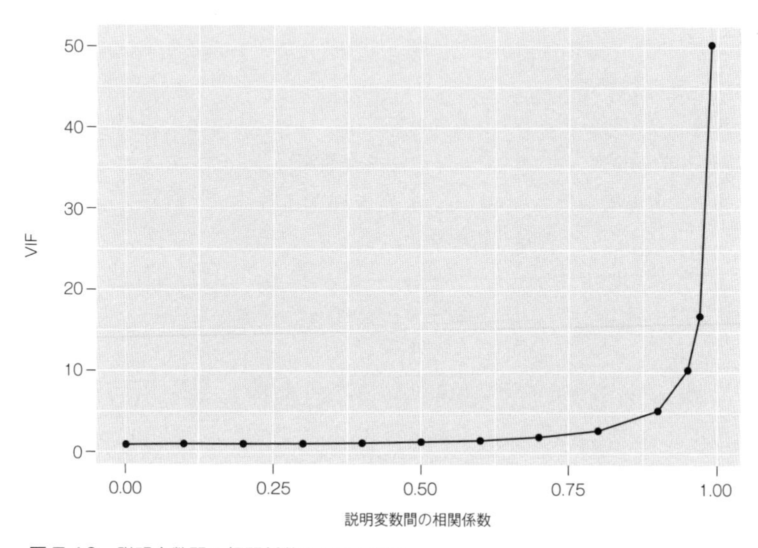

図7.10 説明変数間の相関係数とVIFの関係

また、先ほどのシミュレーションデータを利用して、VIFと標準誤差の関係を図7.11に示します。VIFが標準誤差の増加を反映している指標であることが明らかですね。

※9 Grimm & Yarnold(1994 小杉・山根・高田訳 2016)では説明変数間相関が0.8程度で要注意としており、これはVIFが3程度になります。小宮・布井(2018)では、10以上を要注意としています。
Grimm & Yarnold(1994). Reading and Understanding Multivariate Statistics, American Psychological Association
小杉考司・山根嵩史・髙田菜美 翻訳(2016). 研究論文を読み解くための多変量解析入門・基礎編 北大路書房
小宮あすか・布井雅人(2018). Excelで今すぐはじめる心理統計 講談社

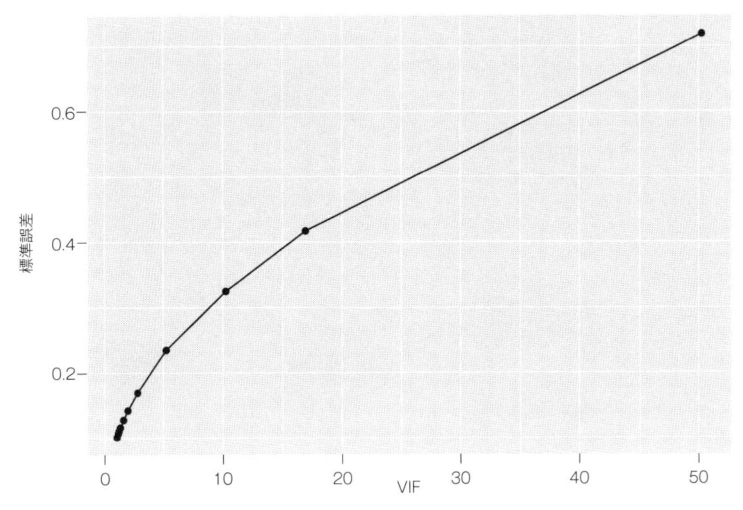

図 7.11 VIF と標準誤差の関係

VIFの数式から逆算すると、VIF=3のとき相関係数は $r_{12} = \sqrt{\frac{2}{3}} \approx 0.816$ 程度です。またVIF=10のときは $r_{12} = \frac{3}{\sqrt{10}} \approx 0.9740$ になります。どちらの基準を使ってもかまいませんが、指標がどの程度の変数間で相関しているのかをあらかじめつかんでおきましょう。

また、このことが示すのは、説明変数に相関が高い変数を追加すると、係数の推定値が不安定になるということです。関係がありそうな変数を無闇に投入するのは、かえって個々の係数の説明力を下げることになるかもしれません。

では、これらの指標を見て多重共線性が疑われたとき、どのような対応ができるでしょうか。1つの方法として、説明変数に主成分分析を行い、説明変数を1つまたは少数の合成変数にまとめることが考えられます[※10]。説明変数間に高い相関関係があるということは、共通する説明次元があるということです。例えば「身長と体重」とか「年齢と勤続年数と給与」といったものを、「体型」や「在職特性」といった包括的概念にまとめるのです。こうすることで、係数の推定における信頼性の低下という問題は避けることができます。

※10 詳しくは、宇佐美（2019）を参照してください。宇佐美慧（2019）. 重回帰分析と階層線形モデル 公認心理師の基礎と実践, 5, 第8章.

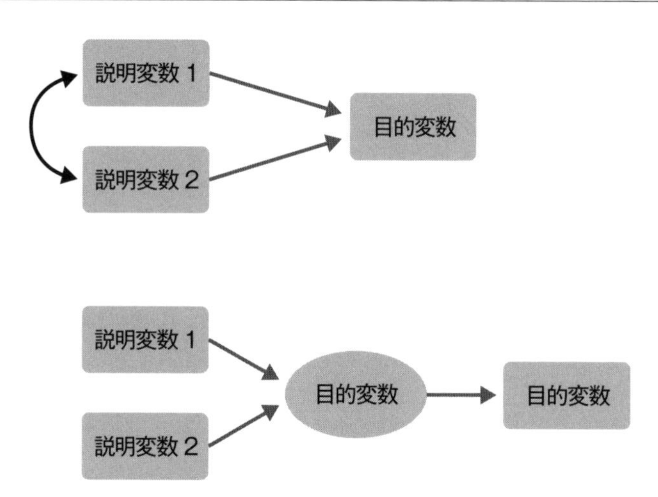

図 7.12 変数を合成して多重共線性を回避する。上図:多重共線性が生じているときの重回帰モデル。下図：主成分分析で合成変数を作って回帰分析をしたときのモデル

主成分分析によって、多重共線性の問題を回避する例を見てみましょう。相関係数を高い負の相関（－0.99）にしました。

```
set.seed(123)
n <- 100
beta1 <- 0.5
beta2 <- 0.7
sigma <- 1
cor <- -0.99
## 説明変数の分散共分散行列と説明変数の生成
SIGMA <- matrix(c(1, cor, cor, 1), ncol = 2)
x <- MASS::mvrnorm(n, mu = c(0, 0), Sigma = SIGMA)
## 残差
err <- rnorm(n, 0, sigma)
## 目的変数の生成
y <- beta1 * x[, 1] + beta2 * x[, 2] + err
### 主成分分析による合成変数の作成
# 未インストールの場合は事前に実行する
# install.packages("psych")
library(psych)
#### scoresオプションで合成得点を保存
pcaX <- psych::pca(x, nefactors = 1, scores = TRUE)
### フルモデルで推定した場合
```

```
model_full <- lm(y ~ x[, 1] + x[, 2])
### 合成変数で推定した場合
model_pca <- lm(y ~ pcaX$scores)

## それぞれの標準誤差
vcov(model_full) |>
  diag() |>
  sqrt()
```

出力

```
(Intercept)      x[, 1]      x[, 2]
 0.09614007  0.70456074  0.69936788
```

```
vcov(model_pca) |>
  diag() |>
  sqrt()
```

出力

```
(Intercept) pcaX$scores
 0.09482861  0.09530633
```

多重共線性が生じているときの標準誤差と、合成得点化したときの標準誤差を比較してみましょう。説明変数をそのまま使った場合は0.70程度であったのが、合成変数にすることで0.0953まで下がっています。表7.1のシミュレーションと同じ設定ですので、多重共線性がない場合とも比較してみてください。

合成変数を作ることで、推定値の信頼性が下がる多重共線性の問題は回避できます。ただし、それぞれの説明変数がどの程度目的変数に影響しているか、つまり各説明変数の具体的な効果の大きさについて、このモデルから母数（ここでは $\beta_1 = 0.5$、$\beta_2 = 0.7$）を見出すことはできません。分析モデルが重回帰分析とは異なり、潜在変数を含む異なるモデルになっているので、モデル全体の設定も含めて適切さの判断や解釈を進める必要があります。

7.4 発展的な課題

回帰分析（重回帰分析）は線形モデルの基本です。そのため誤差についての仮定が非常にシンプルである一方で、実践的には厳しい条件であるといえるかもしれません。以下ではより発展的な課題として、誤差やデータに構造的な相関関係が含まれる場合についてみていきます。

7.4.1 自己相関を持ったデータ

5章で反復測定分散分析を扱ったとき、球面性の仮定について言及しました。反復測定分散分析では、「すべての群間の差の分散が等しい」という仮定があり、個人に何度も測定をするときは各測定が独立でないという仮定が満たされていない可能性に注意しなければならないのでした。

同じことは回帰分析にも当てはまります。回帰分析は仮定としてデータの独立性を求めており、それぞれのデータに付随する誤差間に相関があってはいけないのです。この仮定が破られる代表的な例が、時系列的なデータです。例えば、ある人が数日にわたって体重を測定したとき、今日の体重と明日の体重は無相関ではないでしょう。今日の食事量や運動量が、明日、明後日と後日の計測値と関係し、独立とはいえないからです。こうした時系列的なデータにおける観測時点間の相関のことを**自己相関**と呼ぶのでした。

ここでは自己相関を持ったデータに対して回帰分析をすると、どういった問題があるのでしょうか。時系列的に並んだデータの誤差間に相関が含まれるように、反復測定の例とは異なるモデル化を試みます。線形回帰モデルに付属する残差 E_i は、一般に平均0の正規分布を仮定します。この誤差が自己相関を持ってしまうと、独立性に違反することになります。違反するために、ある時点 t の誤差 E_t は、前の時点の誤差 E_{t-1} の要素を含むことにしましょう。式で表すと以下のようになります。

$$E_t \sim \alpha E_{t-1} + N(0, \sigma)$$

この自己相関を持つデータのことを時系列分析においては、**自己回帰モデル**（auto regression model）と呼びます。α は1時点前の E の影響力の大きさです。データが n 点あったとき、n 個の自己相関を持つ誤差を作るには、以下のようなコードを書きます。まず n 個の正規乱数を生成し、一旦オブジェクトに保存します（e_tmp）。

次にそのオブジェクトと同じ長さのベクトル（e）を用意します。eの最初の要素はe_tmpのそれと同じですが、2番目以降は自身の1つ前の要素を α 倍したものを加えます[※11]。

```
alpha <- 0.3
e_tmp <- rnorm(n, 0, 1)
e <- vector(length = n)
e[1] <- e_tmp[1]
for (l in 2:n) {
  e[l] <- e[l - 1] * alpha + e_tmp[l]
}
```

この誤差を含んだ回帰モデル $Y_t = \beta_0 + \beta_1 x_t + E$ は、α の値が大きくなるにつれて残差が膨らみますが、散布図を見ると、線形関係を保持しているようにも見えます。しかし、散布図を見るだけで時系列データかどうかを見抜くことは難しいでしょう。もちろんデータを取得したときの状況では、時系列データかどうかはわかっていると思いますが、「ぼんやり線形関係が見えるから回帰分析でよい」と考えるのは危険です。取得されたデータには仮定されたデータ生成モデルがあるはずで、それに適した分析モデルを考えるのが、統計分析の大前提だからです。

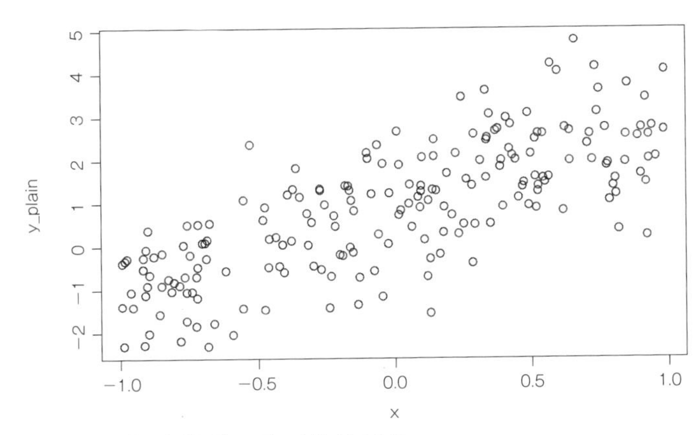

図 7.13 自己相関がないデータ散布図の例

※11 このような手間のかかるコードを書いていますが、Rには時系列分析のための関数があり、このような自己相関を持つデータも簡単に書くことができます。この例と同じ乱数を生成するためには、arima.sim(list(order = c(1, 0, 0), ar = alpha), n = n))とするだけです。

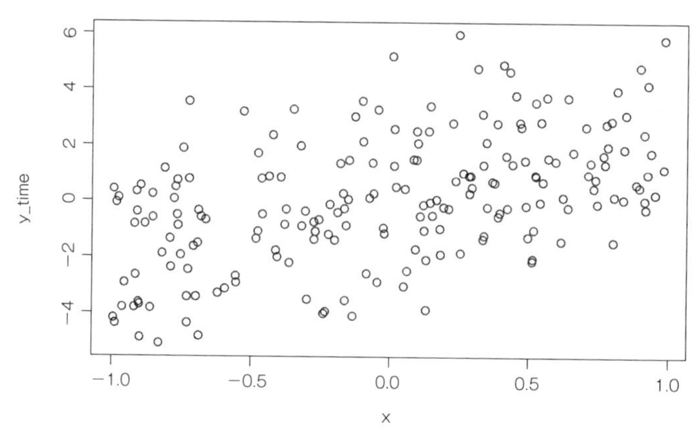

図 7.14 自己相関があるデータの散布図の例

自己相関があるかどうかは、データ Y の系列を1つずらした Y' 系列との相関を求めることで確認できます。この系列をずらすことは「ラグをとる」ともいいます。自己相関のない独立したデータであれば、元のデータとラグをとったデータの相関はほとんど0になるはずです。自己相関があれば、$t-1$ 時点と t 時点のデータに相関があるはずです。同様に、$t-2$ 時点と t 時点のデータ相関、$t-3$ 時点と t 時点の相関……とラグを大きくしていくことで、どの程度過去のデータと相関があるかを見ることができます。

Rではデータを時系列オブジェクトに変換する関数ts()があり、関数acf()で可視化できます。先ほどのデータを描画すると、自己相関があるデータとないデータの違いは一目瞭然です。このグラフは縦軸に相関係数を、横軸にラグをとっており、自己相関のないデータの場合は1時点隣（ラグ1）の時点で相関がほとんどなくなっています。これに対して自己相関のあるデータの場合は、5時点隣であっても高い相関を示していることがわかります。

```
## 自己相関のないデータの自己相関の図(横軸はラグ)
acf(ts(y_plain))
```

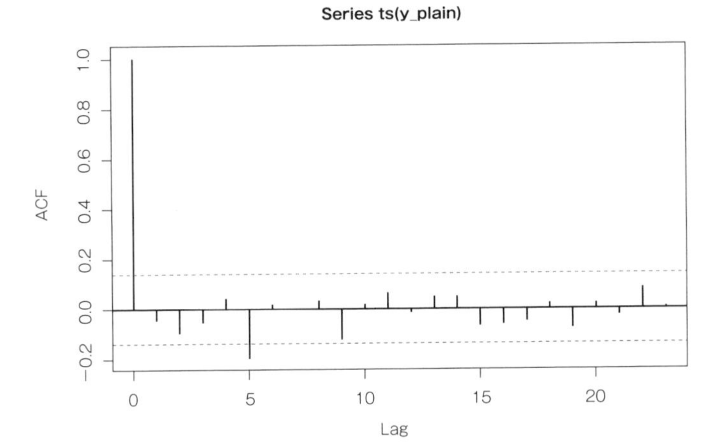

図 7.15 自己相関がないデータのラグと相関係数

```
## 自己相関のあるデータの自己相関の図
acf(ts(y_time))
```

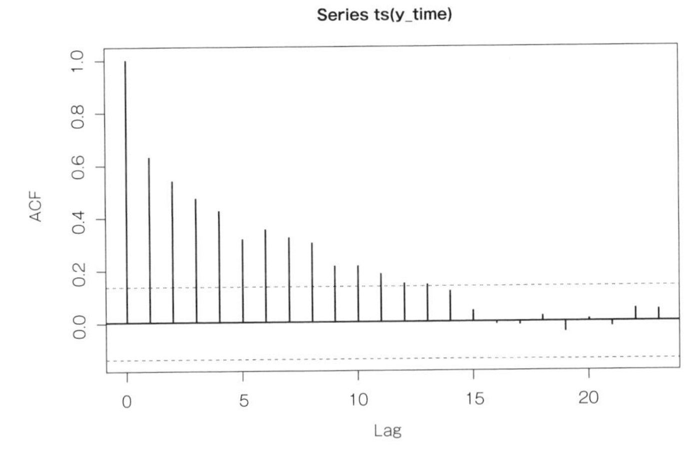

図 7.16 自己相関があるデータのラグと相関係数

このように独立に得られていないデータ（誤差間に自己相関があるデータ）を、そうとは知らずに回帰分析を行うことの何が問題なのでしょうか。こうした問いも、簡単に確認できるのがシミュレーションの面白いところです。さっそく試していきます。

繰り返し計算する箇所は関数化しておきましょう。同じ説明変数に対し、誤差が自己相関を持つデータ、持たないデータを作る関数を用意します。

```
auto_dataset <- function(n, beta0, beta1, alpha, sigma) {
  x <- runif(n, -1, 1)
  ### 自己相関のある残差をつくる
  e_tmp <- rnorm(n, 0, sigma)
  e <- vector(length = n)
  e[1] <- e_tmp[1]
  for (l in 2:n) {
    e[l] <- e[l - 1] * alpha + e_tmp[l]
  }
  ### 自己相関のある残差がついたモデルからデータ生成
  y_time <- beta0 + beta1 * x + e
  ### 自己相関のない残差がついたモデルからデータ生成
  y_plain <- beta0 + beta1 * x + e_tmp
  ### 戻り値としてのデータフレーム
  tmp <- as.data.frame(list(
    x = x,
    y_time = y_time,
    y_plain = y_plain,
    Time = 1:n
  ))
  return(tmp)
}
```

この関数を使うと、同じ説明変数xから、自己相関のあるデータy_timeと自己相関のないデータy_plainが作れます。ここでは切片 $\beta_0 = 1$ 、傾き $\beta_1 = 1.5$ とし、自己相関の強さ $\alpha = 0.7$ に設定しました。

誤差に自己相関がない場合とある場合のデータに回帰分析を適用し、推定値やその標準誤差を確認しましょう。

```
## 設定と準備
iter <- 1000
n <- 200
beta0 <- 1
beta1 <- 1.5
alpha <- 0.7
sigma <- 1
# 結果を格納するオブジェクト
result <- array(NA, dim = c(iter, 4))

# シミュレーション
set.seed(123)
```

```
for (i in 1:iter) {
  dataset <- auto_dataset(
    n = n,
    beta0 = beta0,
    beta1 = beta1,
    alpha = alpha,
    sigma = sigma
  )
  # 自己相関のないデータの回帰分析
  model_plain <- lm(y_plain ~ x, data = dataset)
  # 自己相関のあるデータの回帰分析
  model_time <- lm(y_time ~ x, data = dataset)
  # 結果の格納
  result[i, 1] <- model_plain$coefficients[1]
  result[i, 2] <- model_plain$coefficients[2]
  result[i, 3] <- model_time$coefficients[1]
  result[i, 4] <- model_time$coefficients[2]
}

## 結果
df <- as.data.frame(result)
colnames(df) <- c(
  "beta0plain",
  "beta1plain",
  "beta0time",
  "beta1time"
)
summary(df)
```

出力

```
  beta0plain        beta1plain       beta0time         beta1time
 Min.   :0.7764   Min.   :1.141   Min.   :0.2544   Min.   :0.8639
 1st Qu.:0.9541   1st Qu.:1.413   1st Qu.:0.8463   1st Qu.:1.3856
 Median :1.0021   Median :1.495   Median :1.0030   Median :1.4975
 Mean   :1.0026   Mean   :1.495   Mean   :1.0091   Mean   :1.4947
 3rd Qu.:1.0501   3rd Qu.:1.577   3rd Qu.:1.1645   3rd Qu.:1.6060
 Max.   :1.1948   Max.   :1.897   Max.   :1.6253   Max.   :2.0669
```

平均からはどちらも大差ないように見えるかもしれませんが、自己相関があるモデルから作られた時系列データの標準誤差は大きくなりがちなことがわかります。

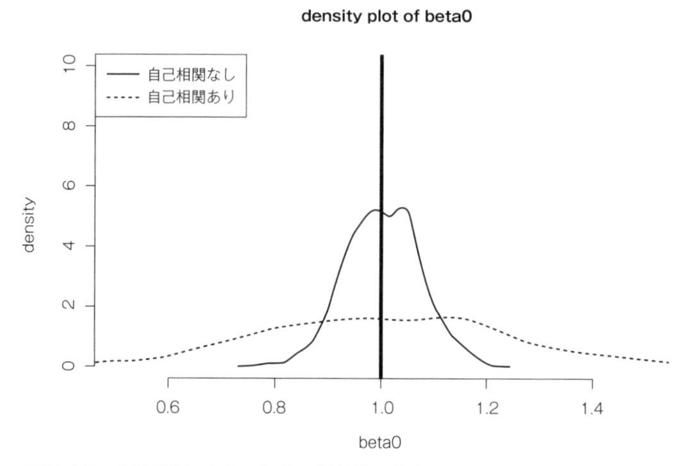

図 7.17 自己相関の有無と切片の推定値の分布

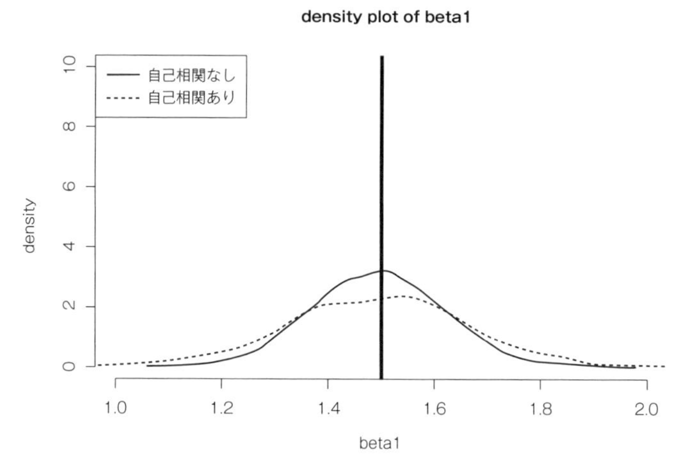

図 7.18 自己相関の有無と傾きの推定値の分布

ここでは自己相関があるデータに対して、普通の回帰分析、すなわち誤差間相関を仮定しないモデルを適用しました。つまり、仮定したデータ生成モデルと分析モデルが合致していないことがわかっていて、実践してみるとどうなるかを確認したわけです。それでは、時系列的な特性を分析に反映させたい場合、どのようにすればよいでしょうか。時間変数を説明変数にすればよいのでは、と考えるかもしれませんが、これは適切な方法ではありません。どこに問題があるかを、シミュレーションで示します。

また、以下のコードのように、nlmeパッケージの関数gls()を使って自己相関を仮定した回帰モデルに修正することで、標準誤差が大きくなる問題に対応できます。

この関数はデータに含まれる相関構造を指定でき、時間ごとの自己相関の場合はcorAR1（1次の自己相関）を指定します。$\beta_1 = 0$として、以下の3つのモデルでタイプIエラーの確率がどう変わるかをシミュレーションします。

1. 時間変数を説明変数にしたモデル
2. 時間変数を説明変数に追加した重回帰モデル
3. 自己相関を仮定した回帰モデル

先ほどのデータ生成関数を繰り返し利用する箇所は同じです。それぞれのモデルが算出する標準誤差とp値を結果から取り出すように変更しました。

```
## 設定と準備
# install.packages("nlme") # 未インストールの場合は事前に実行する
library(nlme)

iter <- 1000
n <- 200
beta0 <- 1
beta1 <- 0
alpha <- 0.7
sigma <- 1
# 結果を格納するオブジェクト
result <- array(NA, dim = c(iter, 6))
## シミュレーション
set.seed(123)
for (i in 1:iter) {
  dataset <- auto_dataset(
    n = n,
    beta0 = beta0,
    beta1 = beta1,
    alpha = alpha,
    sigma = sigma
  )

  # 間違ったモデル1; 時間変数で回帰する
  model_ill_1 <- lm(y_time ~ Time, data = dataset)
  # 間違ったモデル2; 時間変数を追加して回帰する
  model_ill_2 <- lm(y_time ~ x + Time, data = dataset)
  # 正しく自己相関を組み込んだモデル
```

```
  model_auto <- gls(y_time ~ x,
    correlation = corAR1(form = ~Time),
    data = dataset
  )
  # 結果の格納
  result[i, 1] <- summary(model_ill_1)$coefficients[2, 2] # SE
  result[i, 2] <- summary(model_ill_1)$coefficients[2, 4] # p値
  result[i, 3] <- summary(model_ill_2)$coefficients[2, 2] # SE
  result[i, 4] <- summary(model_ill_2)$coefficients[2, 4] # p値
  result[i, 5] <- summary(model_auto)$tTable[2, 2] # SE
  result[i, 6] <- summary(model_auto)$tTable[2, 4] # p値
}

## 結果(データフレームオブジェクトに)
df <- as.data.frame(result)
colnames(df) <- c(
  "SE_ill_1", "p_ill_1",
  "SE_ill_2", "p_ill_2",
  "SE_Auto", "p_Auto"
)
```

p 値を使って、イテレーションの後で有意になった場合に1、有意ではない場合に0となる変数を作ります。その平均をとって、誤って有意になった割合を確認しましょう。

```
## Type I Error率を計算
df$FLG1 <- ifelse(df$p_ill_1 <= 0.05, 1, 0)
df$FLG2 <- ifelse(df$p_ill_2 <= 0.05, 1, 0)
df$FLGAuto <- ifelse(df$p_Auto <= 0.05, 1, 0)
# 間違ったモデル1
mean(df$FLG1)
```

出力

```
[1] 0.421
```

```
# 間違ったモデル2
mean(df$FLG2)
```

出力

```
[1] 0.047
```

時間変数を説明変数にした場合、その係数の有意性検定の結果5%を下回ったのは、全体の42.1%にもなりました。つまり、有意になると判断されやすいのです。これに限らず、時間とともに変化する変数同士の回帰分析の結果は有意になりやすいといえます。検定モデルの想定するメカニズムとは異なりますので、適切な判断にならないのです。

一方、時間変数を説明変数に追加した重回帰分析の場合、タイプIエラーの割合は4.7%でした。5%を下回ったので、問題ないと思われるかもしれませんが、その標準誤差は大きくなってしまいます。

```
# 間違ったモデル2
mean(df$SE_ill_2)
```

出力
```
[1] 0.1676574
```

```
# 正しいモデルのタイプIエラー確率と標準誤差
mean(df$FLGAuto)
```

出力
```
[1] 0.04
```

```
mean(df$SE_Auto)
```

出力
```
[1] 0.1010571
```

(2) の正しくないモデルでは、標準誤差が0.1677であったのに対し、(3) の正しく自己相関を仮定したモデルは0.1011になりました。係数やサンプルサイズなどの設定を変化させて、それぞれの挙動を確認してみてください。

時系列データの分析については、他にもさまざまな工夫があります。詳しくは小森(2022)[※12]などの専門書を参照してください。

7.4.2　階層性を持ったデータ

応用的な課題として、誤差間の相関パターンの別種、**階層モデル**（hierarchical model）について考えます。階層モデルをデータの観点からとらえると、誤差のパター

※12　小森 政嗣（2022）. RとStanではじめる 心理学のための時系列分析入門 講談社

ンがいくつかのまとまり（クラスタ）の中に発生している状況です。例えば認知心理学や臨床心理学の分野でよくみられるような、反復測定デザインのデータを考えてみましょう。反復測定デザインとは、ある人を対象にさまざまな刺激を与え、そこから得られる反応をとらえる実験設計です。こうした研究では個人差を超えたレベルで成立する一般的傾向をモデル化しますが、同時に個人ごとの個別性も無視できないでしょう。個人というクラスタの中で誤差が相関していると考えられますので、個々の反応の上位レベルに個人という単位のまとまりがあることになります。

また例えば、社会心理学の大規模調査研究のようなデータを考えてみましょう。ある個人の意見や態度は、その人の住む近隣住民との交流を通じて影響し合うでしょう。またより上位のクラスタとして、地域性や県民性といったまとまった傾向も考えられます。これは個人がグループに属し、そのグループがさらに大きなグループに属するという、層状になっている関係です。こうした異なるレベルの共通性をモデルで表現するのが階層モデルです。

階層モデルを数式で表現してみましょう。クラスタ j に属する個人 i の反応 y_{ij} が、説明変数 x_{ij} から影響されているとすると、以下のような線形モデルが考えられます。

$$Y_{ij} = \beta_{0j} + \beta_{1j}x_{ij} + E_{ij}$$

係数 β_0 、 β_1 には添え字 j があり、これはクラスタ j ごとに係数が変わるということを表現しています。そのうえで、これらの係数も何らかの変数によって影響されていると考えると、以下のようにさらに表現を追加できます。

$$\beta_{0j} = \gamma_{00} + \gamma_{10}z + U_{00}$$
$$\beta_{1j} = \gamma_{01} + \gamma_{11}w + U_{11}$$

ここで z 、 w は上位レベルに影響する変数です。また U は誤差項であり、 γ_{00} 、 γ_{01} は切片を表します。こうした上位レベルに影響する説明変数を置かないモデル、つまり $\beta_{0j} = \gamma_{00} + u_{00}$、 $\beta_{1j} = \gamma_{01} + u_{11}$ を考えると、上位レベルでは平均値が違うことを表しています。この上位レベルの例としては、大規模調査では学校平均、反復測定デザインでは個人の平均を挙げることができます。この上位レベルの平均を中心に下位レベルの回帰係数が散らばると考え、散らばりを確率分布、特に正規分布だと仮定して、以下のように表現します。

$$\beta_{0j} \sim \text{Normal}(\gamma_{00}, \tau_{00})$$
$$\beta_{1j} \sim \text{Normal}(\gamma_{01}, \tau_{11})$$

あるいは、上位レベルでの係数の間に相関関係 ρ があると考えて、

$$\boldsymbol{\beta} \sim MVN(\gamma, \tau)$$

とすることが一般的です。MVN（multivariate normal distribution；多変量正規分布）は、複数の正規分布をまとめて表現したものです（3章、4章を参照）。ここで γ は γ_{00} と γ_{01} をセットで表した平均ベクトル、τ は U の分散 τ_{00}^2 と τ_{11}^2、および共分散 $\tau_{10} = \tau_{01} = \tau_{00}\tau_{11}\rho$ をセットで表した分散共分散行列です。

それではこれをRで実装してみましょう。それぞれのパラメータを引数にとり、階層データのサンプルを作る関数は、以下のように書くことができます。

```
library(MASS)

HLM_dataset <- function(nc, n, beta0_mu, beta1_mu,
                        beta0_sd, beta1_sd, rho, sigma) {
  ## 総数はクラスタ数Ncにクラスタ内データ数をかけたもの
  n <- nc * n
  c.level <- rep(1:nc, each = n / nc) ## クラスタ番号を格納したベクトル

  ### データの生成
  x <- runif(n, -10, 10) ## 説明変数
  MU <- c(beta0_mu, beta1_mu) ## 平均ベクトル
  ## 誤差の分散共分散行列
  SIGMA <- matrix(c(
    beta0_sd^2, beta0_sd * beta1_sd * rho,
    beta0_sd * beta1_sd * rho, beta1_sd^2
  ), ncol = 2)
  ## クラスタごとの係数を生成
  Beta <- mvrnorm(n = nc, MU, SIGMA, empirical = T)
  ## データセットに組み上げる
  dataset <- data.frame(
    x = x, class = c.level,
    beta0 = Beta[c.level, 1],
    beta1 = Beta[c.level, 2]
  )
  ## 下位レベルでの誤差生成
  err <- rnorm(n, 0, sigma)
  ## 目的変数を生成
  dataset$y <- dataset$beta0 + dataset$beta1 * dataset$x + err
```

```
  return(dataset)
}
```

このコードでクラスタの数を4、各クラスタに含まれるサンプルサイズを3とすると、以下のようなデータができあがります。回帰係数がクラスごとに共通していることを確認してください。

```
HLM_dataset(
  nc = 4, n = 3,
  beta0_mu = 0.5, beta1_mu = 2.5,
  beta0_sd = 3, beta1_sd = 5,
  rho = 0.5, sigma = 1
)
```

出力

```
            x class    beta0     beta1          y
1  -0.5822974     1 -2.140116  4.881632  -4.861777
2   7.9553393     1 -2.140116  4.881632  35.426005
3   5.2309433     1 -2.140116  4.881632  23.582441
4   2.9570305     2 -1.970732 -4.803071 -15.843252
5   0.6585116     2 -1.970732 -4.803071  -6.342681
6   7.0525101     2 -1.970732 -4.803071 -33.924217
7  -7.3650441     3  3.713028  3.567395 -23.518242
8   3.5071254     3  3.713028  3.567395  15.754105
9  -8.1189541     3  3.713028  3.567395 -24.378219
10 -9.5595241     4  2.397821  6.354044 -61.193506
11  5.5425297     4  2.397821  6.354044  37.155500
12  1.2247864     4  2.397821  6.354044   9.766633
```

クラスタの中で共通した成分が含まれていますが、これを無視して x と y だけに注目し、普通の回帰分析をすると何が問題なのか確認してみます。比較対象は正しく階層レベルを考慮したモデルです。階層モデルをRで実行するためには、lmerTestパッケージが必要です[※13]。関数`lmer()`の表記は、全体に共通する固定効果と、各クラスタで変わりうる変量効果を区別する形になります。HLMの文脈では、切片と傾きがクラスタごとに変わる変量効果として表現されます。ここでの1は切片を、`x`は`x`の係数を表しており、それらがクラスタごとに変わることを`|class`で表現しています。

※13 このパッケージはlme4パッケージに機能を追加したもので、分析だけならlme4パッケージがあれば十分です。またベイズ推定にも対応したbrmsパッケージでもほとんど同じコードで実行可能です。

```
# install.packages("lmertest") # 未インストールの場合は事前に実行する
library(lmerTest)

dataset <- HLM_dataset(
  nc = 20, n = 200,
  beta0_mu = 0.5, beta1_mu = 2.5,
  beta0_sd = 3, beta1_sd = 5,
  rho = 0.5, sigma = 1
)
lmer(y ~ x + (1 + x | class), data = dataset)
```

出力

```
Linear mixed model fit by REML ['lmerModLmerTest']
Formula: y ~ x + (1 + x | class)
   Data: dataset
REML criterion at convergence: 11789.13
Random effects:
 Groups   Name        Std.Dev. Corr
 class    (Intercept) 3.003
          x           5.002    0.50
 Residual             1.007
Number of obs: 4000, groups:  class, 20
Fixed Effects:
(Intercept)            x
     0.4907       2.4989
```

結果のFixed Effectsに固定効果での推定値が、Random Effectsに変量効果の標準偏差や相関係数が表示されています。出力結果は事前に設定した数字がほぼ復元できていることがわかります。

ここではデータセットが1つだけでしたが、データセットを何度も作ることで全体的な傾向を検討できます。シミュレーション回数を1,000回にして、階層モデル分析と回帰分析では、推定精度がどのように違うかをシミュレーションします。実行するコードは以下のようになります。

```
## 設定と準備
iter <- 1000

# 結果を格納するオブジェクト
result <- array(NA, dim = c(iter, 4))
```

```
## シミュレーション
set.seed(123)
for (i in 1:iter) {
  ## データセットを作る
  dataset <- HLM_dataset(
    nc = 20, n = 200, beta0_mu = 0.5, beta1_mu = 2.5,
    beta0_sd = 3, beta1_sd = 5, rho = 0.5, sigma = 1
  )
  ## 普通の回帰分析
  model_ols <- lm(y ~ x, data = dataset)
  ## 階層モデル
  model_lme <- lmer(y ~ x + (1 + x | class),
    data = dataset,
    REML = TRUE
  )
  ## 結果の格納
  result[i, 1] <- model_ols$coefficients[1]
  result[i, 2] <- fixef(model_lme)[1] ## 階層モデルの切片抜き出し
  result[i, 3] <- model_ols$coefficients[2]
  result[i, 4] <- fixef(model_lme)[2] ## 階層モデルの傾き抜き出し
}

## 結果(データフレームオブジェクトに)
df <- as.data.frame(result)
colnames(df) <- c("beta0OLS", "beta0HLM", "beta1OLS", "beta1HLM")
summary(df)
```

出力

```
   beta0OLS          beta0HLM          beta1OLS         beta1HLM
 Min.   :-1.0113  Min.   :0.4507  Min.   :2.301  Min.   :2.490
 1st Qu.: 0.2207  1st Qu.:0.4889  1st Qu.:2.460  1st Qu.:2.498
 Median : 0.5067  Median :0.4998  Median :2.504  Median :2.500
 Mean   : 0.5053  Mean   :0.4998  Mean   :2.504  Mean   :2.500
 3rd Qu.: 0.7970  3rd Qu.:0.5100  3rd Qu.:2.550  3rd Qu.:2.502
 Max.   : 2.1971  Max.   :0.5510  Max.   :2.748  Max.   :2.508
```

切片や傾きの平均を見ると、普通の回帰分析でも平均的にはうまくいっているようですが、標準誤差が大きくなっています。当然のことながら、作られたデータと同じモデルである階層モデルの方が、安定して正しい推定値を得ていることがわかります。

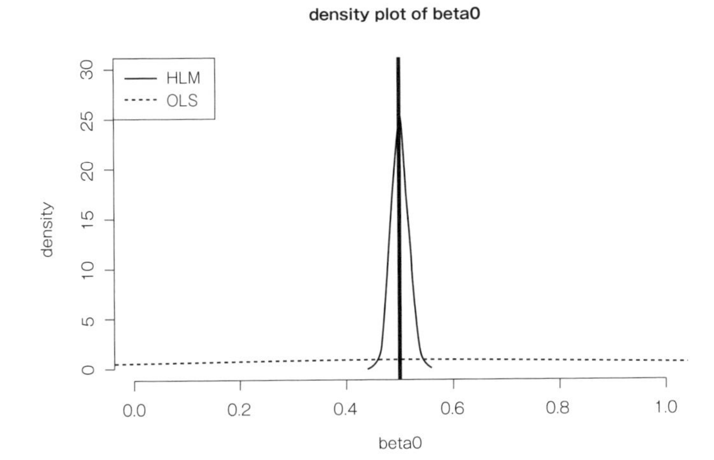

図 7.19 階層データの切片の推定値の分布

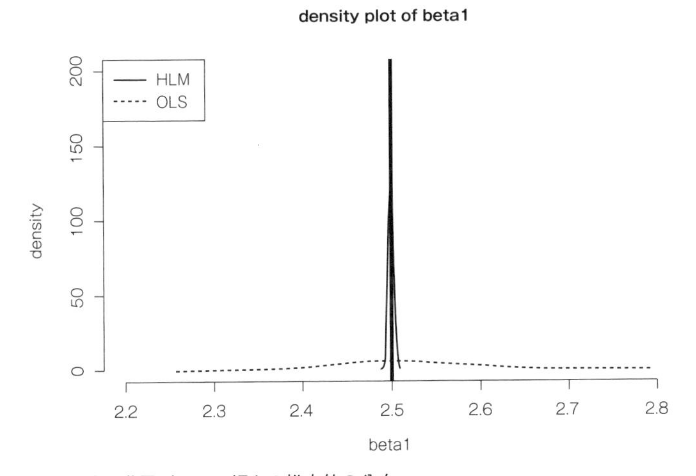

図 7.20 階層データの傾きの推定値の分布

標準誤差が大きいということは、母数の点推定値としての信頼性が低いことを意味します。分析結果の点推定値が母数と実際に近いかはわかるものではありませんが、他の値でありえる可能性の幅が広いことは、推論として望ましい状況ではありません。また標準誤差に基づいて統計的に有意かどうかの判断をしますから、標準誤差が大きいことは判断が誤る可能性が高いことを意味します。検定結果だけがすべてではありませんし、標準誤差なども含めて総合的に判断できるように、シミュレーションを活用してみてください。

7.5 統計モデリングへ

本章で扱ってきた内容は「仮定したデータ生成モデルを分析モデルが正しく表現していることの重要性」という一言に尽きるかもしれません。データが持つ特徴は、そのデータを取得するときの背景や仮定を反映しています。生成されたデータがそうした背景や仮定に影響されているのであれば、分析するモデルはそれを正しくとらえなければなりません。さもなくば、正しい推定値、あるいは信頼性のある推定値が得られないのは解説してきた通りです。

データ生成プロセスから設計するシミュレーションでは、パラメータリカバリはできて当然ですし、仮定に違反しているかどうかも明白です。これに対して、実践上は本当のデータ生成プロセスを知り得ないので、データ生成プロセス＝分析モデルが正しいと信じて実行するか、正しくないにしても近似しているだろうと期待するしかないかもしれません。

慎重に考えるなら、そもそも複雑な文脈の中で発生するデータに対して、単純な線形モデルの仮定が成り立つことなどあり得ないことのように思えてきます。理論的な必然性があって線形モデルになるのであればよいのですが、線形モデルしか知らないので仮定を満たしていると考えよう、というのは本末転倒です。できるだけ丁寧にデータ生成プロセスをモデル化して、事前にいろいろシミュレーションするよう、準備にもしっかり時間を割くべきです。

最近は確率プログラミング言語の発展により、複雑なモデルであっても未知数を推定する方法が身近になっています。この確率プログラミング言語による推定モデルの書き方は、ここでのパラメータリカバリのために書いたデータ生成モデルと、ほとんど同じ構造を持っています。これは本書の枠組みを超えた、ベイズ推定やベイジアンモデリングというアプローチになります。データ生成モデルの設計をプログラミング言語で表現できるようになれば、ベイジアンモデリングについての理解も容易です。確率プログラミング言語を使った、より進んだ統計モデリングについては、豊田(2018)[※14]や豊田(2019)[※15]などを参考にしてください。

本書を通じて、データを作ってみる、シミュレーションしてみるという方法が身につけば、手元のデータも降って湧いて出たものであるとは思えないはずです。確率変数や推定、検定、統計モデルを理解するにあたっても、与えられたデータに合う分析方法を考えるというものではなく、データを生み出すメカニズムに合う分析モデルを

※14 豊田秀樹(2018). たのしいベイズモデリング 北大路書房
※15 豊田秀樹(2019). たのしいベイズモデリング2 北大路書房

考えるというものに変わったのではないでしょうか。受け身的に分析方法をあてはめる分析者ではなく、主体的にデータの生成メカニズムについての思考を組み立てていくような、前向きなデータ分析者を目指そうではありませんか。

7.6 演習問題

ある実験データの分析相談がありました。データは0から10までの整数値しかとらない目的変数と、−4から+4までの実数値をとる説明変数からなり、サンプルサイズは $n = 20$ だったそうです。また、相談者は関数`lm()`で分析しようと計画していました。

7.6.1 演習問題1

分析方法は適切ですか。代わりの分析方法があれば提案してください。

7.6.2 演習問題2

正の整数を実現値とする確率分布としてポアソン分布があります。ポアソン分布のパラメータは λ で、期待値（平均）を表します。任意の期待値を設定したポアソン分布から乱数を生成し（関数`rpois()`を使います）、ヒストグラムを書いてください。

7.6.3 演習問題3

ポアソン分布のパラメータは正の値をとります。線形モデルの場合は指数関数 $\exp(\beta_0 + \beta_1 x)$ を使って変換する必要があります。この変換をしたダミーデータを作ってください。

7.6.4　演習問題4

母数が $\beta_0 = 1$、$\beta_1 = 0.5$ として、 $n = 20$ は適切な設計だったでしょうか。パラメータリカバリに必要なサンプルサイズの目安をシミュレーションして提案してください。

索　引

【N】

【O】

【P】

【Q】

【R】

【S】

【T】

【U】

【V】

著者プロフィール

小杉考司

専修大学人間科学部、教授。博士（社会学）。専門は数理社会心理学。心理統計学のエッセンスと社会心理学・集団力学の両方を視野に入れた数理モデルの構築を目指す。主な著書として「言葉と数式で理解する多変量解析入門」（北大路書房, 2018)、翻訳書として「ベイズ統計モデリング」（共立出版, 2017)、「研究論文を読み解くための多変量解析入門」(北大路書房, 2016）など。

紀ノ定保礼

静岡理工科大学情報学部 准教授。博士（人間科学)。研究領域は、認知心理学や社会心理学、人間工学、交通行動研究など。主な著書は「改訂2版 R ユーザのための RStudio［実践］入門ー tidyverse によるモダンな分析フローの世界ー」（技術評論社, 2021)、分担執筆は「放送大学教材 心理学統計法」（放送大学教育振興会, 2021）や「たのしいベイズモデリング　事例で拓く研究のフロンティア」（北大路書房, 2018）など。

清水裕士

関西学院大学社会学部 教授。博士（人間科学)。社会心理学、グループ・ダイナミックスが専門。また、フリーの統計ソフトウェア HAD を開発している。主な著書は「社会心理学のための統計学」（誠真書房, 2017)、「放送大学教材　心理学統計法」（放送大学教育振興会, 2021）など。

●装丁デザイン　トップスタジオデザイン室（轟木亜紀子）
●本文デザイン・DTP　BUCH^{+}
●担当　高屋卓也

数値シミュレーションで読み解く統計のしくみ
～Rでためしてわかる心理統計

2023年9月26日　初版　第1刷発行

著　者　小杉考司、紀ノ定保礼、清水裕士
発行者　片岡 巌
発行所　株式会社技術評論社
東京都新宿区市谷左内町 21-13
電話　03-3513-6150　販売促進部
03-3513-6177　第5編集部

印刷／製本　港北メディアサービス株式会社

定価はカバーに表示してあります。

ISBN 978-4-297-13665-9 C3055
Printed in Japan

■本書についての電話によるお問い合わせはご遠慮ください。質問等がございましたら、下記までFAXまたは封書でお送りくださいますようお願いいたします。

〒162-0846
東京都新宿区市谷左内町21-13
株式会社技術評論社第5編集部
FAX：03-3513-6173
「数値シミュレーションで読み解く統計のしくみ」係

FAX番号は変更されていることもありますので、ご確認の上ご利用ください。
なお、本書の範囲を超える事柄についてのお問い合わせには一切応じられませんので、あらかじめご了承ください。